电路原理图。这种直观性有助于学生增加感性认识，提高实训效果。

KMC-Ⅲ型检测与转换技术综合实验台由主控台、传感器、实验模块、位移台架、数据采集卡及处理软件、实验台桌6部分组成。利用它，可进行“自动检测技术”、“传感器原理与技术”、“非电量电测技术”、“工业自动化仪表”、“机械量电测”等课程的教学实验。

1）主控台部分

如图1-7所示，该实验台提供高稳定的±5V、±15V直流稳压电源，二组温度电源。主控台面板装有空气开关、温度控制仪、音频振荡器、低频振荡器、电压表、频率/转速显示表、温度表、压力表、差动放大器和计算机串行接口。

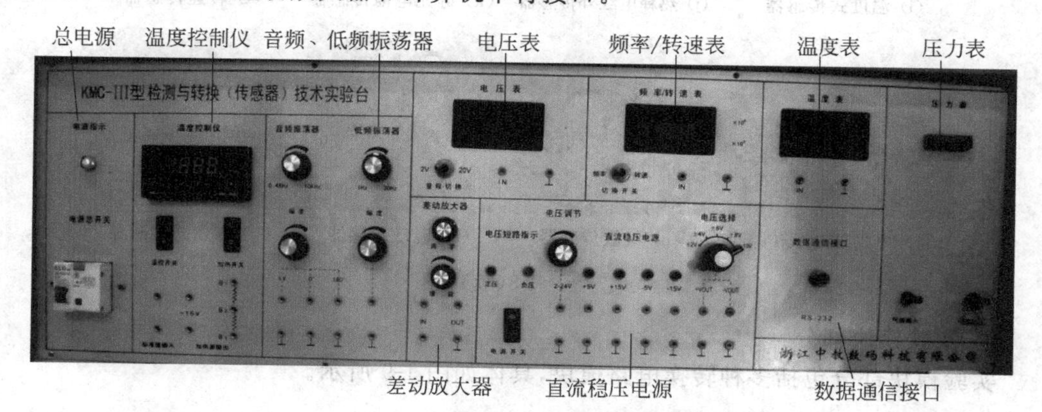

图1-7 检测与转换(传感器)技术综合实验台主控台

2）传感器部分

传感器部分包括多种传感器，具体如图1-8所示。

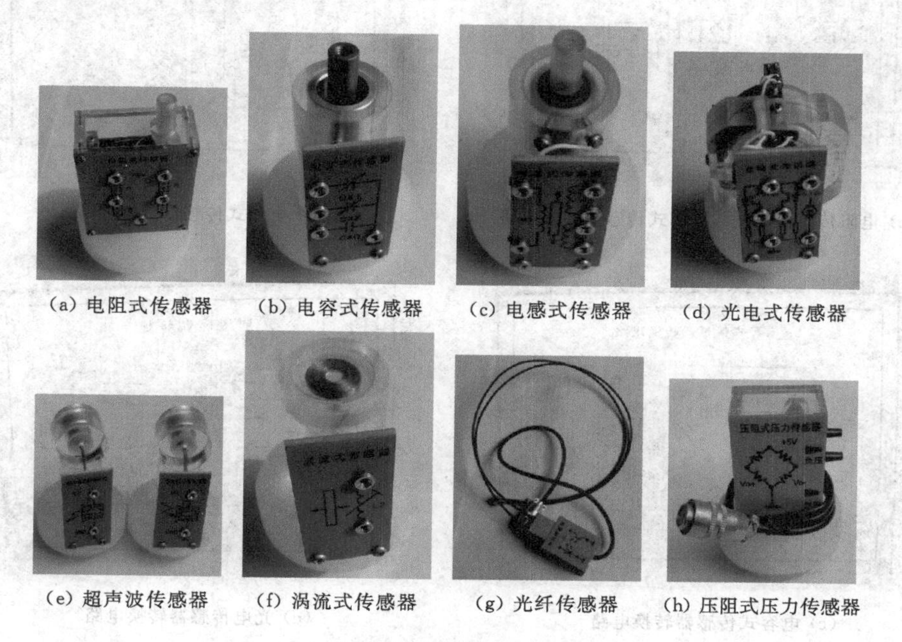

(a) 电阻式传感器 (b) 电容式传感器 (c) 电感式传感器 (d) 光电式传感器

(e) 超声波传感器 (f) 涡流式传感器 (g) 光纤传感器 (h) 压阻式压力传感器

图1-8 传感器元件

(i) 温度式传感器

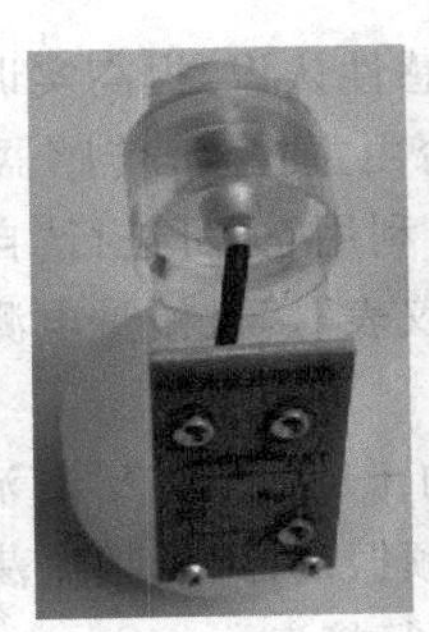
(j) 热释电红外传感器

(k) 硅光电池传感器

(l) 转速传感器

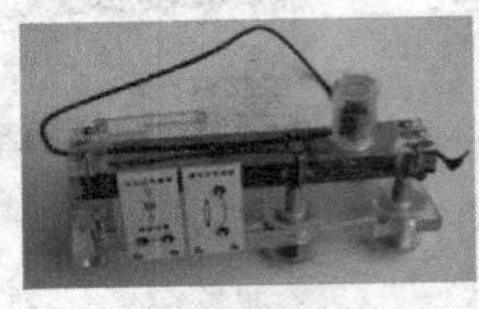
(m) 压电式、磁电式传感器

(n) 气敏传感器

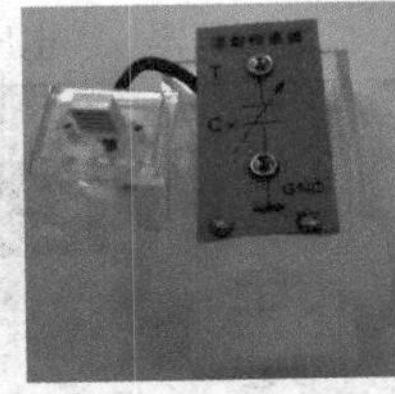
(o) 温敏传感器

(p) 霍尔式传感器

图 1-8(续)

3) 实验模块部分

实验模块部分包括多种转换电路模块,具体如图 1-9 所示。

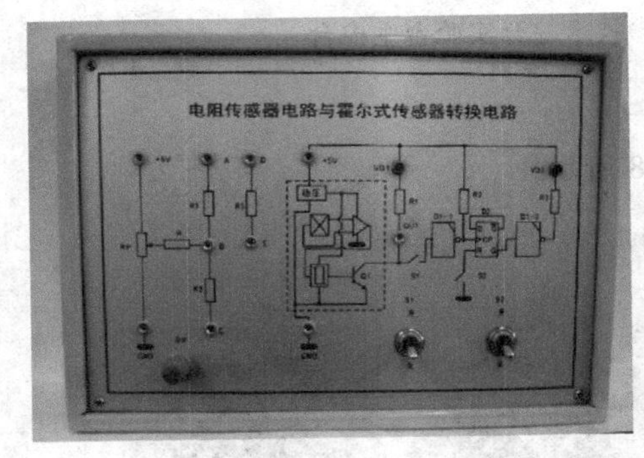

(a) 电阻传感器电路与霍尔式传感器转换电路

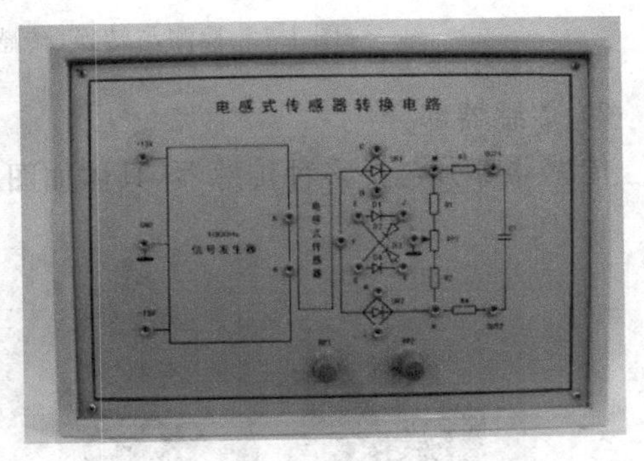

(b) 电感式传感器转换电路

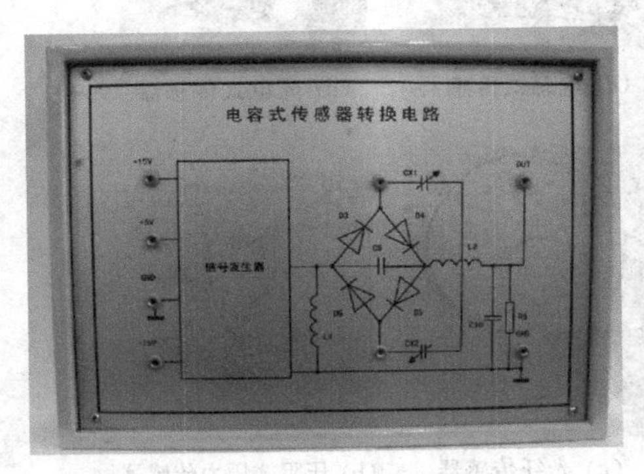

(c) 电容式传感器转换电路

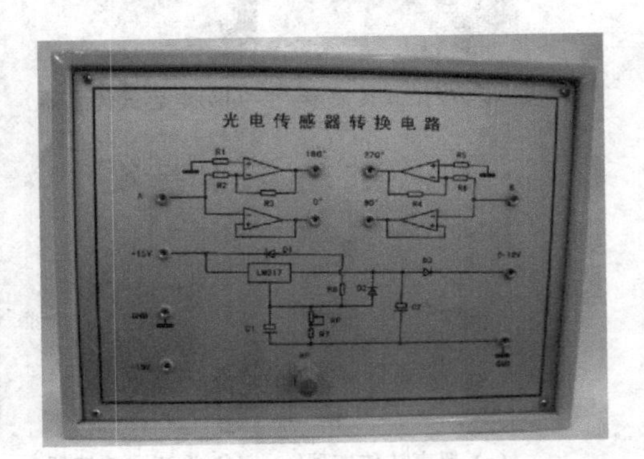

(d) 光电传感器转换电路

图 1-9 转换电路模块

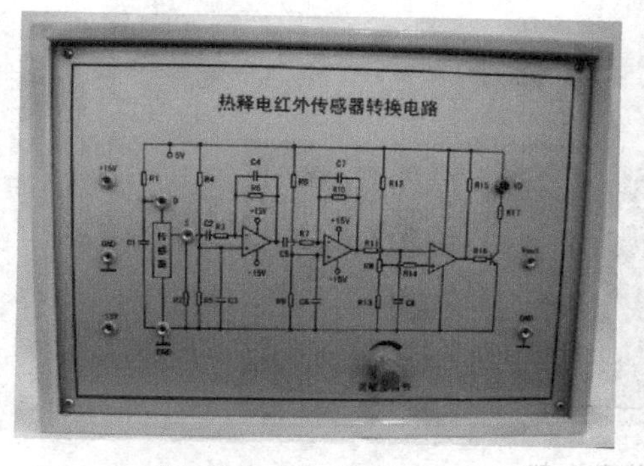

(e) 热释电红外传感器转换电路

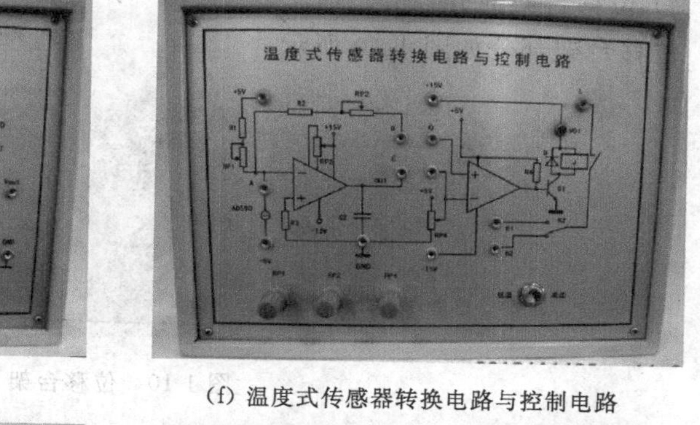

(f) 温度式传感器转换电路与控制电路

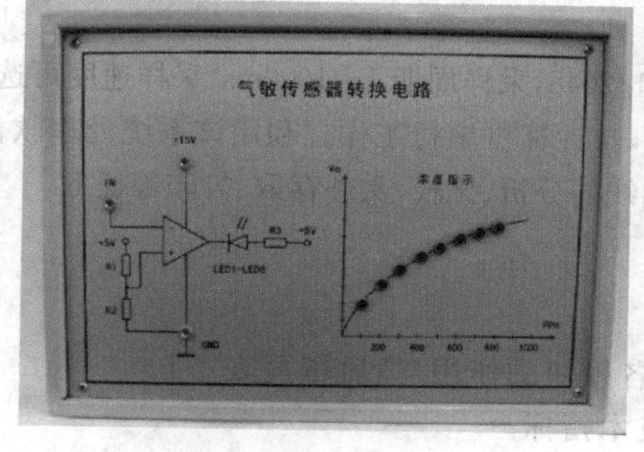

(g) 气敏传感器转换电路

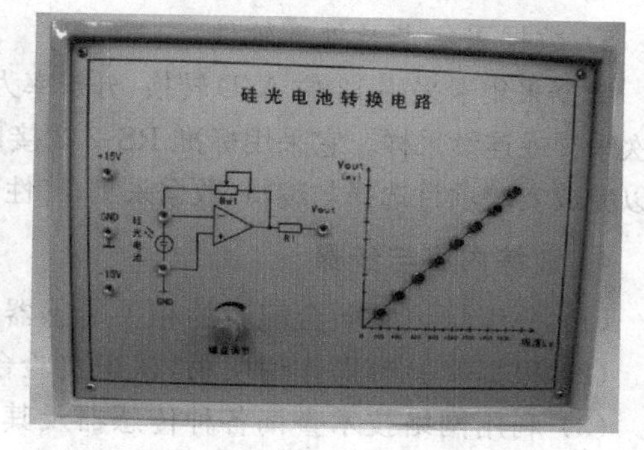

(h) 硅光电池转换电路

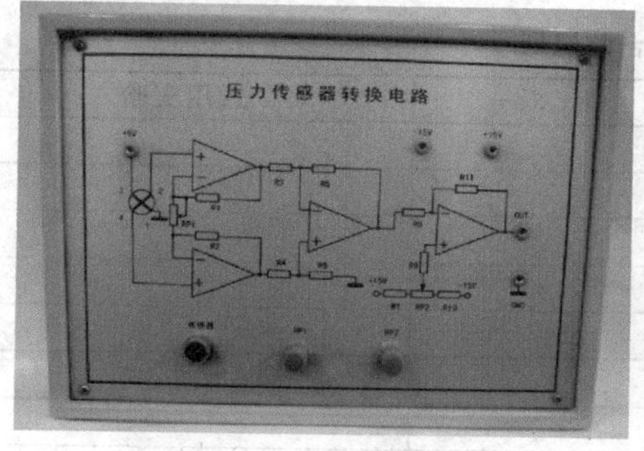

(i) 压力传感器转换电路

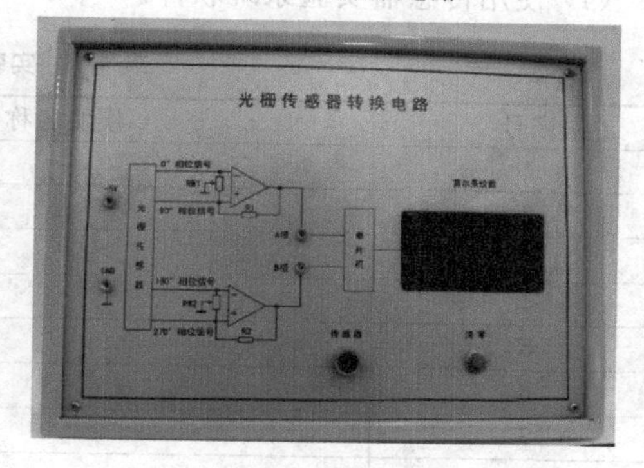

(j) 光栅传感器转换电路

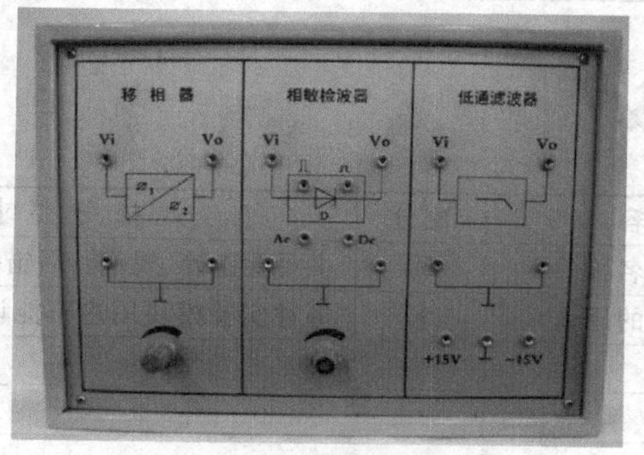

(k) 移相器、相敏检波器、低通滤波器

图 1-9(续)

4）位移台架部分

位移台架部分如图 1-10 所示。

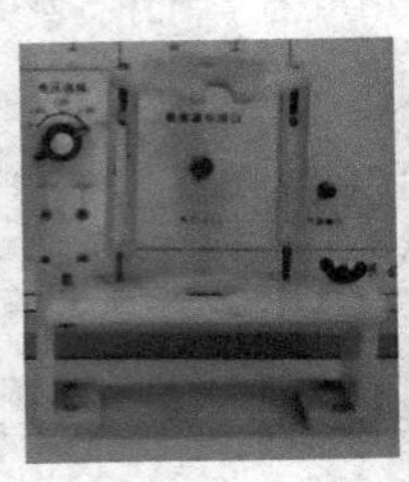

图 1-10　位移台架

5）数据采集卡及处理软件

数据采集卡采用 12 位 A/D 转换，分辨率为 1/2048，采样周期 1～1000ms，采样速度可选择单次采样或连续采样。它采用标准 RS-232 接口，与计算机串行工作。利用该系统处理软件，可以完成实验项目选择与编辑，数据采集，特性曲线的分析、比较，文件存取、打印等任务。

4. 训练内容与步骤

(1) 分组认识实验台配置的相关传感器。

(2) 根据实验台操作说明书，认识实验台各模块的作用，然后填写表 1-1。

(3) 利用网络技术查询各种传感器及其技术指标。

(4) 使用传感器实验系统软件。

表 1-1　实验台的识别

序号	模块名称	适用实验
1		
2		
3		
4		
5		
6		
7		
8		

任务评价

序号	评价内容	配分	扣分要求	得分
1	各实验面板的名称	50	书写要正确、规范。写错一个字，扣 5 分	
2	各种实验模块的用途	50	每种实验模块用途不能识别，扣 5 分	
3	团队合作			
	小组评价			
	教师评价			
	时间：60min	个人成绩：		

任务 1.2　传感器的评价特性

本任务主要介绍常用传感器的基本特性。通过学习，了解传感器的概念，熟悉传感器的基本组成，并且了解传感器的作用和发展趋势，具备初步识别各类常用传感器的能力。

传感器是实现自动检测和自动控制的首要环节，没有传感器对原始信息进行精确、可靠的捕获和转换，一切测量和控制都是不可能实现的。人有视觉、听觉、嗅觉、味觉、触觉5种以上的感觉器官。传感器的作用相当于人的五官或五官的延长，将传感器的功能与人类五大感觉相对应：视觉—光敏传感器；嗅觉—气敏传感器；听觉—声敏传感器；味觉—化学传感器；触觉—压敏、温敏及流体传感器。

在日常生活中，我们会接触到许多传感器，如电子秤可利用压力传感器，煤气泄漏报警可利用气体特性传感器，电饭锅可利用温度传感器等。

1. 传感器的组成

传感器由敏感元件、传感元件及测量转换电路三部分组成，如图 1-11 所示。

图 1-11　传感器组成框图

敏感元件、传感元件是传感器的核心(又称敏感器件)。敏感元件是指能直接感受被测量的部分，其作用是感知外界的被测非电量，并将其转换成与被测量有确定对应关系的某一物理量(一般仍为非电量)。例如，热敏电阻是敏感元件，它能将温度的变化转换成电阻的变化。传感元件是指能将敏感元件的输出转换成适于传输或测量的电路参量的部分，其作用是将非电量转换成电信号。

转换电路又称为测量电路，其主要作用是将传感元件输出的电信号进行处理和转换，如放大、运算、调制、数/模或模/数转换等，使这些输出的信号便于显示和记录。

需要指出的是，不是所有传感器都必须由上述三部分组成。最简单的传感器可由一个敏感元件(兼传感元件)组成，当它感受被测量时，可直接输出电量，如热电偶；有些传感器由敏感元件和传感元件组成，没有转换电路，如压电式加速度传感器，其中质量块是敏感元件，压电片(块)是传感元件；对于有些传感器，其传感元件不止一个，要经过若干次转换。

图 1-12 所示为能够将压力转换成位移的敏感元件——弹簧管。

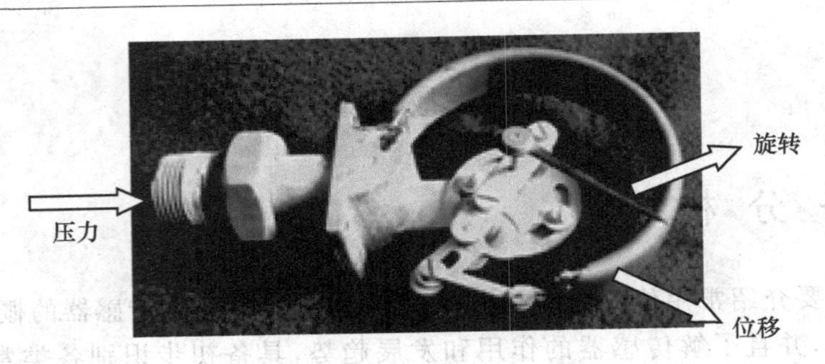

图 1-12　弹簧管的工作原理示意图

2. 传感器的种类

由于检测与转换技术涉及的知识、技术密集，涉及诸多学科，并且应用领域广泛，种类繁多，采用新技术、新材料的新型传感器不断发展、变化，所以，国内外到目前尚没有形成完整、统一的分类方法。

经典传感器常用的分类方法如下所述。

1）按被测物理量

按被测物理量，传感器可分为加速度传感器、速度传感器、位移传感器、压力传感器、负荷传感器、扭矩传感器、温度传感器等。

优点：对传感器的工作原理表达得比较清楚，而且类别少，有利于传感器专业工作者对传感器进行深入的研究、分析。

缺点：不便于使用者根据用途选用。

2）按工作原理

按工作原理，传感器可分为电阻式传感器、电容式传感器、电感式传感器、光电式传感、压电式传感器、光栅传感器、磁栅传感器与电化学式传感器等。

优点：比较明确地表达了传感器的用途，便于使用者根据其用途选用。

缺点：没有区分每种传感器在转换机理上有何共性和差异，不便于使用者掌握其基本原理及分析方法。

3）按输出信号

按输出信号，传感器可分为模拟量输出传感器与数字量输出传感器。

4）按能量的传递方式分类

从能量的观点看，所有传感器可分为有源传感器与无源传感器两大类。这两大类传感器又称为发电型传感器和参量型传感器。

此外，根据传感器对信号的检测转换过程，传感器可划分为直接转换型和间接转换型两大类。前者是把输入给传感器的非电量一次性转换为电信号输出，如光敏电阻受光照射时，电阻值会发生变化，直接把光信号转换为电信号输出，光敏感元件制成的压力传感器就属于这一类；后者是先将输入给传感器的非电量转换成另一种物理量，再转换成相应的电信号输出，如双金属片感温器就属于这一类，它是先将温度的变化转换成金属几何形状的变化，再利用几何形状的变化实现接点间电阻值的转换。

3. 传感器的特性参数与选用原则

传感器的特性参数有很多，且不同类型的传感器其特性参数的要求和定义各有差异，这里主要介绍几种常用的特性。

1）灵敏度

灵敏度是指在稳定条件下，输出微小增量与输入微小增量的比值。灵敏度用 K 表示，即

$$K=\frac{\mathrm{d}y}{\mathrm{d}x}\approx\frac{\Delta y}{\Delta x} \tag{1-1}$$

线性传感器的灵敏度就是直线的斜率，所以为常数；非线性传感器的灵敏度随输入量的变化而变化。

2）分辨力

分辨力是指传感器在规定测量范围内检测被测量的最小变化量的能力。也就是说，如果输入量从某一非零值开始缓慢地发生变化，当输入变化值未超过某一数值时，传感器的输出不会发生变化（即传感器分辨不出输入量的变化）。只有当输入量的变化超过了分辨力量值时，其输出才会发生变化。分辨力的高低从某一个侧面也反映了传感器的精度。

3）线性度

对于理想的传感器，我们希望它具有单值、线性的输入/输出关系，这样可以使显示仪表的刻度均匀，在整个测量范围内具有相同的灵敏度，并且不必采用线性化措施。但实际传感器输入总有非线性（高次项）存在，总是非线性关系。在小范围内用割线、切线近似代表实际曲线，使输入/输出线性化。近似后的直线（拟合直线）与实际特性曲线之间存在的最大偏差与传感器满量程范围内的输出之百分比称为传感器的非线性误差——线性度，如图 1-13 所示，可用式（1-2）表示，且多取其正值：

$$\gamma_{\mathrm{L}}=\frac{\Delta y_{\mathrm{m}}}{y_{\mathrm{FS}}}\times 100\% \tag{1-2}$$

4）重复性

重复性是指当传感器在相同工作条件下，输入量按同一方向全量程连续多次测试时，所得到的特性曲线不一致的程度，如图 1-14 所示。重复性指标的高低程度属于随机误差性质，主要由传感器机械部分的磨损、间隙、松动、部件的内摩擦、积尘、电路老化、工作点漂移等原因产生。多次测试的曲线越重合，其重复性越好，误差越小。

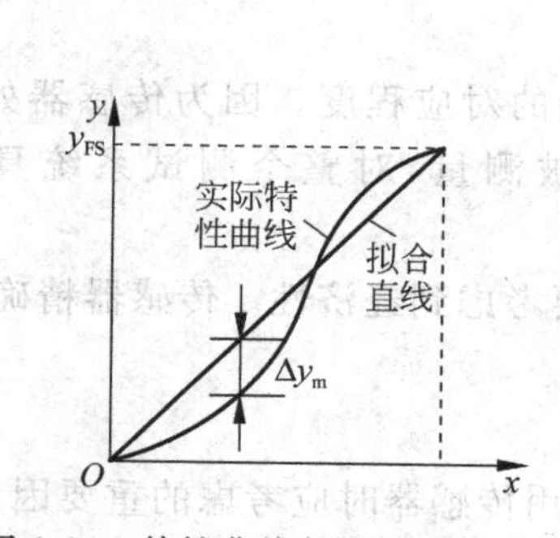

图 1-13 特性曲线与线性度关系曲线

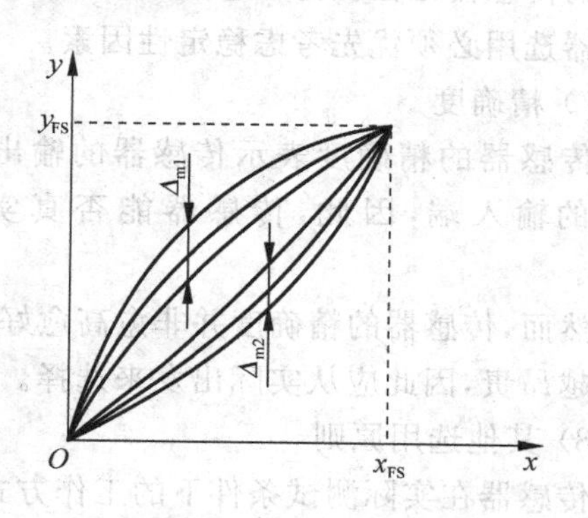

图 1-14 重复性示意图

5）迟滞

迟滞是指传感器在正向（输入量增大）和反向（输入量减小）行程中，输出与输入特性曲线不一致的程度，如图 1-15 所示，它可用式(1-3)表示：

$$\gamma_{\mathrm{H}} = \pm \frac{\Delta_{\mathrm{Hmax}}}{y_{\max}} \times 100\% \tag{1-3}$$

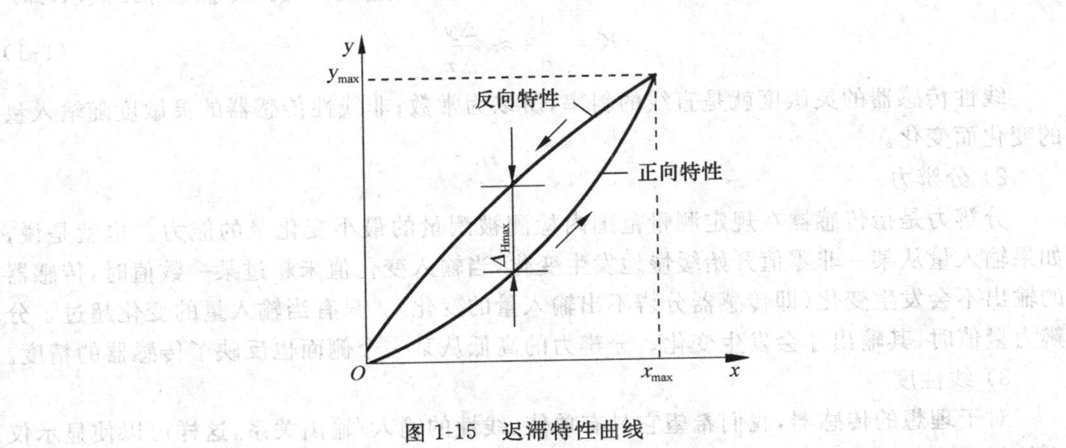

图 1-15 迟滞特性曲线

产生这种现象的原因是敏感元件材料的物理性质缺陷。迟滞会使传感器的重复性、分辨力变差，或造成测量盲区。一般希望迟滞越小越好。

6）稳定性

稳定性包含时间稳定度和环境影响量两个方面。时间稳定度指的是仪表在所有条件都恒定不变的情况下，在规定的时间内能维持其示值不变的能力。稳定度一般以仪表的示值变化量和时间的长短之比来表示。

环境影响量仅指由外界环境变化而引起的示值变化量。示值的变化由两个因素构成，一是零漂，二是灵敏度漂移。造成环境影响量的因素有温度、湿度、气压、电源电压、电源频率等。

影响传感器稳定性的主要因素是环境。在有些机械自动化系统或自动检测装置中，所用的传感器往往在比较恶劣的环境下工作，灰尘、油剂、温度及振动等干扰很严重，这时传感器选用必须优先考虑稳定性因素。

7）精确度

传感器的精确度表示传感器的输出与被测量的对应程度。因为传感器处于测试系统的输入端，因此，传感器能否真实地反映被测量，对整个测试系统具有直接影响。

然而，传感器的精确度并非愈高愈好，因为还要考虑到经济性。传感器精确度越高，价格越昂贵，因此应从实际出发来选择。

8）其他选用原则

传感器在实际测试条件下的工作方式，也是选用传感器时应考虑的重要因素。因为测量条件不同，对传感器要求也不同。

在机械系统中，运动部件的被测参数（例如回转轴的转速、振动及扭矩）往往需要非接触式测量。因为对部件的接触式测量不仅造成对被测系统的影响，而且有许多实际困难，如测量头的磨损、接触状态的变动、信号的采集等都不易妥善解决，也易于造成测量误差。采用电容式、涡流式等非接触式传感器，会有很大的便利。若选用电阻应变计，还需配用遥测应变仪。

另外，为实现自动化过程的控制与检测系统，往往要求真实性与可靠性。因此，必须保证在现场实际条件下能达到检测要求，故对传感器及测试系统都有一定的特殊要求。例如，在加工过程中，若要实现表面粗糙度的检测，以往的干涉法、触针式轮廓检测法等都不能应用，而代之以激光检测法。

1. 训练目的

（1）认识KMC-Ⅲ型检测与转换（传感器）技术综合实验台测量电路。

（2）了解常用传感器测量电路的工作原理和性能。

2. 训练器材

电阻应变式传感器模块、电阻式转换电路（调零电桥）、差动放大器（实验台上）、直流稳压电源、数字电压表、位移台架。

3. 原理简介

（1）电阻丝在外力作用下发生机械变形时，其阻值发生变化，这就是电阻应变效应，其关系为 $\Delta R/R=K\varepsilon$。其中，ΔR 为电阻丝变化值；K 为应变灵敏系数；ε 为电阻丝长度的相对变化量，且 $\varepsilon=\Delta L/L$。通过测量电路，将电阻变化转换为电流或电压输出。

（2）电阻应变式传感器如图1-16所示。传感器的主要部分是上、下两个悬臂梁，4个电阻应变片贴在梁的根部，可组成单臂、半桥与全桥电路，最大测量范围为±3mm。

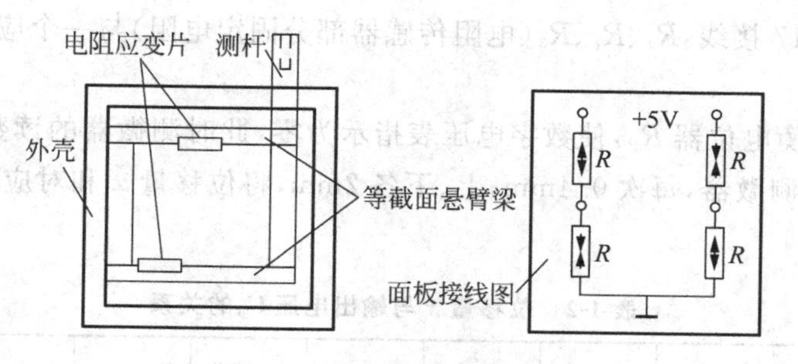

图1-16　电阻应变式传感器

（3）电阻应变式传感器的单臂电桥电路如图1-17所示，图中 R_1、R_2、R_3 为固定电阻，R 为电阻应变片，输出电压 $U_o=EK\varepsilon$，E 为电桥转换系数。

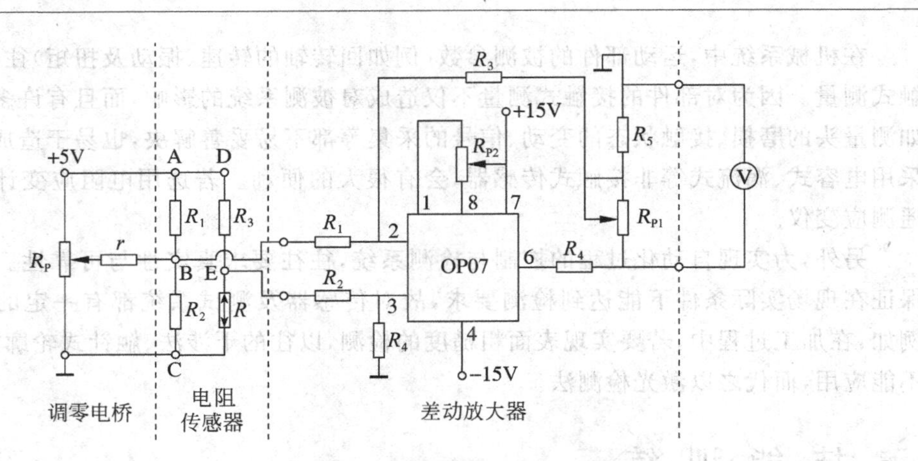

图 1-17 电阻应变式传感器单臂电桥实验电路图

4. 训练内容与步骤

(1) 固定好位移台架,将电阻应变式传感器置于位移台架上,然后调节测微器使其指示 15mm 左右。将测微器装入位移台架上部的开口处,旋转测微器测杆,使其与电阻应变式传感器的测杆适度旋紧;然后调节两个滚花螺母,使电阻式应变传感器上的两个悬梁处于水平状态,两个滚花螺母固定在开口处上、下两侧(注意:传感器与测微器连接时,请拿住测杆适度旋紧)。

(2) 将实验箱(实验台内部已连接)面板上的±15V 和地端,用导线接到差动放大器上;将放大器放大倍数电位器 R_{P1} 旋钮(实验台为增益旋钮)逆时针旋到终端位置。

(3) 用导线将差动放大器的正、负输入端连接,再将其输出端接到数字电压表的输入端;将面板上电压量程切换开关拨到 20V 挡;接通电源开关,旋动放大器的调零电位器 R_{P2} 旋钮,使电压表指示向零趋近,然后换到 2V 量程,旋动调零电位器 R_{P2} 旋钮,使电压表指示为零;此后,调零电位器 R_{P2} 旋钮不再调节,根据实验适当调节增益电位器 R_{P1}。

(4) 按图 1-17 接线,R_1、R_2、R_3(电阻传感器部分固定电阻)与一个应变片构成单臂电桥形式。

(5) 调节平衡电位器 R_P,使数字电压表指示为零,此时测微器的读数视为系统零位。分别上旋和下旋测微器,每次 0.4mm,上、下各 2mm,将位移量 x 和对应的输出电压值 U_o 记入表 1-2 中。

表 1-2 位移量 x 与输出电压 U_o 的关系

x/mm										
U_o/mV										

根据表 1-2 中的实验数据,画出输入/输出特性曲线 $U_o=f(x)$,并且计算灵敏度和非线性误差。

传感器的输入电压能否从+5V 提高到+10V?输入电压的大小取决于什么?

序号	评价内容	配分	扣分要求	得分
1	单臂电桥性能检测	60	步骤操作不规范，每次扣5分 数据不准确，每处扣5分	
2	输入/输出特性曲线绘制	20	曲线绘制不正确，扣20分	
3	系统灵敏度计算	20	数据不准确，扣20分	
4	团队合作			
	小组评价			
	教师评价			
时间:60min		个人成绩:		

传感器技术的发展方向

1. 向高精度发展

随着自动化生产程度的不断提高，对传感器的要求也不断提高，必须研制出具有灵敏度高、精确度高、响应速度快、互换性好的新型传感器，以确保生产自动化的可靠性。目前能生产精度在万分之一以上的传感器的厂家为数很少，其产量远远不能满足要求。

2. 向高可靠性、宽温度范围发展

传感器的可靠性直接影响到电子设备的抗干扰等性能，研制高可靠性、宽温度范围的传感器将是永久性的方向。提高温度范围历来是大课题，大部分传感器的工作范围为－20～70℃；在军用系统中要求工作温度为－40～85℃；汽车、锅炉等场合，要求传感器工作在－20～120℃；在冶炼、焦化等方面，对传感器的温度要求更高，因此发展新兴材料(如陶瓷)的传感器将很有前途。

3. 向微型化发展

各种控制仪器设备的功能越来越大，要求各个部件的体积越小越好，因而传感器本身的体积越小越好，这就要求发展新的材料及加工技术。目前利用硅材料制作的传感器体积已经很小。例如，传统的加速度传感器是由重力块和弹簧等制成的，体积较大，稳定性差，寿命也短；而利用激光等各种微细加工技术制成的硅加速度传感器，体积非常小，互换性、可靠性都较好。

4. 向微功耗及无源化发展

传感器一般都是实现非电量向电量的转化，工作时离不开电源，在野外现场或远离电网的地方，往往是用电池供电或用太阳能等供电。开发微功耗的传感器及无源传感器是必然的发展方向，这样既可以节省能源，又可以提高系统寿命。目前，低功耗的芯片发展很快，如 TI2702 运算放大器，静态功耗只有 1.5mW，工作电压只需 2～5V。

5. 向智能化、数字化发展

随着技术的发展，传感器已突破传统的功能，其输出不再是单一的模拟信号(如 0～10mV)，而是经过微型计算机处理好的数字信号，有的甚至带有控制功能，这就是所说的数字传感器，如电子血压计，智能水、电、煤气、热量表。它们的特点是传感器与微型计算机有机结合，构成智能传感器，其系统功能最大程度地用软件实现。

项目学习总结表

<table>
<tr><td>姓名</td><td colspan="2"></td><td>班级</td><td></td></tr>
<tr><td>实践项目</td><td colspan="2"></td><td>实践时间</td><td></td></tr>
<tr><td colspan="5">实践学习内容和体会</td></tr>
<tr><td colspan="5"></td></tr>
<tr><td rowspan="2">小组意见</td><td colspan="4"></td></tr>
<tr><td>组长</td><td></td><td>成绩评定等级</td><td></td></tr>
<tr><td rowspan="2">指导教师意见</td><td colspan="4"></td></tr>
<tr><td>指导教师</td><td></td><td>成绩评定等级</td><td></td></tr>
<tr><td colspan="5">备注：</td></tr>
</table>

思考与练习

1. 什么是传感器？传感器有什么作用？在日常生活中，人们会接触到哪些传感器？
2. 传感器的基本组成有哪些？各部分有什么作用？
3. 常用传感器有几种分类方法？试分别举例说明。
4. 传感器有哪些特性参数？其选用原则是什么？
5. 现代传感技术有哪几方面的发展趋势？
6. 举例说明传感器在工程中的应用。

电阻式传感器

【项目分析】

本项目主要包括电阻式传感器的认识和使用。通过完成这些任务,可以达到如下目标。

(1) 了解电阻式传感器;

(2) 熟悉电阻式传感器的应用;

(3) 能正确使用常用的电阻式传感器。

在众多传感器中,有一大类是通过电阻参数的变化来达到非电量电测量的目的,它们被统称为电阻式传感器。这是一种将被测信号的变化转换成电阻值变化,再经相关测量电路处理后,在终端仪器、仪表上显示或记录下被测量变化状态的测量装置。

利用电阻式传感器可进行位移、形变、力、力矩、加速度、温度、湿度等物理量的测量。由于各种电阻材料在受到被测量作用时转换成电阻参数变化的机理各不相同,因而在电阻式传感器中形成了许多种类。本项目主要介绍电阻应变片式传感器,气敏、湿敏电阻传感器,其他的电阻式传感器(如热电阻传感器、热敏电阻传感器)将在项目 7 中介绍。

任务 2.1　认识电阻式传感器

本任务主要介绍常用的电阻式传感器。通过学习,认识应变片,了解

电阻应变片传感器的工作原理和结构，掌握电桥的组桥方式、加减特性及其灵敏度，具备识别各类电阻式传感器的初步能力。

1. 电阻应变式传感器

电阻应变式传感器是一种利用电阻材料的应变效应，将工程结构件的内部变形转换为电阻变化的传感器。电阻应变片式传感器可用于能转化成变形的各种非电物理量的检测，如力、压力、加速度、力矩、重量等，它在机械加工、计量、建筑测量等行业应用十分广泛。

1）原理和结构

电阻应变式传感器的结构如图 2-1 所示。它主要由弹性敏感元件或试件、电阻应变片和测量转换电路组成，其测量的关键是基于物体的形变。

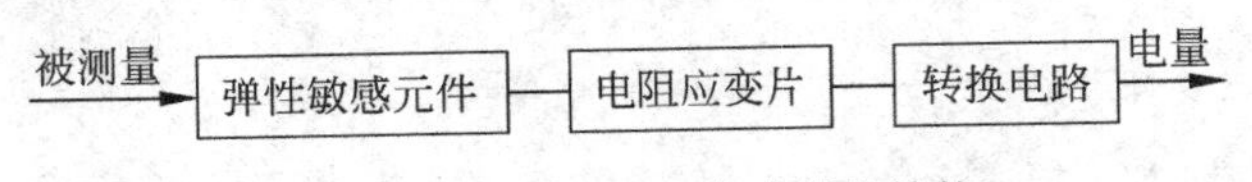

图 2-1 电阻应变式传感器的结构

(1) 弹性敏感元件。

弹性敏感元件把力或压力转换成应变或位移，然后由转换电路将应变或位移转换成电信号。

弹性敏感元件的分类如下所述。

① 变换力的弹性敏感元件如图 2-2 所示。

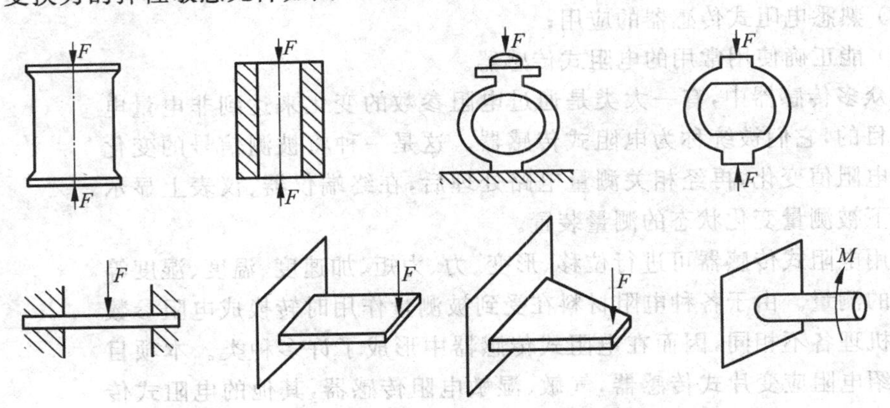

图 2-2 变换力的弹性敏感元件

② 变换压力的弹性敏感元件如图 2-3 所示。

(2) 电阻应变片。

① 应变效应。电阻应变片的主要工作原理是基于电阻应变效应。导体或半导体材料在受到外力作用下而产生机械形变时，其电阻值发生相应变化的现象称为电阻应变效应。

当传感器的弹性敏感元件受到外力(被测量)作用后，弹性敏感元件发生变形，此变形传递给粘贴在弹性敏感元件上的应变片，使应变片也发生变形。由于电阻应变效应，导致

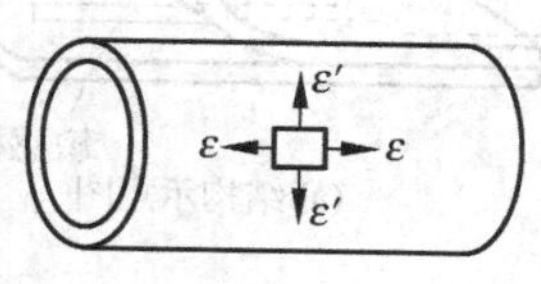

图 2-3 变换压力的弹性敏感元件

应变片的电阻值发生变化。此时，应变片在一定的测量电路（电桥等）中就会使电路的输出电压发生变化，并通过后续的仪表放大器进行放大，再传输给处理电路显示或执行机构，从而实现非电量到电量的转化。

下面举一个例子来更深入地了解电阻应变效应。有一根金属电阻丝，在未受到外力作用时，其电阻值为

$$R = \rho \frac{L}{S} \tag{2-1}$$

式中，ρ 为金属电阻丝的电阻率（$\Omega \cdot \mathrm{m}$）；L 为金属电阻丝的长度（m）；S 为金属电阻丝的横截面积（m^2）。

当电阻丝受到轴向拉力 F 作用时，轴向拉长 ΔL，径向缩短 ΔS，电阻率增加 $\Delta\rho$，从而引起电阻值的变化 ΔR。通过推导，得

$$\frac{\Delta R}{R} \approx K \frac{\Delta L}{L} \approx K\varepsilon \tag{2-2}$$

式中，K 为金属导体的应变灵敏度；$\frac{\Delta L}{L}$为长度相对变化量；ε 为纵向应变。

② 应变片分类。应变片分为金属应变片及半导体应变片两大类。

金属应变片的结构如图 2-4 所示，有丝式、箔式和薄膜式三种。图 2-4(a)所示为其结构示意图，由金属电阻应变片做成的敏感栅粘贴在基底上，上面覆盖保护层。基底有纸基和胶基两种。应变片的纵向尺寸为工作长度，反映被测应变，其横向应变将造成测量误差。图 2-4(b)所示为圆角丝式应变片，其横向应变会引起较大的测量误差，但耐疲劳性好，一般用于动态测量。图 2-4(c)所示为直角丝式应变片，它精度高，但耐疲劳性差，适用于静态测量。箔式电阻应变片用光刻技术将康铜或镍铬合金箔腐蚀成栅状而制成。其丝

栅形状可与应力分布相适应，制成各种专用应变片，如图 2-4(d)所示的应变式转矩传感器专用应变片，以及图 2-4(f)所示的板式压力传感器专用应变片等。箔式电阻应变片的电阻值分散度小，可做成任意形状，易于大量生产，成本低，散热性好，允许通过大的电流，灵敏度高，耐蠕变和漂移能力强。薄膜应变片是采用真空镀膜技术，在很薄的绝缘基底上蒸镀金属电阻材料薄膜，再加上保护层制成的，其优点是灵敏度高，允许通过大的电流。

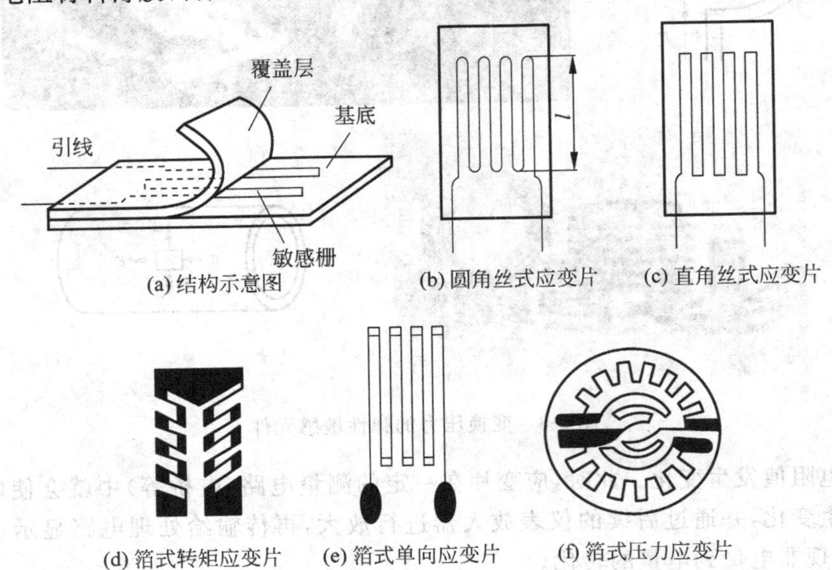

图 2-4　金属应变片

半导体应变片的结构类型有体型、薄膜型和扩散型等。随着硅扩散技术的发展，扩散型半导体应变片已成主流。扩散型半导体应变片是在硅片上用扩散技术制成 4 个电阻并构成电桥，同时利用硅材料本身作为弹性敏感元件而做成的；还可以将扩散型半导体应变片与补偿电路以及其他信号处理电路集成在一起，构成集成力敏传感器。

半导体应变片的灵敏度比金属应变片高几十倍，但一致性差，温漂大，电阻与应变间非线性严重，必须考虑温度补偿。表 2-1 列出了上海华东电子仪器厂生产的一些应变片的主要技术参数。在表 2-1 中，PZ 型为纸基丝式应变片，PJ 型为胶基丝式应变片，BB、BA、BX 型为箔式应变片，PBD 型为半导体应变片。

表 2-1　应变片主要技术参数

参数名称	电阻值/Ω	灵敏度	电阻温度系数/(1/℃)	极限工作温度/℃	最大工作电流/mA
PZ—120 型	120	1.9～2.1	20×10^{-6}	−10～40	20
PJ—120 型	120	1.9～2.1	20×10^{-6}	−10～40	20
BX—200 型	200	1.9～2.2	—	−30～60	25
BA—120 型	120	1.9～2.2	—	−30～200	25
BB—350 型	350	1.9～2.2	—	−30～170	25
PBD—1K 型	1000×(1±10%)	140×(1±5%)	<0.4%	40	15
PBD—120 型	120×(1±10%)	120×(1±5%)	<0.2%	40	20

③ 应变片的粘贴。应变片是通过黏合剂粘贴到试件上的。黏合剂的种类很多，要根据基片材料、工作温度、潮湿程度、稳定性、是否加温加压和粘贴时间等多种因素合理选择黏合剂。

应变片的粘贴质量直接影响应变测量的精度，必须十分注意。应变片的粘贴工艺包括：试件贴片处的表面处理，贴片位置的确定，应变片的粘贴、固化等。应变片粘贴前，必须将试件表面处理干净，再涂一层薄而均匀的专用胶水；然后，在应变片上盖一张聚乙烯塑料薄膜，并加压，将多余的胶水和气泡排出。固化后，应检查合格与否，并焊接引出线。最后，用柔软胶合物适当地加以固定。

图 2-5 所示为应变片的粘贴过程。

(a) 在试件表面粘贴应变片

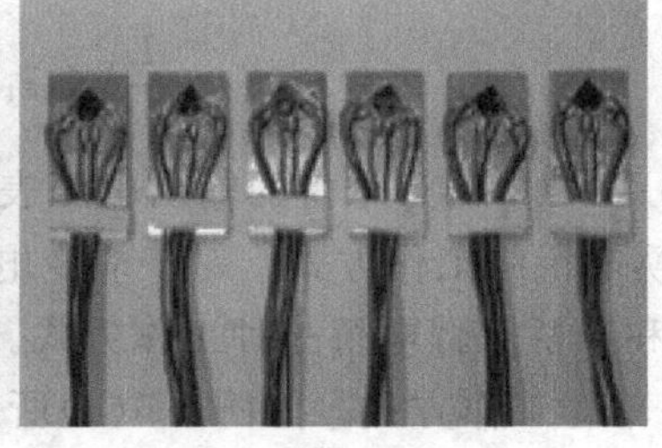

(b) 引线的固定

图 2-5 应变片的粘贴

2）电阻应变片测量电路

金属应变片的电阻变化范围很小，如果直接用欧姆表测量其电阻值的变化，将十分困难，且误差很大，所以多使用不平衡电桥来测量这一微小的变化量，将电阻的变化转换成输出电压。

按电源的性质不同，电桥电路分为交流电桥和直流电桥两类。在大多数情况下，采用的是直流电桥电路。

(1) 电阻电桥的输出电压。直流电阻电桥如图 2-6(a)、图 2-6(b)、图 2-6(c)所示，其初始状态可通过 R_P 调节电桥平衡，即调节 $U_o=0$。电桥的平衡条件是对边臂电阻乘积相等，即

$$R_1R_3 = R_2R_4 \tag{2-3}$$

由于通常 4 个电阻不可能刚好满足平衡条件，因此电桥都设置有调零电路。调零电路由 R_P 及 R_5 组成。

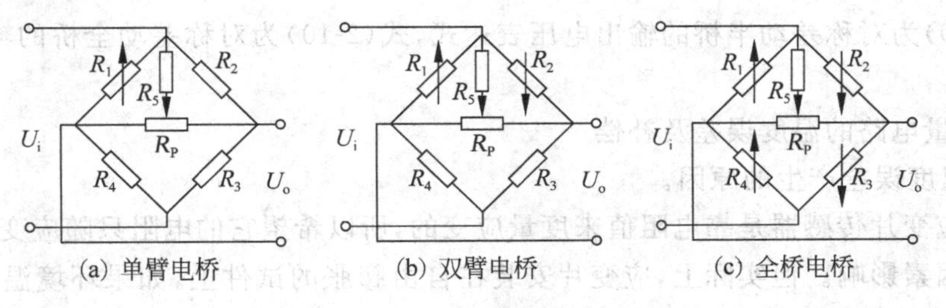

(a) 单臂电桥　(b) 双臂电桥　(c) 全桥电桥

图 2-6 常用电桥电路

在未施加作用力时，应变为零，此时电桥平衡输出为零。当被测量发生变化时，无论哪个桥臂电阻受被测信号的影响发生变化，电桥平衡将被打破，电桥电路的输出电压也将随之发生变化。根据电路原理，其输出电压为

$$U_{\mathrm{o}}=\left(\frac{R_3}{R_2+R_3}-\frac{R_4}{R_1+R_4}\right)U_{\mathrm{i}}=\frac{R_1R_3-R_2R_4}{(R_2+R_3)(R_1+R_4)}U_{\mathrm{i}} \tag{2-4}$$

当4个桥臂电阻都发生变化时，有

$$U_{\mathrm{o}}\approx\frac{U_{\mathrm{i}}}{4}\left(\frac{\Delta R_1}{R_1}-\frac{\Delta R_2}{R_2}+\frac{\Delta R_3}{R_3}-\frac{\Delta R_4}{R_4}\right) \tag{2-5}$$

若4个桥臂都是电阻应变片，且各个电阻应变片的灵敏度相同，可将式(2-2)代入式(2-5)，得

$$U_{\mathrm{o}}\approx\frac{U_{\mathrm{i}}}{4}K(\varepsilon_1-\varepsilon_2+\varepsilon_3-\varepsilon_4) \tag{2-6}$$

式(2-5)和式(2-6)为全桥的输出电压表达式。

(2) 转换电桥的工作方式。对于应变电阻式位移传感器，其电桥电路可分为全桥、半桥单臂电桥和半桥双臂电桥三种工作方式。全桥和双臂电桥还可构成差动工作方式。

① 半桥单臂工作方式。如图2-6(a)所示，R_1为电阻应变片，R_2、R_3、R_4为固定电阻，由式(2-5)和式(2-6)得

$$U_{\mathrm{o}}\approx\frac{U_{\mathrm{i}}}{4}\frac{\Delta R_1}{R_1}=\frac{U_{\mathrm{i}}}{4}K\varepsilon_1 \tag{2-7}$$

② 半桥双臂工作方式。如图2-6(b)所示，R_1、R_2为电阻应变片，R_3、R_4为固定电阻，由式(2-5)和式(2-6)得

$$U_{\mathrm{o}}\approx\frac{U_{\mathrm{i}}}{4}\left(\frac{\Delta R_1}{R_1}-\frac{\Delta R_2}{R_2}\right)=\frac{U_{\mathrm{i}}}{4}K(\varepsilon_1-\varepsilon_2) \tag{2-8}$$

③ 全桥式电桥电路。在式(2-6)中，相邻桥臂间电压为相减关系，相对桥臂间电压为相加关系。因此，构成差动电桥的条件为：相邻桥臂电阻应变片的应变方向相反，相对桥臂电阻应变片的应变方向相同。如果各电阻应变片的应变量相等，则称为对称电桥，此时式(2-8)和式(2-5)可改写为

$$U_{\mathrm{o}}\approx\frac{U_{\mathrm{i}}}{2}\frac{\Delta R_1}{R_1}=\frac{U_{\mathrm{i}}}{2}K\varepsilon_1 \tag{2-9}$$

$$U_{\mathrm{o}}\approx U_{\mathrm{i}}\frac{\Delta R_1}{R_1}=U_{\mathrm{i}}K\varepsilon_1 \tag{2-10}$$

式(2-9)为对称差动半桥的输出电压表达式，式(2-10)为对称差动全桥的输出电压表达式。

3) 测量电路的温度误差及补偿

(1) 温度误差产生的原因。

电阻应变片传感器是靠电阻值来度量应变的，所以希望它的电阻只随应变而变，不受任何其他因素影响。但实际上，应变片安装在自由膨胀的试件上，如果环境温度变化，应变片的电阻也会变化，这种变化叠加在测量结果中，称为应变片温度误差。

应变片温度误差的来源有两个：一是温度变化引起应变片敏感栅的电阻变化及附加形变；二是试件材料的线膨胀系数的不同，使应变片产生附加应变。因此，在检测系统中有必要进行温度补偿，以减小或消除由此而产生的测量误差。

(2) 温度补偿方法。

① 自补偿法。自补偿法是利用自身具有温度补偿作用的应变片(称为温度自补偿应变片)粘贴在被测部件上，在温度发生变化时使产生的附加应变为零或相互抵消。要实现温度自补偿，必须满足如下关系式：

$$\alpha + K_0(\beta_g - \beta_s) = 0 \tag{2-11}$$

式中，α 为敏感栅的电阻温度系数；K_0为灵敏度系数；β_g为被测部件的线膨胀系数；β_s为应变片的线膨胀系数。

当 β_g已知时，只要其他参数满足式(2-11)，则无论温度如何变化，都会有 $\Delta R_t=0$，从而达到温度自补偿的目的。

② 桥路补偿法。桥路补偿法又称补偿片法。测量时，应变片是作为平衡桥的一个臂参与测量应变的。图 2-7(a)中的 R_1为工作应变片，R_B为补偿片；R_1和 R_B分别是电阻温度系数、线膨胀系数、应变灵敏度系数以及初始电阻值都相同的应变片，且处于同一温度场中。R_1粘贴在被测物体需测量应变的位置上。补偿片 R_B粘贴在一块不受应力作用但与被测物体材料相同的补偿块上，且该试件的应变为零，即 R_B无应变。

当温度发生变化时，工作片 R_1和补偿片 R_B的电阻都会发生变化。因 R_1和 R_B为同类应变片，又粘贴在相同的材料上，由于温度变化而引起应变片的电阻变化量相同，因此 R_1和 R_B的变化相同，即 $\Delta R_1=\Delta R_B$。由于 R_1和 R_B分别接在电桥相邻的两个臂上，此时因温度变化而引起的电阻变化 ΔR_1和 ΔR_B的作用可相互抵消，从而起到温度补偿的作用。

在某些情况下，可以比较巧妙地安装应变片，从而不需补偿片就能提高灵敏度。

如图 2-7(b)所示，测量梁的弯曲应变时，将两个应变片分贴于上、下两面的对称位置，R_1与 R_B特性相同，而感受到应变的性质相反，一个感受拉应变，另一个感受压应变。将 R_1与 R_B按图 2-7(a)所示接入电桥相邻两臂，根据电桥加减特性(如式(2-6)所示)，电桥输出电压比单片时增加 1 倍。

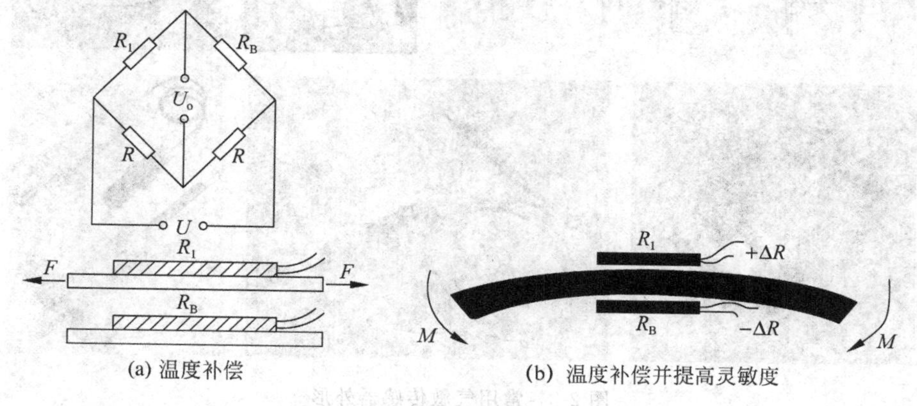

(a) 温度补偿

(b) 温度补偿并提高灵敏度

图 2-7 电桥路补偿法

当梁上、下面温度一致时，R_1与R_B可起温度补偿作用。

桥路补偿法的优点是简单、方便，在常温下补偿效果比较好；缺点是温度变化梯度较大时，比较难掌握。

在桥路补偿法中，若要实现完全补偿，应注意以下 4 个条件。

(1) 在工作过程中，必须保证除R_1、R_B以外的两个电阻值相等。

(2) 工作应变片和补偿应变片必须处于同一温度场中。

(3) 工作应变片和补偿应变片必须具有相同的电阻温度系数、线膨胀系数、应变灵敏度系数和初始电阻值。

(4) 用来粘贴工作应变片、补偿应变片的材料必须一样，补偿件材料与被测试件材料的线膨胀系数也必须相同。

2. 气敏传感器

1) 气敏传感器的类型与特征

在现代社会的生产和生活中，人们会接触到各种各样的气体，其中有许多易燃、易爆气体，例如氢气、一氧化碳、氟利昂、煤矿瓦斯、天然气、液化石油气等，还有些是对人体有害的气体，例如一氧化碳、氟利昂、氨气等。为了保护人类赖以生存的自然环境，防止不幸事故的发生，需要对各种有害气体或可燃性气体在环境中存在的情况进行有效的检测和监控。比如，化工生产中气体成分的检测与控制；煤矿瓦斯浓度的检测与报警；环境污染情况的监测；煤气泄漏、燃烧情况的检测与控制等。

气敏传感器是能感知环境中某种气体及浓度的一种敏感器件，它将与气体种类及其浓度有关的信息转换成电信号，根据这些电信号的强弱获得与待测气体在环境中存在情况有关的信息，从而进行检测、监控、报警；还可以通过接口电路与计算机组成自动检测、控制和报警系统。图 2-8 所示为常用气敏传感器外形。

图 2-8 常用气敏传感器外形

气敏传感器的主要类型及其特征如表 2-2 所示。

表 2-2 气敏传感器的分类

类　型	原　理	检测对象	特　点
半导体方式	若气体接触到加热的金属氧化物(SnO_2、Fe_2O_3、ZnO_2等),电阻值会增大或减小	还原性气体、城市排放气体、丙烷气等	灵敏度高,构造与电路简单,但输出与气体浓度不成比例
接触燃烧方式	可燃性气体接触到氧气就会燃烧,使得作为气敏材料的铂丝温度升高,电阻值相应增大	燃烧气体	输出与气体浓度成比例,但灵敏度较低
化学反应式	化学溶剂与气体反应,将产生电流,或发生颜色变化,或者电导率增加	CO、H_2、CH_4、C_2H_5OH、SO_2等	气体选择性好,但不能重复使用
光干涉式	与空气的折射率不同,而产生干涉现象	与空气折射率不同的气体,如CO_2等	寿命长,但选择性差
热传导方式	由于热传导率差别,放热的发热元件温度降低,由此进行检测	与空气热传导率不同的气体,如H_2等	构造简单,但灵敏度低,选择性差
红外线吸收散射方式	由于红外线照射,气体分子发生谐振,产生吸收或散射量,以此进行检测	CO、CO_2等	能定性测量,但装置大,价格高

气敏传感器的主要特性如下所述。

(1) 初期稳定特性:电阻式气敏元件在工作中需要有一定的温度要求,这主要靠加热来满足。不同元件在加热过程中,经一段过渡性变化后达到稳定基阻值。这个过程与元件本身的构成有关,也与放置时间和环境条件有关。元件本身只有达到初始稳定状态后,才能用于气体检测。

(2) 响应复归特性:达到初始稳定状态的气敏元件在一定浓度的待测气体中阻值增大或减小的快慢,就是该元件的响应速度特性。元件脱离待测气体到洁净气体中,其阻值恢复到基阻值的快慢,称为响应复归特性。

(3) 灵敏度:表征气敏元件输出电阻值与待测气体浓度之间关系的曲线是气敏元件浓度特性。在它的特性曲线上,某点斜率的大小,就代表其灵敏度。

(4) 选择性:反映元件对待测和共存气体相对灵敏度的大小。因为气敏半导体对各种还原性气体的灵敏度十分接近,通常在制作元件的过程中,使用添加剂或气体过滤膜的方法,并选择适当的工作温度,以满足不同用途的需要。

(5) 时效性和互换性:对于电阻式气敏传感元件,由于工作环境恶劣,温度较高,长期使用易造成气敏特性漂移;而且传统元件性能参数分散,互换性差,给实用带来不便。反映元件气敏特性稳定程度的时间,就是时效性。同一型号元件之间气敏特性的一致性,反映了它的互换性。

(6) 环境依赖性:环境条件对元件特性的影响主要有两种情况,其一是待测气体的温度或湿度引起气体浓度改变而产生的;其二是环境温度或湿度等条件的变动通过影响气敏过程而导致元件特性漂移而产生的。因此,元件在使用中一般要通过电路对输出值加以补偿修正；此外，可利用同芯片上集成的温敏、湿敏等元件，实现气敏电阻元件环境条件影响的自身补偿，以克服环境的不利影响。

2）半导体气敏传感器的种类及其结构

气敏电阻传感器种类很多，按气敏传感器所使用材料的不同，分为半导体和非导体两大类。目前使用最多的是半导体气敏传感器。

半导体气敏传感器是利用半导体气敏元件同气体接触，造成半导体性质发生变化的原理来检测特定气体的成分或者浓度。按半导体变化的物理特性，半导体气敏传感器又分为电阻式和非电阻式。电阻式半导体气敏传感器是利用其电阻值的改变来反映被测气体的浓度，非电阻式气敏传感器利用半导体的功能函数对气体的浓度进行直接或间接检测。

（1）电阻式半导体气敏传感器的种类及其结构。

目前使用较多的电阻式半导体气敏传感器的结构可分为烧结型、薄膜型和厚膜型三种。其中，烧结型是工艺最成熟、应用最广泛的一种。

① 烧结型：烧结型气敏器件的制作是将一定比例的敏感材料（SnO_2、ZnO 等）和一些掺杂剂（Pt、Pb 等）用水或黏合剂调和，经研磨后使其均匀混合，然后将混合好的膏状物倒入模具，埋入加热丝和测量电极，经传统的制陶方法烧结。最后，将加热丝和电极焊在管座上，加上特制外壳，就构成器件。该类器件分为两种结构：直热式和旁热式。这种类型的传感器主要用于检测还原性气体、可燃性气体和液体蒸气。

直热式器件管芯体积很小，加热丝直接埋在金属氧化物半导体材料内，兼作一个测量板。其缺点是：热容量小，易受环境气流的影响；测量电路与加热电路之间相互干扰，影响其测量参数；加热丝在加热与不加热两种情况下产生的膨胀与冷缩，容易造成器件接触不良。直热式烧结型气敏传感器的结构与符号如图 2-9 所示。

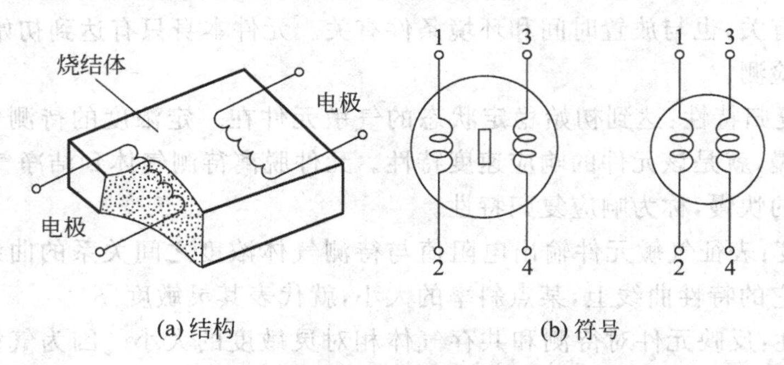

图 2-9 直热式烧结型气敏传感器的结构与符号

旁热式气敏器件是把高阻加热丝放置在陶瓷绝缘管内，在管外涂上梳状金电极，再在金电极外涂上气敏半导体材料，就构成了器件。它克服了直热式结构的缺点，器件的稳定性得到提高；其热容量大，降低了环境对元件加热温度的影响，保持了材料结构的稳定性；其测量电极与加热丝分开，加热丝不与气敏元件接触，避免了回路间的互相影响，检测更准确。旁热式烧结型气敏传感器的结构与符号如图 2-10 所示。

② 薄膜型：采用蒸发或溅射的方法，在处理好的石英基片上形成一薄层金属氧化物薄膜（如 SnO_2、ZnO 等），再引出电极，其性能受工艺条件及薄膜的物理、化学状态的影响。实验证明，SnO_2 和 ZnO 薄膜的气敏特性较好。其优点是：灵敏度高，响应迅速，机械

强度高，互换性好，产量高，成本低等。薄膜型气敏传感器结构如图 2-11 所示。

③ 厚膜型：厚膜型气敏器件是将 SnO_2 和 ZnO 等材料与 3%～15%重量的硅凝胶混合制成能印刷的厚膜胶，把厚膜胶用丝网印制到装有铂电极的氧化铝基片上，在 400～800℃高温下烧结 1～2 小时制成。其优点是：一致性好，机械强度高，适于批量生产。其结构如图 2-12 所示。

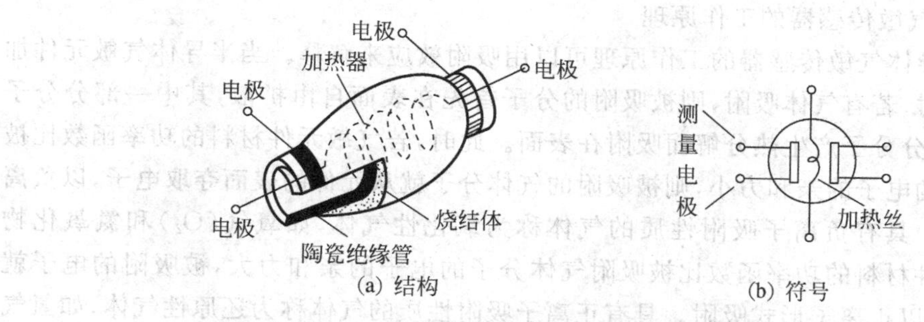

(a) 结构　　(b) 符号

图 2-10　旁热式烧结型气敏传感器的结构与符号

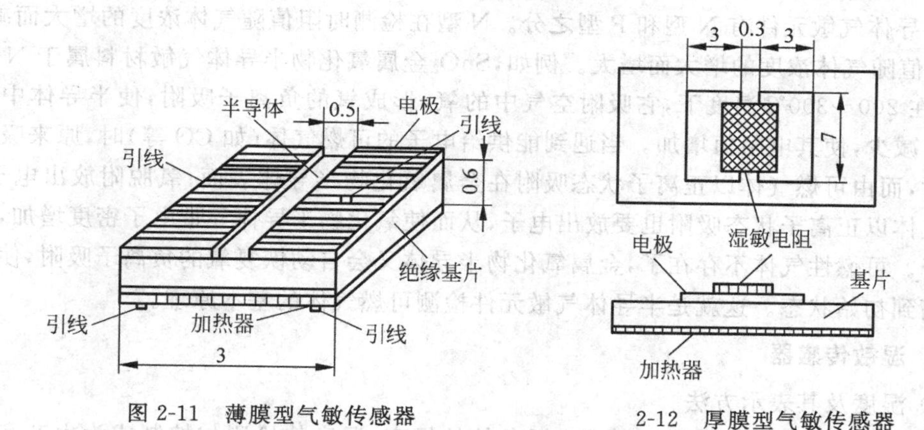

图 2-11　薄膜型气敏传感器　　2-12　厚膜型气敏传感器

上述三种气敏传感器的共同之处是皆附有加热丝，其作用是在 200～400℃温度下，将吸附在敏感元件表面的尘埃、油雾等烧掉，同时加速气体的吸附或脱附，从而提高响应速度。

电阻式气敏传感器的特点是：工艺简单，价格便宜，使用方便；气体浓度发生变化时，响应迅速；即使是在低浓度下，灵敏度也较高。但其稳定性差，老化较快，气体识别能力不强，各器件之间的特性差异大。

(2) 非电阻型半导体气敏传感器的种类及其结构。

非电阻型气敏传感器主要有二极管、场效应晶体管 FET 及电容型几种。

① 二极管式气敏传感器：二极管式气敏传感器是利用金属/半导体二极管的整流特性随周围气体变化而变化的效应制成。例如 Pd/CdS 二极管，这种二极管在正向偏置下的电流将随氢气浓度的增大而增大。因此，可根据一定偏置电压下的电流，或者一定电流时的偏置电压来检测氢气的浓度。

② FET 型气敏传感器：MOSFET 场效应晶体管可通过栅极外加电场来控制漏极电流，这是场效应晶体管的控制作用。FET 型气敏传感器就是利用环境气体对这种控制作

用的影响而制成的。初期的FET型气敏传感器以测 H_2 为主，近来已制成 H_2S、NH_3、CO等FET型气敏传感器。

③ 电容型气敏传感器：人们发现，$CaO-BaTiO_3$ 等复合氧化物随 CO_2 浓度变化，其静电容量有很大变化。当该元件加热到419℃时，可测定 CO_2 浓度范围0.05%～2%。其优点是选择性好，很少受CO、CH_4、H_2 等气体干扰，不受湿度干扰，具有良好的应用前景。

3）半导体气敏传感器的工作原理

电阻型半导体气敏传感器的工作原理可以用吸附效应来解释。当半导体气敏元件加热到稳定状态时，若有气体吸附，则被吸附的分子首先在表面自由扩散，其中一部分分子被蒸发，另一部分分子产生热分解而吸附在表面。此时，若气敏元件材料的功率函数比被吸附气体分子的电子的亲和力小，则被吸附的气体分子就从元件的表面夺取电子，以负离子形式被吸附。具有负离子吸附性质的气体称为氧化性气体，如氧气（O_2）和氮氧化物等。若气敏元件材料的功率函数比被吸附气体分子的电子的亲和力大，被吸附的电子就被元件俘获，而以正离子形式吸附。具有正离子吸附性质的气体称为还原性气体，如氢气（H_2）、一氧化碳（CO）、碳氢化合物和醇类等。

半导体气敏元件有N型和P型之分。N型在检测时阻值随气体浓度的增大而减小；P型阻值随气体浓度的增大而增大。例如，SnO_2 金属氧化物半导体气敏材料属于N型半导体，在200～300℃温度下，它吸附空气中的氧，形成氧的负离子吸附，使半导体中的电子密度减少，使其电阻值增加。当遇到能供给电子的可燃气体（如CO等）时，原来吸附的氧脱附，而由可燃气体以正离子状态吸附在金属氧化物半导体表面；氧脱附放出电子，可燃性气体以正离子状态吸附也要放出电子，从而使氧化物半导体导带电子密度增加，电阻值下降。可燃性气体不存在了，金属氧化物半导体又会自动恢复氧的负离子吸附，使电阻值升高到初始状态。这就是半导体气敏元件检测可燃气体的基本原理。

3. 湿敏传感器

1）湿度及其表示方法

随着现代工农业技术的发展及生活条件的提高，湿度的检测与控制成为生产和生活中必不可少的手段。例如，在一些粉尘大的车间，当湿度小而产生静电时，容易产生爆炸；纺织厂为了减少棉纱断头，车间要保持相当高的湿度（60%～75%）；一些仓库（如存放烟草、茶叶和中药等）在湿度过大时，易发生货品变质或霉变现象。在农业中，先进的工厂式育苗、食用菌的培养与生产、水果及蔬菜的保鲜等都离不开湿度的检测与控制。

湿度是指物质中所含水蒸气的量。目前的湿度传感器多数是测量气体中水蒸气的含量。它通常用绝对湿度、相对湿度和露点（或露点温度）来表示。

（1）绝对湿度（H_a）

绝对湿度是指单位体积空气内所含水蒸气的质量，其数学表达式为

$$H_a = \frac{m_V}{V} \tag{2-12}$$

式中，m_V 为待测空气中的水汽质量（g或mg）；V 为待测气体的总体积（m^3）；H_a 为待测空气的绝对湿度（g/m^3 或 mg/m^3）。

绝对湿度给出了水分在空气中的具体含量。

(2) 相对湿度(%RH)

相对湿度是指待测空气中实际所含的水蒸气分压与相同温度下饱和水蒸气压比值的百分数,其数学表达式为

$$H_{\mathrm{T}}=\frac{P_{\mathrm{V}}}{P_{\mathrm{W}}}\times 100\% \tag{2-13}$$

式中,P_{V}为某温度下待测气体的水气分压(Pa);P_{W}为与待测气体温度相同时的水的饱和水汽压(Pa)。

相对湿度给出了大气的潮湿程度,实际中常用。

(3) 露点温度

在一定大气压下,将含有水蒸气的空气冷却,当温度下降到某一特定值时,空气中的水蒸气达到饱和状态,开始从气态变成液态而凝结成露珠,这种现象称为结露。这一特定温度就称为露点温度。如果这一特定的温度低于 0℃,水汽将凝结成霜,此时称其为霜点。通常对两者不予区分,统称为露点,其单位为℃。

2) 湿敏传感器的基本概念及分类

人们为了测量湿度,从最早的通过人的头发随大气湿度变化伸长或缩短的现象而制成毛发湿度计开始,相继研制出电阻湿度计、半导体湿敏传感器等。

湿敏传感器就是一种能将被测环境湿度转换成电信号的装置。它主要由两个部分组成:湿敏元件和转换电路。除此之外,还包括一些辅助元件,如辅助电源、温度补偿元件、输出显示设备等。湿敏元件是指对环境湿度具有响应或转换成相应可测信号的元件。图 2-13 所示为湿敏电阻的外形。

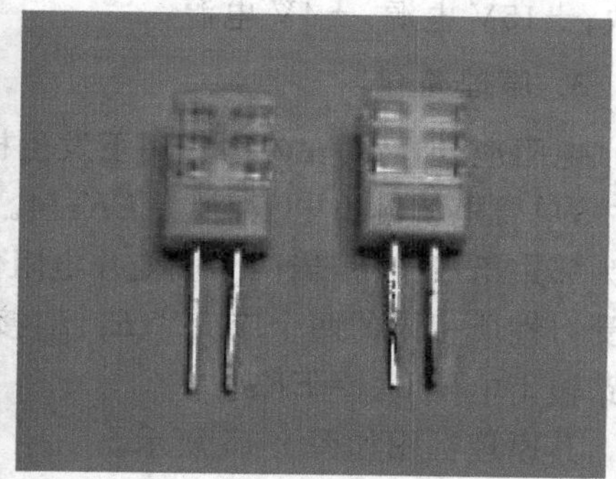

图 2-13 湿敏电阻外形图

湿度传感器种类繁多。按探测功能可分为绝对湿度型、相对湿度型和结露型等;按材料可分为陶瓷式、有机高分子式、半导体式和电解质式等;按输出的电学量可分为电阻型(它利用器件电阻值随湿度变化的基本原理来工作)、电容型(它是有效利用湿敏元件电容量随湿度变化的特性来进行测量的,通过检测其电容量的变化值,间接获得被测湿度的大小)和频率型等;也可以简单地将其分为两大类:水分子亲和力型和非水分子亲和力型。利用水分子易于吸附并由表面渗透到固体内的这一特点而制成的湿敏传感器称为水分子亲和力型,其湿敏材料有氯化锂电解质、高分子材料(例如醋酸纤维素、硝酸纤维素、尼龙等)、金属氧化物(例如 Fe_3O_4)、金属氧化物半导体陶瓷(例如 $MgCr_2O_4$—TiO_2 多孔陶瓷)

等。非水分子亲和力型的湿敏传感器与水分子亲和力没有关系，例如热敏电阻式、红外线吸收式、微波式以及超声波式湿敏传感器等。

图 2-14 所示为常见的湿敏传感器产品的外形。

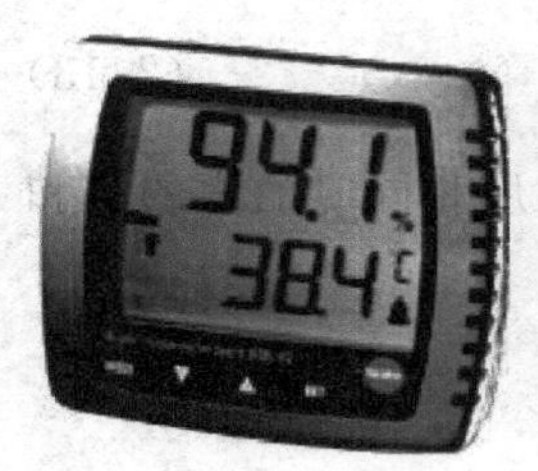

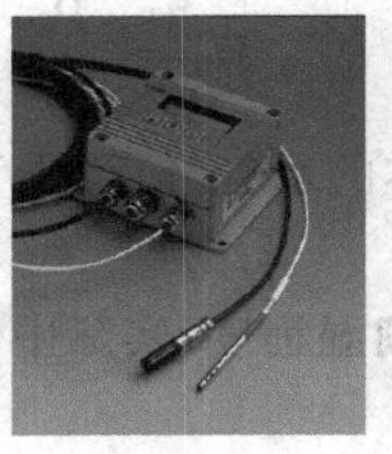
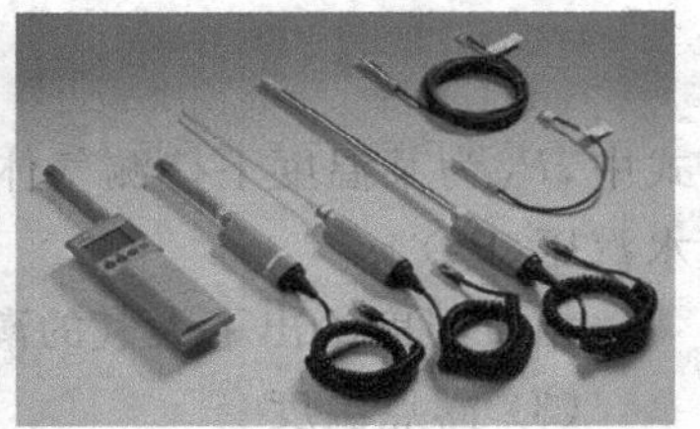

图 2-14　常见的湿敏传感器产品的外形

技能训练

1. 训练目的

(1) 了解应变片单臂电桥的工作原理和特性。

(2) 比较半桥与单臂电桥性能的不同，了解其特点。

(3) 了解全桥测量电路。

2. 训练器材

应变式传感器 4 个；应变传感器实验模板 1 块；砝码(20g)10 个；数显表 1 块；万用表 1 块；±15V 电源，±4V 电源。

3. 原理简介

电阻应变片 R_1 在外力作用下发生机械变形时，其电阻值发生变化。将其接入直流电桥中，单臂电桥输出电压 $U_{o1}=EK\varepsilon/4$。将不同受力方向的两片应变片 R_1、R_2 接入电桥，作为邻边组成半桥，当两个应变片电阻值和应变量相同时，其桥路输出电压 $U_{o2}=EK\varepsilon/2$；将受力性质相同的两个应变片 R_1、R_3 接入电桥对边，不同的 R_2、R_4 接入邻边组成全桥，其桥路输出电压 $U_{o3}=EK\varepsilon$。

其原理框图如图 2-15 所示。

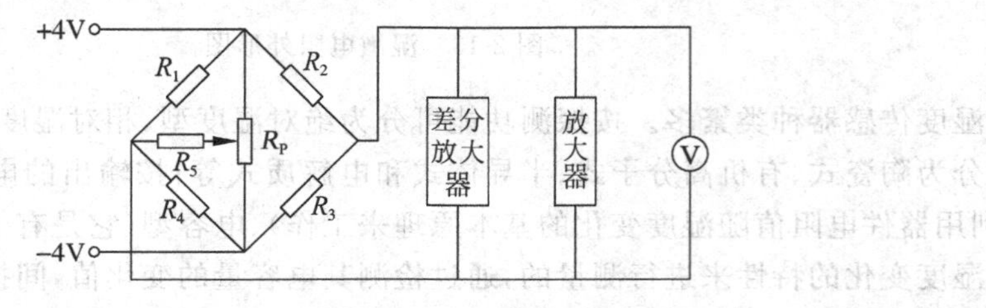

图 2-15　应变式传感器实验原理框图

4. 训练内容与步骤

(1) 按图 2-16(a)所示的安装示意图将应变式传感器装在应变传感器实验模板上。

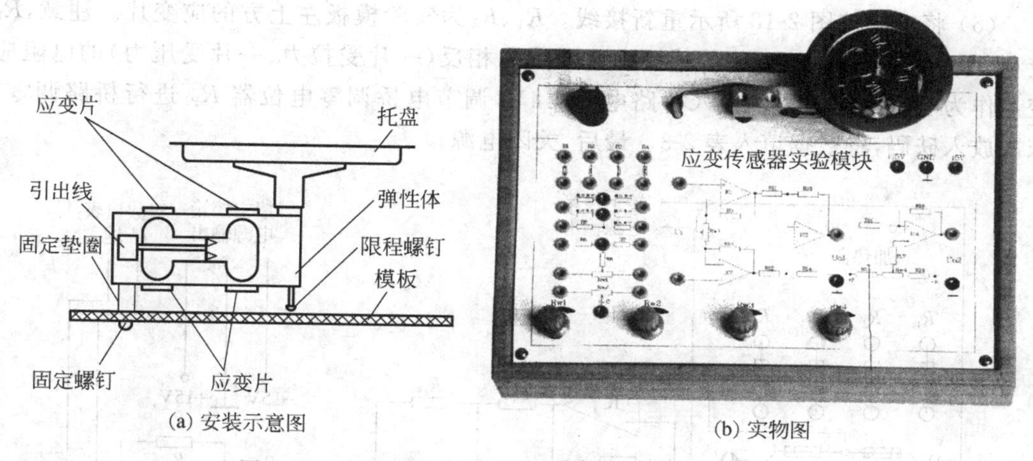

图 2-16　应变式传感器测力实验安装示意图及实物图

(2) 接入模板电源±15V,检查无误后,将实验模板调节增益电位器 R_{P1} 顺时针调节到中间位置,再进行差动放大器调零;将差放的正、负输入端与地短接,输出端与主控箱面板上数显表电压输入端 V_i 相连;打开主控箱电源,调节实验模板上调零电位器 R_{P4},使数显表显示为零(数显表的切换开关打到 2V 挡)。最后,关闭主控箱电源。

(3) 将应变式传感器的其中一个应变片 R_1(即模板左上方的 R_1)接入电桥,作为一个桥臂与 R_5、R_6、R_7 接成直流电桥(R_5、R_6、R_7 在模板内已连接好);接好电桥调零电位器 R_{P1},再接入桥路电源±4V(从主控箱引入),如图 2-17 所示。检查接线无误后,打开主控箱电源,调节 R_{P1},使数显表显示为零。

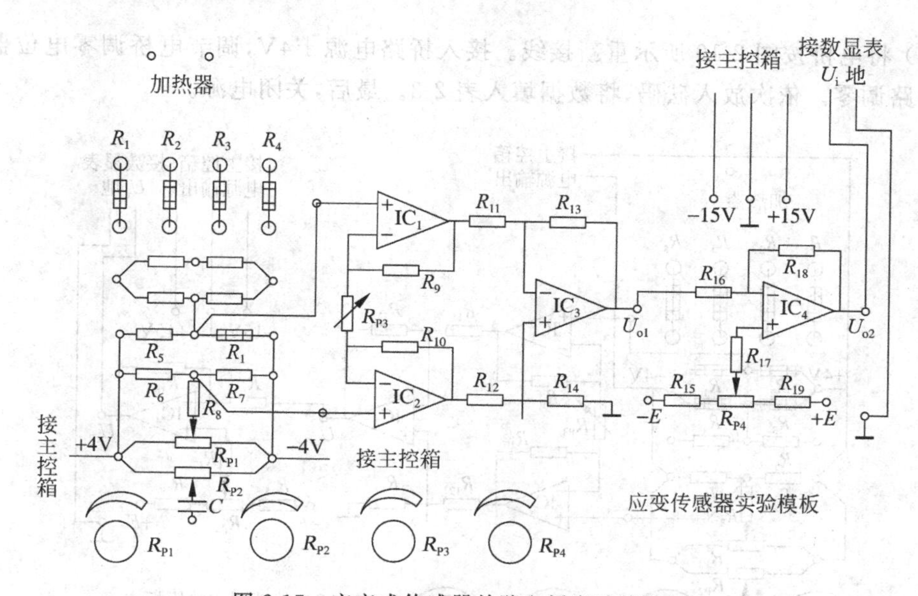

图 2-17　应变式传感器单臂电桥实验线路图

(4) 在电子秤上放置一只砝码,读取数显数值。依次增加砝码并读取相应的数显表值,直到 200g 砝码加完,将实验结果填入表 2-3。最后,关闭电源,取下砝码。

(5) 将电桥按图 2-18 所示重新接线。R_1、R_2 为实验模板左上方的应变片。注意，R_2 应和 R_1 受力状态相反，即将传感器中两片受力相反(一片受拉力、一片受压力)的电阻应变片作为电桥的相邻边。接入桥路电源±4V，调节电桥调零电位器 R_{P1} 进行桥路调零。依次放入砝码，将数据填入表 2-3。最后，关闭电源。

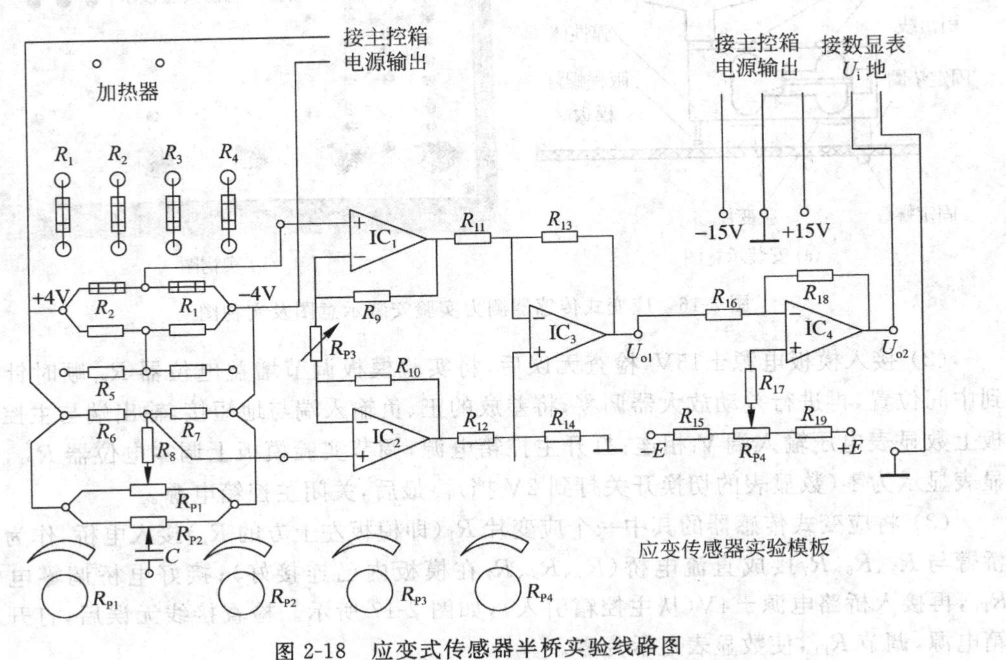

图 2-18 应变式传感器半桥实验线路图

(6) 将电桥按图 2-19 所示重新接线。接入桥路电源±4V，调节电桥调零电位器 R_{P1} 进行桥路调零。依次放入砝码，将数据填入表 2-3。最后，关闭电源。

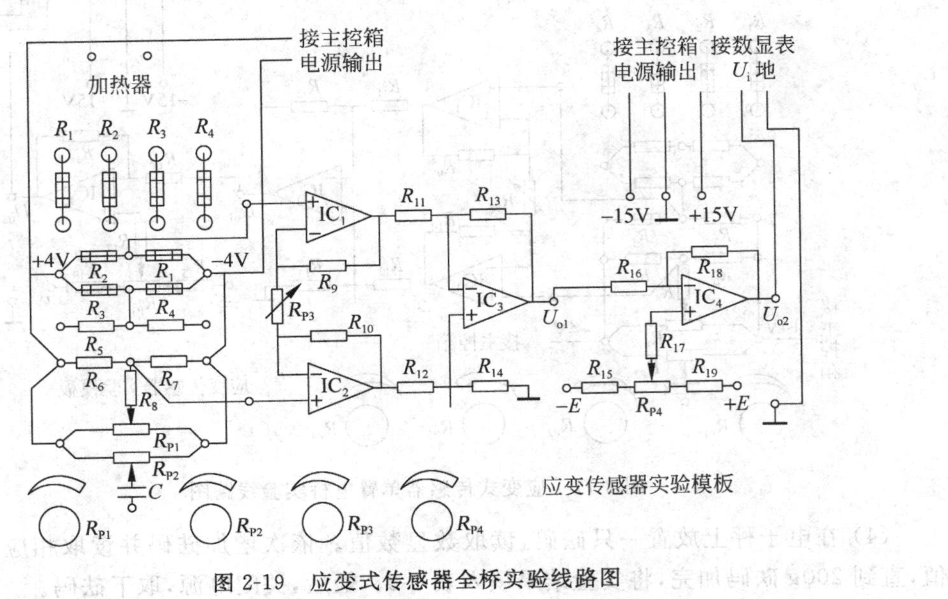

图 2-19 应变式传感器全桥实验线路图

表 2-3 应变式传感器测力实验数据记录表

质量/g	0	20	40	60	80	100	120	140	160	180	200
单臂输出电压/mV											
半桥输出电压/mV											
全桥输出电压/mV											

5. 实验报告

根据测得数据作出位移-电压输入/输出特性曲线,计算系统灵敏度。

$$系统灵敏度\ K=\frac{输出量变化}{输入量变化}$$

任务评价

序号	评价内容	配分	扣分要求	得分
1	应变片单臂电桥性能检测	30	步骤操作不规范,每次扣 2 分 数据不准确,每处扣 5 分	
2	应变片半桥性能检测	30	步骤操作不规范,每次扣 2 分 数据不准确,每处扣 5 分	
3	应变片全桥性能检测	30	步骤操作不规范,每次扣 2 分 数据不准确,每处扣 5 分	
4	系统灵敏度计算	10	曲线绘制不正确,扣 5 分 数据不准确,扣 5 分	
5	团队合作			
	小组评价			
	教师评价			
时间:60min		个人成绩:		

任务 2.2 使用电阻应变片式传感器

任务分析

本任务主要介绍常用的电阻应变片式传感器的应用。通过学习,了解常用电阻应变片式传感器的应用特点,并能根据工程要求正确选择并安装和使用。

相关知识

1. 应变式测力与荷重传感器

应变式测力与荷重传感器常见的结构有悬臂梁式、柱式和轮辐式等。

1）悬臂梁式传感器

悬臂梁式传感器有两种：一种为等截面梁；另一种为等强度梁。

如图 2-20(a)所示等截面梁的横截面处处相等，当外力作用在自由端时，固定端产生的应变最大，因此在离固定端较近的顺着梁长度的方向粘贴 4 个应变片 R_1、R_2（在上表面），R_3、R_4（在下表面）。当梁受力由上向下时，R_1、R_2受到拉应变，R_3、R_4受到压应变，其应变的大小相等，方向相反，组成差动电桥；当梁受力由下向上时，R_1、R_2受到压应变，R_3、R_4受到拉应变，也同样组成差动电桥来满足对力的测量。

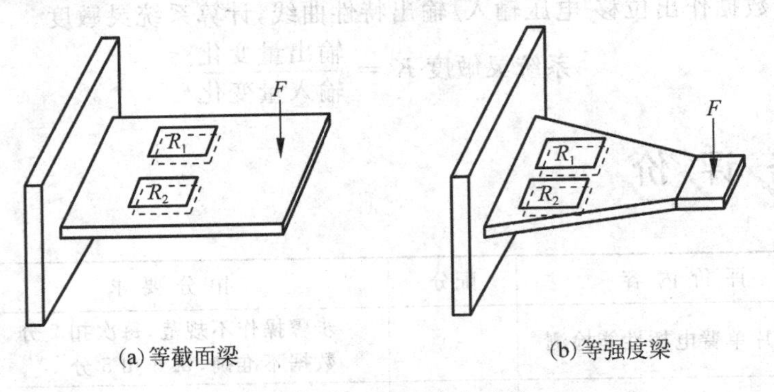

图 2-20　悬臂梁式传感器

如图 2-20(b)所示等强度梁在顺着梁的长度方向上的截面按照一定的规律变化，当外力作用在自由端时，距作用点任何距离的截面上的应力都相等，因此等强度梁对应变片的粘贴位置要求并不严格。

悬臂梁式传感器具有结构简单、应变片容易粘贴、灵敏度高等特点。其外形如图 2-21 所示。

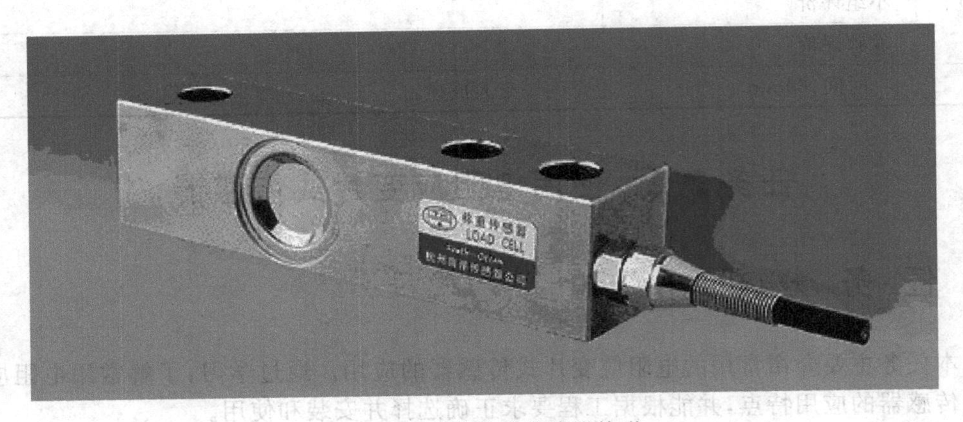

图 2-21　悬臂梁式传感器外形

电子秤是用于测量物体质量的电子装置，如图 2-22 所示，其显著特点是：对于一个相当大的秤台，只在中间装置一只专门设计的传感器来承担物料的全部重量。物体重量的不同，反映在梁式弹性敏感元件的形变变化，再通过与之粘贴的应变片电阻的改变，达到称重的目的。

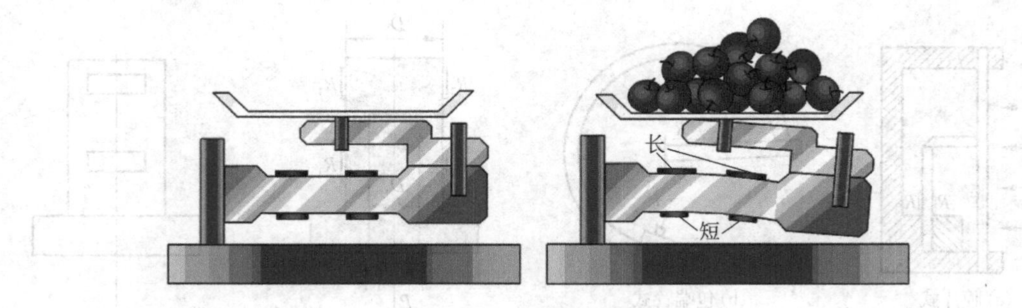

图 2-22 电子秤示意图

2）柱式传感器

柱式传感器是称重测量中应用较为广泛的传感器之一，其结构和外形如图 2-23 所示。柱式传感器一般将应变片粘贴在圆柱表面的中心部分，如图 2-23(a)所示，R_1、R_2、R_3、R_4纵向粘贴在圆柱表面，R_5、R_6、R_7、R_8横向粘贴构成电桥。当电桥的一面受拉力时，另一面受压力，此时电阻应变片的电阻值变化刚好大小相等，方向相反。横向粘贴的应变片不仅起到温度补偿作用，还可以提高传感器的灵敏度。

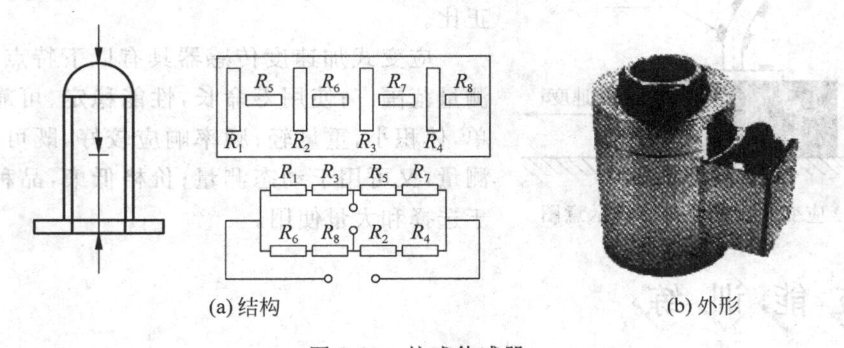

(a) 结构 (b) 外形

图 2-23 柱式传感器

在传感器的实际工作中，往往力是不均匀地作用在柱式传感器上的，有可能与传感器的轴线成一定的角度，于是力就会在水平线上产生一定的分量，此时通常习惯在传感器的外壳上加两片膜片来承受这个力的水平分量。这样，膜片既消除了横向产生的力，也不至于给传感器的测量带来很大的误差。

2. 应变式压力传感器

应变式压力传感器主要用于液体、气体压力的测量，测量压力范围是 $10^4 \sim 10^7$ Pa。图 2-24 中给出了组合式压力传感器示意图。图中，应变片 R 粘贴在悬臂梁上，悬臂梁的刚度应比压力敏感元件更高，这样可降低元件所固有的不稳定性和迟滞。

图 2-25 所示为筒式压力传感器。它的一端为不通孔(盲孔)，另一端用法兰与被测系统连接。被测压力 P 作用于筒内腔，使筒发生形变，工作应变片 R_1 贴在空心的筒壁外感受应变，补偿应变片 R_2 贴在不发生形变的实心端作为温度补偿用。筒式压力传感器一般用来测量机床液压系统压力和枪、炮筒腔内压力等。

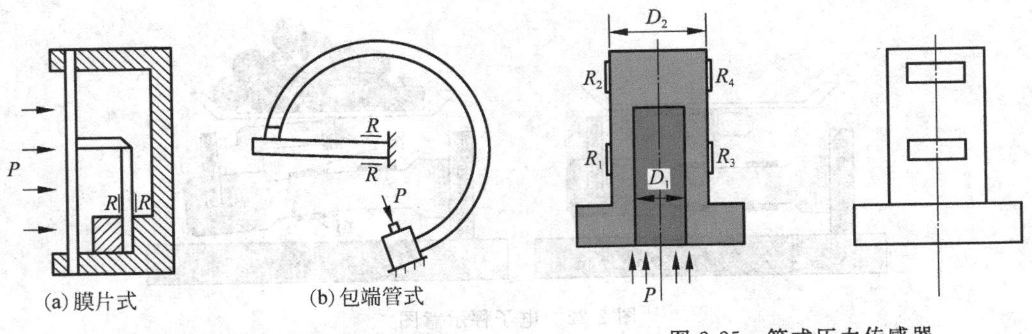

图 2-24 组合式压力传感器示意图

图 2-25 筒式压力传感器

3. 应变式加速度传感器

应变式加速度传感器原理示意图如图 2-26 所示。传感器由质量块、弹性悬臂梁、应变片和基片组成。当被测物作水平加速度运动时，由于质量块的惯性（$F=-ma$），使悬臂梁发生弯曲变形，应变片检测出悬臂梁的应变量与加速度成正比。

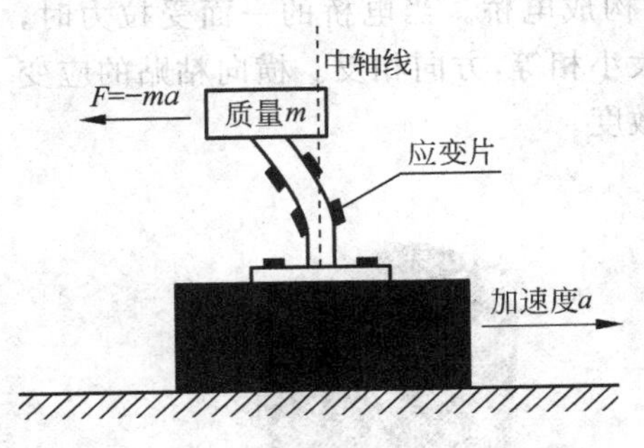

图 2-26 应变式加速度传感器示意图

应变式加速度传感器具有以下特点：精度高，测量范围广；使用寿命长，性能稳定、可靠；结构简单，体积小，重量轻；频率响应较好，既可用于静态测量，又可用于动态测量；价格低廉，品种多样，便于选择和大量使用。

技能训练

一、电阻式传感器的振动测试

1. 训练目的

了解电阻应变式传感器的动态特性。

2. 训练器材

电阻应变式传感器、电阻传感器转换电路（调零电桥）、直流稳压电源、低频振荡器、振动台、示波器。

应变式传感器 4 个；应变传感器实验模板 1 块；砝码（20g）10 个；数显表 1 块；万用表 1 块；±15V 电源，±4V 电源。

3. 原理简介

将电阻式传感器与振动台相连，在振动台的带动下，可以观察电阻式传感器的动态特性，电路图如图 2-27 所示。

4. 训练内容与步骤

(1) 固定好振动台，将电阻应变式传感器置于振动台上，将振动连接杆与电阻应变式传感器的测杆适度旋紧。

(2) 按照图 2-27 接线，将 4 个应变片接入电桥，组成全桥形式，并将桥路输出与示波器探头相连，低频振荡器输出接振动台小板上的振荡线圈。

(3) 接通电源，调节低频振荡器的振幅与频率以及示波器的量程，观察输出波形。

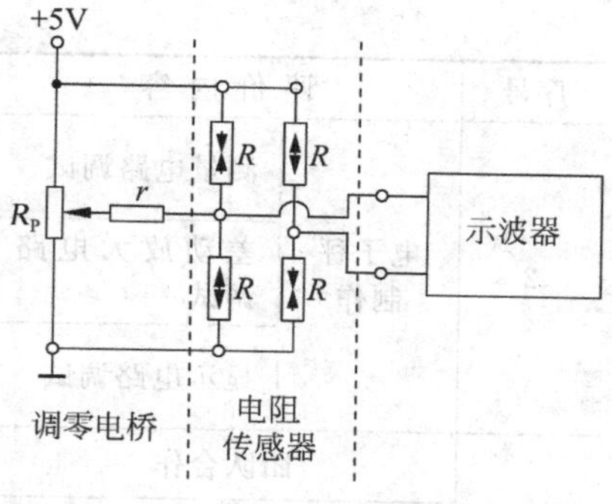

图 2-27 电阻式传感器振动实验电路图

二、电阻应变式传感器制作的电子秤

1. 训练目的

了解电阻应变片传感器在称重仪器中的应用。

2. 训练器材

电阻应变式传感器、差动放大器、直流稳压电源、A/D 转换电路、数码显示器、单片机。

3. 原理简介

首先利用由电阻应变式传感器组成的测量电路测出物质的重量信号，以模拟信号的方式传送到差动放大电路；其次，利用差动放大电路把传感器输出的微弱信号进行一定倍数的放大，送到 A/D 转换电路中；再由 A/D 转换电路把接收到的模拟信号转换成数字信号，并传送到显示电路；最后，由显示电路显示数据。

具体方案如图 2-28 所示。

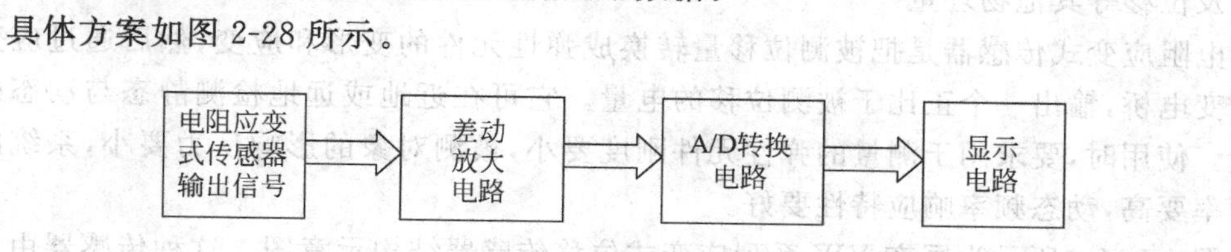

图 2-28 具体方案

4. 训练内容与步骤

(1) 测量电路：用电阻应变式传感器作为测量电路的核心。应根据测量对象的要求，恰当地选择精度和范围。

(2) 差动放大电路：主要的元件就是差动放大器，需要采用 A/D 转换和数字采集单片机系统。

(3) 显示电路：LED 数码显示。

序号	评价内容	配分	扣分要求	得分
1	电阻式传感器的振动测试	30	步骤操作不规范，每次扣 2 分 数据不准确，每处扣 5 分	

续表

序号	评价内容		配分	扣分要求	得分
2	电子秤制作	测量电路调试	30	步骤操作不规范，每次扣 2 分 数据不准确，每处扣 5 分	
		差动放大电路调试	20	步骤操作不规范，每次扣 2 分 数据不准确，每处扣 5 分	
		显示电路调试	20	步骤操作不规范，每次扣 2 分 数据不准确，每处扣 5 分	
3	团队合作				
	小组评价				
	教师评价				
时间：120min			个人成绩：		

电阻应变式位移传感器

电阻应变式传感器除了测定试件应力、应变以及测量力外，还可以用来测量扭矩、加速度及位移等其他物理量。

电阻应变式传感器是把被测位移量转换成弹性元件的变形和应变，然后通过应变计和应变电桥，输出一个正比于被测位移的电量。它可在近地或远地检测静态与动态的位移量。使用时，要求用于测量的弹性元件刚度要小，被测对象的影响反力要小，系统的固有频率要高，动态频率响应特性要好。

图 2-29(a)所示为国产 YW 系列应变式位移传感器结构示意图。这种传感器由于采用了悬臂梁—螺旋弹簧串联的组合结构，因此测量的位移较大(通常测量范围为 10～100mm)。其工作原理如图 2-29(b)所示。

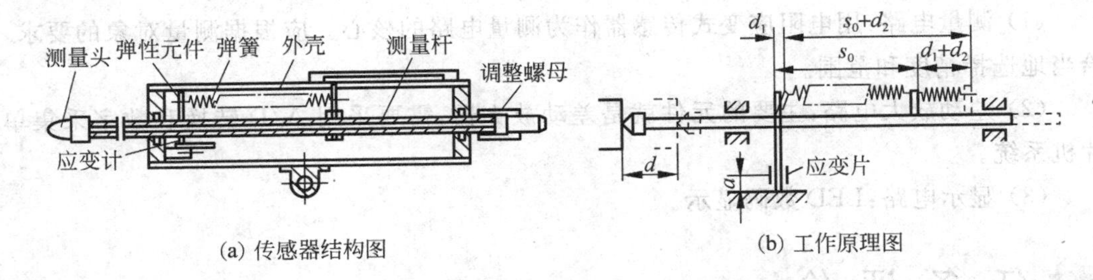

(a) 传感器结构图　　(b) 工作原理图

图 2-29　YW 型应变式位移传感器

由图 2-28 可知，4 片应变片分别贴在距悬臂梁根部 a 处的正、反两面；拉伸弹簧的一端与测量杆相连，另一端与悬臂梁上端相连。测量时，当测量杆随被测件产生位移 d 时，带动弹簧，使悬臂梁弯曲变形产生应变，其弯曲应变量与位移量呈线性关系。由于测量杆的位移 d 为悬臂梁端部位移量 d_1 和螺旋弹簧伸长量 d_2 之和，因此，由材料力学可知，位移量 d 与贴片处的应变 ε 之间的关系为 $d=d_1+d_2=K\varepsilon$(注：K 为比例系数，与弹性元件尺寸和材料特性参数有关；ε 为应变量，可以通过应变仪测得）。

任务 2.3 气敏与湿敏传感器的应用

本任务主要介绍常用的气敏与湿敏传感器。通过学习，了解常用的气敏与湿敏传感器的基本结构、工作原理及应用特点，初步具备识别各类气敏与湿敏传感器的能力。

1. 气敏传感器的应用

1）可燃气体泄漏报警器

可燃气体泄漏报警器的电路图如图 2-30 所示。它采用载体催化型 MQ 系列气敏元件作为检测探头，报警灵敏度从 0.2%起连续可调。当空气中可燃气体的浓度达到 0.2%时，报警器可发出声光报警，提醒用户及时处理，并自动驱动排风扇向外抽排有害气体。

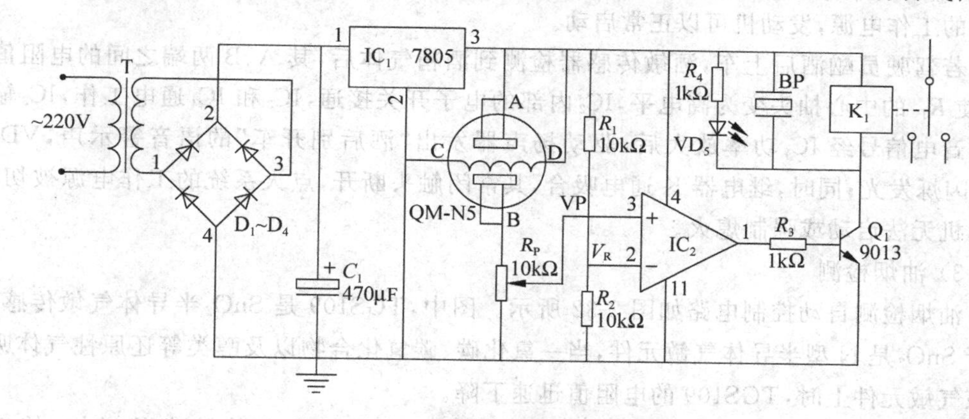

图 2-30 可燃气体泄漏报警器的电路图

可燃气体泄漏报警器电路的气敏元件采用 MQ 系列气敏元件 QM-N5，该元件具有灵敏度高、响应快、恢复迅速、长期稳定性好、抗干扰能力强等特点。市电经变压、整流、IC_1(7805)稳压后，向报警器供给+5V 直流电源。IC_2(LM324)构成一个比较器，R_1 和 R_2 分压后，设定一个比较电压值 V_R。一旦气敏元件 MQ 感测到被测气体或烟雾，MQ 电阻值下降，R_P 上的取样电压升高，超过基准参考电压 V_R 后。比较器的输出由正常状态下的低电平翻转成高电平，通过三极管 Q_1 驱动发光二极管 VD_5 发光，继电器 K_1 吸合，与此同时，压电陶瓷片 BP 鸣叫，起到控制外电路和报警的作用。

2）防止酒后开车控制器

图 2-31 所示为防止酒后开车控制器原理图。该控制器能在驾驶员酗酒后开车时，自动切断汽车点火系统的工作电源，强制车辆熄火，同时连续发出“酒后别开车”的警示语。

该酒后驾车控制器电路由电源电路、酒敏检测控制电路、语音电路、音频放大输出电路和点火系统控制电路组成。

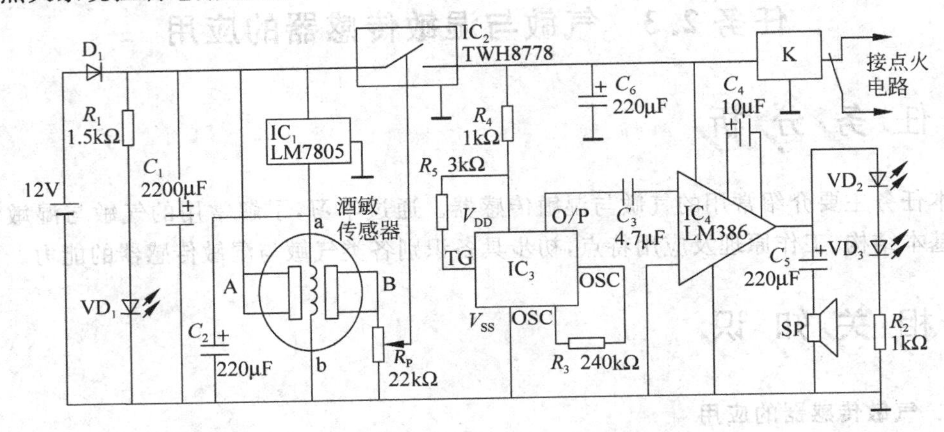

图 2-31 防止酒后开车控制器原理图

若驾驶员没有饮酒，酒敏传感器未检测到酒精气体，A、B 两端之间呈高阻状态，R_P 的中心抽头为低电平，使得 TWH8778 大功率电子开关集成电路 IC_2 内部的电子开关处于关断状态，语音电路、音频放大输出电路和继电器 K 均不工作，K 的常闭触头接通点火系统的工作电源，发动机可以正常启动。

若驾驶员酗酒后上车，酒敏传感器检测到酒精气体后，其 A、B 两端之间的电阻值变小，使 R_P 的中心抽头变为高电平，IC_2 内部的电子开关接通，IC_3 和 IC_4 通电工作，IC_3 输出的语音电信号经 IC_4 功率放大后，驱动扬声器发出"酒后别开车"的语音警示声，VD_2 和 VD_3 闪烁发光；同时，继电器 K 通电吸合，其常闭触头断开，点火系统的工作电源被切断，发动机无法启动或强制熄火。

3）油烟检测

油烟检测自动控制电路如图 2-32 所示。图中，TGS109 是 SnO_2 半导体气敏传感器。由于 SnO_2 是 N 型半导体气敏元件，当一氧化碳、碳氢化合物以及醇类等还原性气体吸附到该气敏元件上时，TGS109 的电阻值迅速下降。

当室内空气受到有害的还原性气体污染时，随着污染气体浓度的增加，传感器 TGS109 的电阻值减少。一旦空气污染浓度达到某一数值，即图中 W_1 设置的数值 CH 时，晶体管 Q_1 基极电压上升，使得 Q_1 导通，从而继电器 J 吸合，启动排气扇通风换气。

4）气敏传感器应用实例

图 2-33(a)所示为 AT8000 型酒精测试仪。被测者深呼吸后，只要对着吹嘴吹一口气，测试仪就能快速测试出结果，简单易用。当被测者呼出气体中的酒精含量超过设定值时，测试仪会自动发出声音报警。若连接好微型打印机，还可以直接把测试结果打印出来。该仪器也可作为警用。

图 2-33(b)所示为家用煤气报警器。家用煤气报警器用以检测室内外危险场所的泄漏情况，是保证生产和人身安全的重要仪器。当可燃气体浓度超过报警设定值时，发出声光报警信号提示，以便人们及时采取安全措施，避免燃爆事故发生。它采用优质催化燃烧

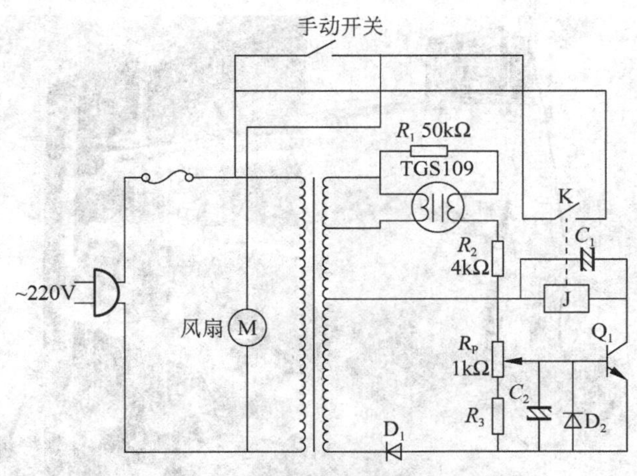

图 2-32 油烟检测自动控制电路

式传感器,彻底消除误报警;并采用低功耗设计,正常工作时耗电小于 1W。它还设有自动/手动控制外接排风扇功能。

图 2-33(c)所示为烟雾报警器,或称火灾烟雾报警器、烟雾传感器、烟雾感应器等。在其左边设有测试按钮,右边设有工作指示灯。当有烟雾出现,并达到一定浓度时,烟雾报警器将发出声响进行报警。

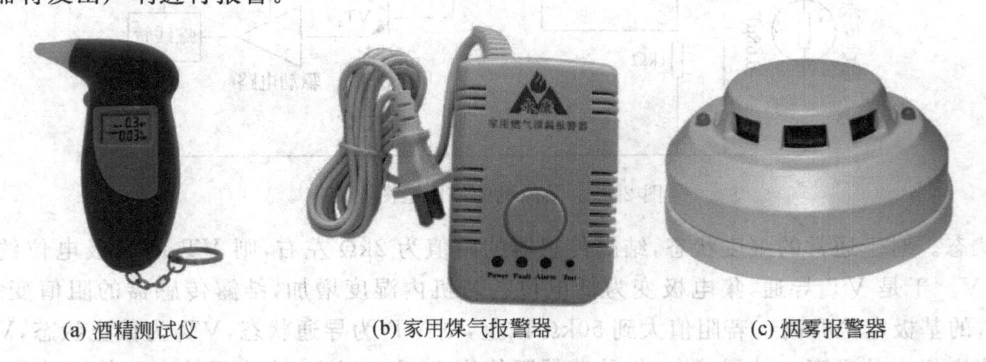

(a) 酒精测试仪 (b) 家用煤气报警器 (c) 烟雾报警器

图 2-33 气敏传感器产品

2. 湿敏传感器的应用

湿敏传感器广泛应用于各种场合的湿度监测、控制与报警。

1) 房间湿度控制器(见图 2-34)

在能够判断室内湿度的情况下智能化,根据程序的湿度设定来自动开机或待机,让室内始终保持舒适的湿度环境。

2) 录像机的结露检测电路

图 2-35 是录像机的结露检测电路。若录像机内发生结露,会出现水分附着现象,于是磁带与走带机构之间摩擦阻力增大,使带速不稳或者使磁带停止走动。为此,要在机内增设结露检测电路,检测到结露现象即使录像机自动停止工作。

电路中的晶体管 VT_1 和 VT_2 构成施密特电路,根据结露传感器的阻值变化工作于双

图 2-34　房间湿度控制器

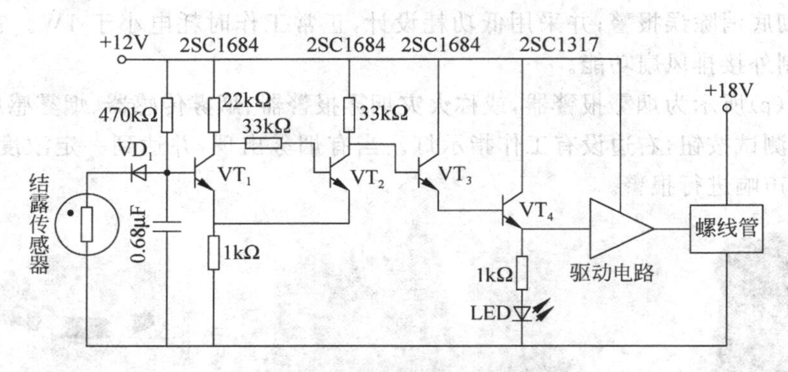

图 2-35　录像机的结露检测电路

稳状态。对于通常的湿度状态，结露传感器的阻值为 2kΩ 左右，则 VT_1 的基极电位约为 0.5V。于是 VT_2 导通，集电极变为低电位。若机内湿度增加，结露传感器的阻值变大，VT_1 的基极电位升高。若阻值大到 50kΩ 以上，则 VT_1 为导通状态，VT_2 为截止状态，VT_2 的集电极电位升高。结露状态时，传感器阻值为 200kΩ 以上，才能保持电路的这种状态。若干燥时传感器阻值为 30kΩ 以下，则施密特电路恢复到原稳定状态。晶体管 VT_3 和 VT_4 构成缓冲器电路，具有显示结露状态并能使录像机停止工作的功能。结露检测后，控制机内或外接风扇进行通风干燥，消除结露状态。

3）汽车后窗玻璃自动去湿装置

图 2-36 所示为汽车驾驶室挡风玻璃的自动除湿控制电路。其目的是防止驾驶室的挡风玻璃结露或结霜，以保证驾驶员视线清晰，避免事故发生。该电路也可用于其他需要除湿的场所。

图中，R_S 为加热电阻丝，需将其埋入挡风玻璃，H 为结露湿敏元件，VT_1、VT_2 组成施密特触发电路，VT_2 的集电极负载为继电器 K 的线圈绕组。R_1、R_2 为 VT_1 的基极电阻，R_P 为湿敏元件 H 的等效电阻。在不结露时，调整各电阻值，使 VT_1 导通，VT_2 截止。

一旦湿度增大，湿敏元件 H 的等效电阻 R_P 的阻值下降到某一特定值，$R_2 /\!/ R_P$ 减小，使 VT_1 截止，VT_2 导通，VT_2 集电极负载继电器 K 线圈通电，其常开触点 1、2 接通加热电

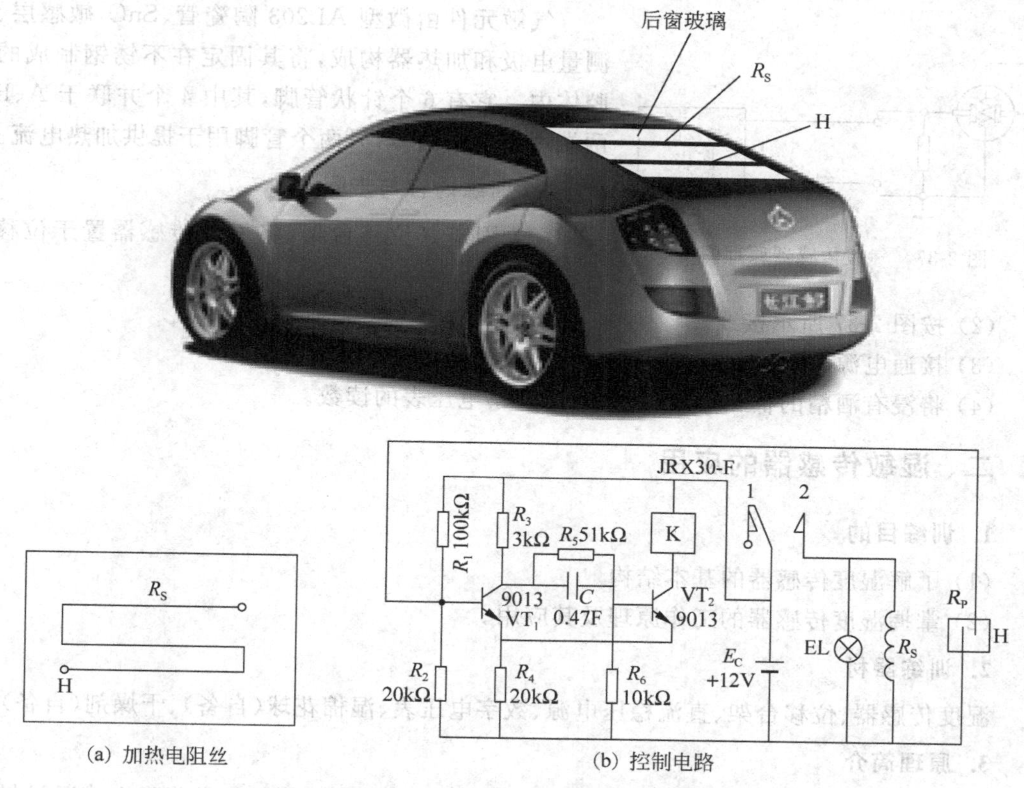

(a) 加热电阻丝　　(b) 控制电路

图 2-36　汽车驾驶室挡风玻璃自动去湿装置

源 E_C，并且指示灯点亮，电阻丝 R_S 通电，挡风玻璃被加热，驱散湿气。当湿气减少到一定程度时，$R_P // R_2$ 回到不结露的电阻值，VT_1、VT_2 恢复初始状态，继电器 K 断电，指示灯熄火，电阻丝断电，停止加热，从而实现自动除湿控制。

技能训练

一、气敏传感器的应用

1. 训练目的

(1) 了解气敏传感器的基本结构。

(2) 掌握气敏传感器的工作原理及其应用。

2. 训练器材

直流稳压电源、气敏传感器、差动放大器、位移台架、数字电压表、酒精棉花球。

3. 原理简介

气敏元件及传感器种类很多，其测量对象有氧气、氢气、氮气、一氧化碳、二氧化碳、丁烷、甲烷、乙醇等，不同的测量对象有不同的原理。本技能训练中采用的是适用于测量乙醇浓度的气敏传感器，电路如图 2-37 所示。

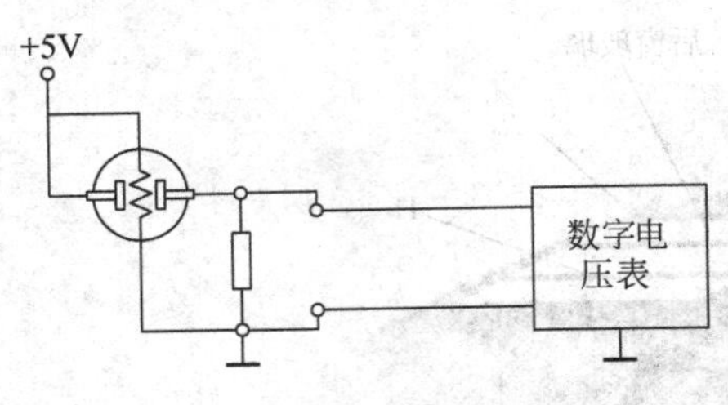

图 2-37 气敏传感器原理图

气敏元件由微型 AL203 陶瓷管、SnO_2 敏感层、测量电极和加热器构成，将其固定在不锈钢制成的腔体内。它有 6 个针状管脚，其中 4 个并联于 A、B 两端用于输出信号，另两个管脚用于提供加热电流。

4. 训练内容与步骤

(1) 固定好位移台架，将气敏传感器置于位移台架上。

(2) 按图 2-37 所示接线。

(3) 接通电源，预热 3～5min，观察电压表数值。

(4) 将浸有酒精的棉花球放入气敏腔，观察电压表的读数。

二、湿敏传感器的应用

1. 训练目的

(1) 了解湿度传感器的基本结构。

(2) 掌握湿度传感器的工作原理及其应用。

2. 训练器材

湿度传感器、位移台架、直流稳压电源、数字电压表、湿棉花球(自备)、干燥剂(自备)。

3. 原理简介

湿敏元件主要有电容式和电阻式两种。电容式湿敏元件采用高分子薄膜为感湿材料，用微电子技术制作，其电容值随湿度呈线性变化，再通过测量电路，将电容值转换为电压值。电阻式湿敏元件的电阻值的对数与相对湿度接近于线性关系，可以用于测量相对湿度。

4. 训练内容与步骤

(1) 固定好位移台架，将湿度传感器置于位移台架上，然后按图 2-38 接线。

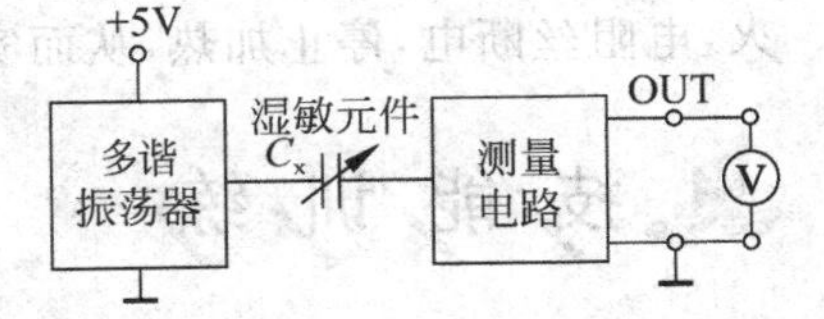

图 2-38 湿敏传感器原理图

(2) 接通电源，预热 3～5min。

(3) 先向湿敏腔中放入干燥剂，然后放上传感器，等到电压表稳定后，记录电压值。拿出干燥剂，再在另一腔中放入湿棉花球，然后放上传感器，等到电压表稳定后，记录电压值。比较前、后两次所测电压值的变化。

任务评价

序号	评价内容	配分	扣分要求	得分
1	气敏传感器的应用	50	步骤操作不规范，每次扣 2 分 数据不准确，每处扣 10 分	

续表

序号	评 价 内 容	配分	扣 分 要 求	得分
2	湿敏传感器的应用	50	步骤操作不规范,每次扣 2 分 数据不准确,每处扣 10 分	
3	团队合作			
	小组评价			
	教师评价			
时间:120min		个人成绩:		

项目学习总结表

姓名		班级	
实践项目		实践时间	
实践学习内容和体会			
小组意见			
	组长	成绩评定等级	
指导教师意见			
	指导教师	成绩评定等级	
备注:			

思考与练习

1. 弹性敏感元件的作用是什么？有哪些弹性敏感元件？如何使用？
2. 电阻应变片是根据什么基本原理来测量应力的？
3. 简述金属丝式应变片的结构和特点。
4. 试列举金属丝电阻应变片与半导体应变片的相同点和不同点。
5. 什么叫应变效应？应变片有哪几种结构类型？
6. 说明在什么情况下,直流电桥的灵敏度最高。
7. 要实现温度补偿,可以采用哪些方法？
8. 简述筒式压力传感器的工作原理。
9. 电阻应变片式传感器有哪些方面的应用？
10. 气敏传感器分为哪些类型？各有什么特点？

11. 什么是气敏、湿敏传感器？

12. 为什么多数气敏传感器都要附有加热器？

13. 含水量检测与一般的湿度检测有何区别？

14. 根据所学知识，试画出自动吸排油烟机的电路原理框图，并分析其工作过程。

15. 烟雾检测与一般的气体检测有何区别？

16. 表示空气湿度的物理量有哪些？如何表示？

17. 半导体气敏元件是如何分类的？试述表面控制型电阻式半导体气敏传感器的结构与特点。

18. 为了保证棉纺织产品的质量，纺纱车间必须有一个良好的温度、湿度环境。试用学过的知识，对纺纱车间的工作环境进行优化控制设计。

PROJECT 3

3
项目

电感式传感器

【项目分析】

本项目主要包括常用电感式传感器的认识、常用电感式传感器的使用等内容。通过完成这些任务，可以达到如下目标。

(1) 了解电感式传感器；

(2) 熟悉电感式传感器的应用；

(3) 能正确使用常用的电感式传感器。

电感式传感器应用电磁感应原理，以带有铁芯的电感线圈为传感元件，把被测非电量变换为自感系数 L 或互感系数 M 的变化，再将 L 或 M 的变化接入测量电路，从而得到电压、电流或频率变化等，并通过显示装置得出被测非电量的大小。

任务 3.1 认识电感式传感器

任务分析

本任务主要介绍常用的电感式传感器。通过学习，了解常用的电感传感器的基本结构、工作原理及应用特点，初步具备识别各类电感式传感器的能力。

1. 电感式传感器简述

电感式传感器具有结构简单、工作可靠、灵敏度高、分辨率大、线性度好等特点。它能测出 0.1μm 甚至更小的机械位移变化，可以把输入的各种机械物理量，如位移、振动、压力、应变、流量、比重等参数转换成电量输出，在工程实践中应用十分广泛。但是电感式传感器自身频率响应慢，不宜做快速动态测量。它应用很广，可用来测量位移、压力和振动等参数，其测量的关键是基于物体的位移。

电感式传感器分为自感式、互感式和电涡流式三大类。自感式传感器把被测位移量转换为线圈的自感变化；互感式传感器把被测位移量转换为线圈间的互感变化；电涡流式传感器把被测位移量转换为线圈的阻抗变化。人们习惯上讲电感式传感器，通常是指自感式传感器；对于互感式传感器，由于它利用了变压器原理，又往往做成差分形式，故常称为差动变压器式传感器。

2. 原理和结构

1）自感式传感器

自感式电感传感器工作时，衔铁通过测杆与被测物体相接触，被测物体的位移将引起线圈电感值变化。当传感器线圈接入测量转换电路后，电感的变化将被转换成电压、电流或频率的变化，从而完成非电量到电量的转换。

(1) 工作原理。

变气隙式自感传感器实质上就是一个带铁芯的线圈，如表 3-1 所示。线圈套在固定铁芯上，活动衔铁与被测物相连，并与铁芯保持一个初始气隙 δ，铁芯材料通常选用硅钢片或坡莫合金。当缠绕在铁芯上的线圈通过交变电流 i 时，线圈电感值 L 为

$$L=\frac{N^2\mu_0 S_0}{2\delta} \tag{3-1}$$

式中，N 为线圈的匝数；μ_0 为空气隙的磁导率，取 $4\pi\times10^{-7}\,\text{mH/mm}$；$S_0$ 为空气隙截面积（mm^2）；δ 为空气隙的厚度（mm）。

由式(3-1)可知，电感线圈结构确定后，电感 L 与面积 S_0 成正比，与气隙厚度 δ 成反比。因此，自感式传感器常分为变气隙式与变面积式。

变面积式电感传感器结构如表 3-1 所示。当被测量带动衔铁左、右移动时，磁路气隙的截面积将发生变化，使传感器的电感发生相应的变化。若保持气隙长度为常数，则电感 L 是气隙截面积 S_0 的函数，故称这种传感器为变面积式电感传感器。这种传感器的输入 S_0 与输出 L 之间是线性关系。

变气隙式自感传感器只能工作在一段很小的区域，因而只能用于微小位移的测量；变面积式自感传感器的灵敏度较前者小，是常数，因而线性较好，量程较大，适用于较大位移的测量，使用比较广泛。

螺管式电感传感器的结构如表 3-1 所示，由一只螺管线圈和一根柱形衔铁组成。当

被测量作用在衔铁上时，会引起衔铁在线圈中伸入长度的变化，从而引起螺管线圈电感量的变化。当线圈参数和衔铁尺寸一定时，电感相对变化量与衔铁插入长度的相对变化量成正比。但由于线圈内磁场强度沿轴向分布并不均匀，因而这种传感器的输出特性为非线性。对于长螺管线圈且衔铁工作在螺管的中部时，可以认为线圈内磁场强度是均匀的。此时，线圈电感量与衔铁插入深度成正比。

螺管式自感传感器灵敏度较低，且衔铁在螺管中间部分工作时，才有希望获得较好的线性关系，但量程大且结构简单，易于制作和批量生产，是使用最广泛的一种自感式传感器，适用于较大位移或大位移的测量。

图 3-1 列出了几种常见的自感式位移传感器的外形图。

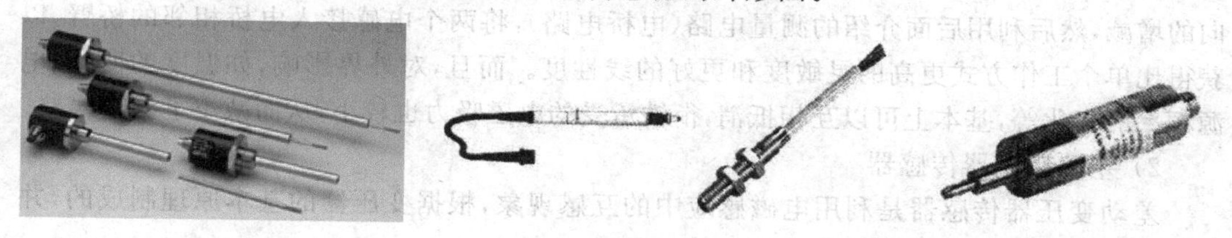

图 3-1　几种常见的自感式位移传感器

(2) 结构。

对于上述三种传感器，由于线圈中有交流励磁电流，因而衔铁始终承受电磁吸力，而且易受电源电压、频率波动以及温度变化等外界干扰的影响，输出易产生误差，非线性也较严重，因此不适合精密测量。

在实际工作中，常采用两个完全相同的单个线圈的电感传感器共用一个活动衔铁，构成差动式传感器，它要求两个导磁体的几何尺寸、材料性能完全相同，两个线圈的电气参数（如电感、匝数、电阻、分布电容等）和几何尺寸都完全相同。自感式电感传感器分为单线圈式和差动式两种结构形式。其结构示意图如表 3-1 所示，由线圈、衔铁和铁芯等部分组成。

表 3-1　自感式传感器结构示意图

传感器类型	单线圈式	差动式
变气隙厚度式	线圈 铁芯 δ 衔铁 x	衔铁 线圈 铁芯
变面积式	线圈 铁芯 δ 衔铁 x	线圈 铁芯 衔铁

续表

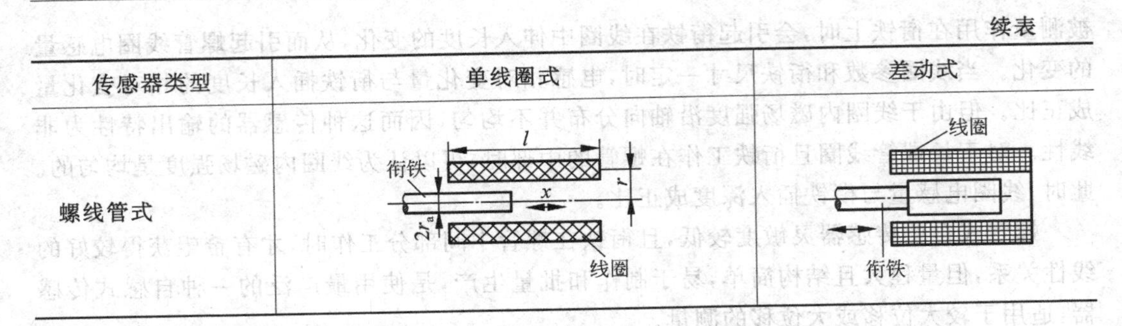

传感器类型	单线圈式	差动式
螺线管式		

将差动式的活动衔铁置于两个线圈的中间，当衔铁移动时，两个线圈的电感产生相反方向的增减，然后利用后面介绍的测量电路(电桥电路)，将两个电感接入电桥相邻的桥臂，以获得比单个工作方式更高的灵敏度和更好的线性度。而且，对外界影响，如温度的变化、电源频率的变化等，基本上可以互相抵消，衔铁承受的电磁吸力也较小，从而减小了测量误差。

2) 差动变压器传感器

差动变压器传感器是利用电磁感应中的互感现象，根据变压器的基本原理制成的，并且次级绕组用差动形式连接。

(1) 结构。

差动变压器结构形式较多，有变隙式、变面积式和螺线管式等。在非电量测量中，应用最多的是螺线管式差动变压器，它可以测量 1～100mm 的机械位移，并具有测量精度高、灵敏高、结构简单和性能可靠等优点。

螺线管式差动变压器结构如图 3-2 所示，它主要由一次绕组、两个二次绕组和活动衔铁等组成。在它的一次绕组中加入交流电压后，其二次绕组就会产生感应电压信号。

(2) 工作原理。

图 3-2 所示为三节式差动变压器(螺线管式差动变压器根据一次侧、二次侧排列不同，有二节式、三节式、四节式和五节式等形式)。一次绕组接励磁电源，形成差动变压器的激励电压，相当于变压器的一次侧；二次绕组由结构尺寸和参数相同的两个绕组反相串接而成，相当于变压器的二次侧。在理想情况下(忽略绕组寄生电容及衔铁损耗)，差动变压器的等效电路如图 3-3 所示。

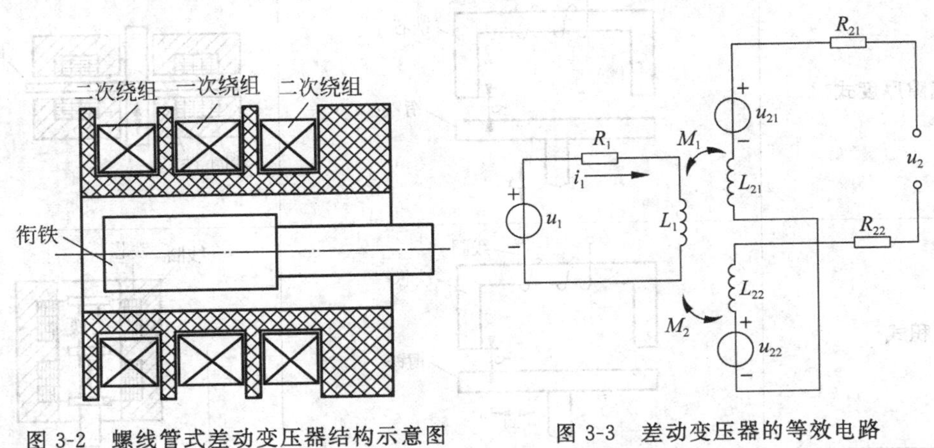

图 3-2 螺线管式差动变压器结构示意图　　图 3-3 差动变压器的等效电路

由图 3-3 可知，在负载开路的情况下，差动变压器输出电压为

$$u_2 = u_{21} - u_{22} = -j\omega(M_1 - M_2)\frac{u_1}{R_1 + j\omega L_1} \tag{3-2}$$

式中，u_2为差动变压器的输出电压；ω为激励电压的角频率；u_1为一次绕组励磁电压；L_1为二次绕组励磁电感；R_1为一次绕组电阻；M_1、M_2为一次绕组与二次绕组 1、2 间的互感；L_{21}、L_{22}为两个二次绕组的电感；R_{21}、R_{22}为两个二次绕组的电阻。

差动变压器在一次绕组加上交流电后，若衔铁位于中间，即$M_1 = M_2$时，输出电压u_2为 0；若衔铁偏离中间位置左、右移动时，$M_1 \neq M_2$，输出电压u_2发生变化，其大小与衔铁的轴向位移成比例，方向反映了衔铁的运动方向。

3）电涡流式传感器

根据法拉第电磁感应定律，块状金属导体置于变化的磁场中，在磁场中作切割磁力线运动时，导体内将产生呈漩涡状的感应电流，此现象叫做电涡流效应。根据电涡流效应制成的传感器称为电涡流式传感器。

(1) 结构。

图 3-4 所示为国产 CZF-1 型电涡流式传感器结构图。该传感器主要由一个安置在框架上的扁平圆形线圈构成，线圈的导线一般选用漆包铜线或银线绕制而成；框架可选用聚四氟乙烯、高频陶瓷等制成。此类传感器的线圈外径越大，线性范围也越大，但灵敏度低。需要指出的是，电涡流式传感器在测量圆柱体时，被测物的直径必须为线圈直径的 3.5 倍以上或被测物的厚度一般要在 0.2mm 以上时，才不影响测量结果。

(2) 工作原理。

图 3-5 所示为电涡流式传感器的基本原理示意图。当传感器线圈通以交变电流 $\dot{I}_1$ 时，线圈周围产生一个交变磁场 H_1。若被测导体也置于该磁场范围内，则导体内产生电涡流 $\dot{I}_2$，并将产生一个新磁场 H_2。H_2与H_1方向相反，削弱了原磁场H_1，导致线圈的电感、阻抗和品质因数发生变化，而这些参数变化与导体的几何形状、电导率、磁导率、线圈的几何参数、电流的频率以及线圈到被测导体间的距离有关。如果控制上述参数中一个参数的改变，其余皆不变，就能构成测量该参数的传感器。

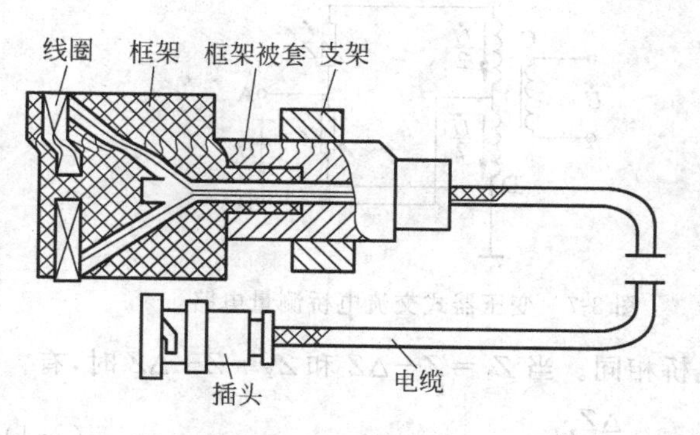

图 3-4 CZF-1 型电涡流式传感器

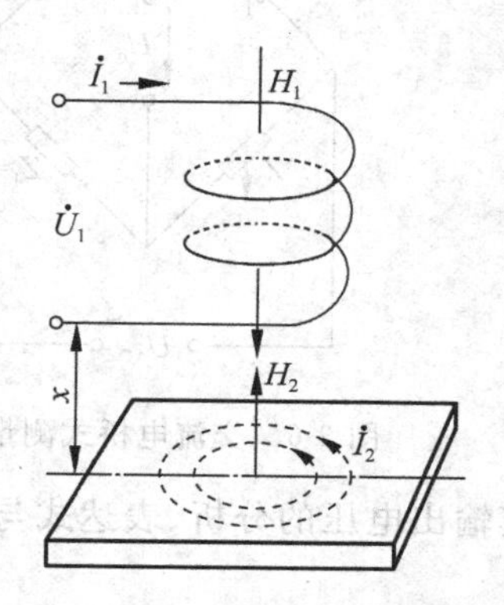

3-5 电涡流式传感器的基本原理示意图

当线圈与金属导体的距离 x 为变量时，通过测量电路，可以将通电线圈的等效阻抗 Z

的变化转换为电压U的变化，从而做成位移、振幅、厚度、转速等传感器，也可做成接近开关、计数器等；若使金属导体电阻率ρ为变量，可以做成表面温度、电解质浓度、材质判别等传感器；若使磁导率μ为变量，可以做成应力、硬度等传感器；还可以利用μ、ρ、x变量的综合影响，做成综合性材料探伤装置，如电涡流导电仪、电涡流测厚仪、电涡流探伤仪等。

实际中，当金属材料确定后，电涡流式传感器在金属导体上产生的涡流，其渗透深度仅与传感器励磁电流的频率有关，频率越高，渗透深度越小。所以，电涡流式传感器主要分为高频反射式和低频透射式两类，其基本工作原理是相似的。目前，高频反射式电涡流传感器应用较为广泛。

3. 电感传感器的测量电路

1）自感式传感器的测量电路

自感式传感器的测量电路有交流电桥式、变压器式交流电桥以及相敏等形式。

(1) 交流电桥式测量电路。

如图 3-6 所示为交流电桥式测量电路，把传感器的两个线圈作为电桥的两个桥臂Z_1和Z_2，另外两个相邻的桥臂用纯电阻代替。对于高品质因数$Q(Q=\omega L/R)$的差动式电感传感器，其输出电压为

$$U_o=\frac{1}{2}\frac{\Delta Z}{Z}U=\frac{1}{2}\frac{j\omega\Delta L}{R_0+j\omega L_0}U\approx\frac{U}{2}\frac{\Delta L}{L_0} \tag{3-3}$$

式中，L_0为衔铁在中间位置时单个线圈的电感；ΔL为两个线圈电感的差量。

由式(3-3)可以看出，交流电桥的输出电压与传感器线圈电感的相对变化量成正比关系。

(2) 变压器式电桥测量电路。

变压器式交流电桥测量电路如图 3-7 所示，电桥两臂Z_1、Z_2为传感器线圈阻抗，另外两个桥臂为交流变压器次级线圈的 1/2 阻抗。

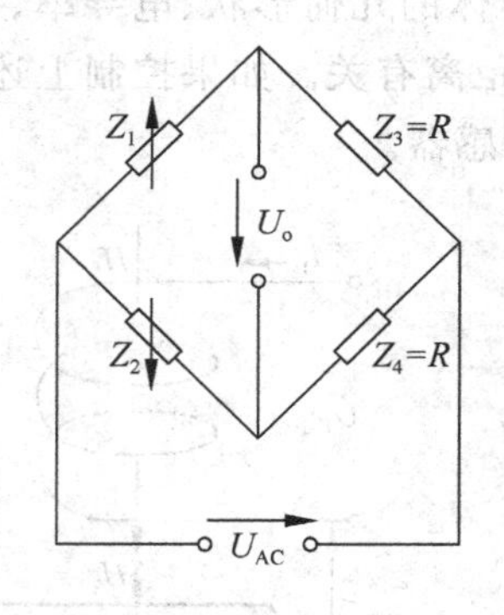

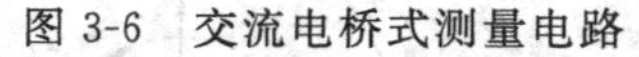

图 3-6 交流电桥式测量电路

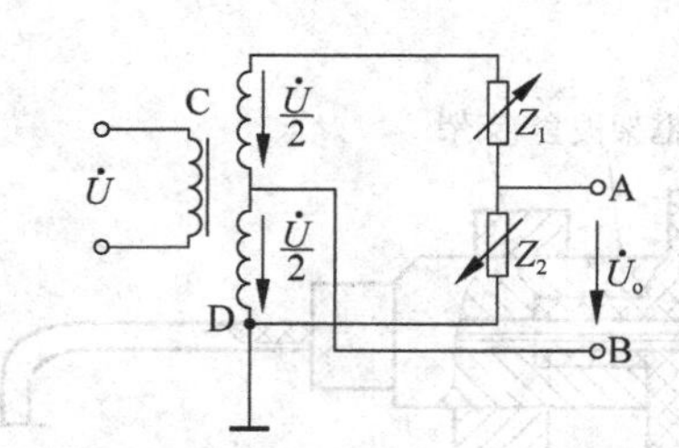

图 3-7 变压器式交流电桥测量电路

其输出电压的分析、表达式与交流电桥相同。当$Z_1=Z-\Delta Z$和$Z_2=Z+\Delta Z$时，有

$$\dot{U}_o=-\frac{\Delta Z}{2Z}\dot{U}_i \tag{3-4}$$

当考虑到衔铁在上、下不同的方向产生位移时，有

$$\dot{U}_{o}=\pm \frac{\Delta L}{2L}\dot{U}_{i} \tag{3-5}$$

当衔铁处于差动电感的中间位置时，可以发现，无论怎样调节衔铁的位置，均无法使测量转换电路输出为零，总有一个很小的输出电压（零点几毫伏，有时甚至可达数十毫伏）存在。这种衔铁处于零点附近时存在的微小误差电压称为零点残余电压。

产生零点残余电压的原因有：①差动电感两个线圈的电气参数、几何尺寸或磁路参数不完全对称；②存在寄生参数，如线圈间的寄生电容及线圈、引线与外壳间的分布电容；③电源电压含有高次谐波；④磁路的磁化曲线存在非线性。

减小零点残余电压的方法通常有：①提高框架和线圈的对称性；②减小电源中的谐波成分；③正确选择磁路材料，同时适当减小线圈的励磁电流，使衔铁工作在磁化曲线的线性区；④在线圈上并联阻容移相电路，补偿相位误差；⑤采用相敏检波电路。

（3）相敏检波电路。

图 3-8(a)所示为一种带相敏整流器的电桥电路，电桥由差动式电感传感器 Z_1 和 Z_2 以及平衡阻抗 $Z_3=Z_4$ 组成。$VD_1 \sim VD_4$ 构成了相敏整流器。桥的一条对角线接有交流电源 U_i，另一个对角线为输出电压 U_o。

当衔铁处于中间位置时，$Z_1=Z_2=Z$，电桥平衡，$U_o=0$。

若衔铁上移，Z_1 增大，Z_2 减小。如供桥电压为正半周，即 A 点电位高于 B 点，二极管 VD_1、VD_4 导通，VD_2、VD_3 截止。在 A—E—C—B 支路中，C 点电位由于 Z_1 增大而降低；在 A—F—D—B 支路中，D 点电位由于 Z_2 减小而增高。因此，D 点电位高于 C 点，输出信号为正。

如供桥电压为负半周，B 点电位高于 A 点，二极管 VD_2、VD_3 导通，VD_1、VD_4 截止。在 B—C—F—A 支路中，C 点电位由于 Z_2 减小而比平衡时降低；在 B—D—E—A 支路中，D 点电位因 Z_1 增大而比平衡时增高。因此，D 点电位仍高于 C 点，输出信号仍为正。

同理可以证明，衔铁下移时，输出信号总为负。

可见，采用带相敏整流的交流电桥，输出电压大小反映了衔铁位移的大小，输出电压的极性代表了衔铁位移的方向。

实际采用的电路如图 3-8(b)所示。L_1、L_2 为传感器的两个线圈，C_1、C_2 为另两个桥臂。电桥供桥电压由变压器的次级提供。R_1、R_2、R_3、R_4 为 4 个线绕电阻，用于减小温度误差。C_3 为滤波电容，R_{P1} 为调零电位器，R_{P2} 为调倍率电位器，输出信号由中心为零刻度的直流电压表或数字电压表ⓥ指示。

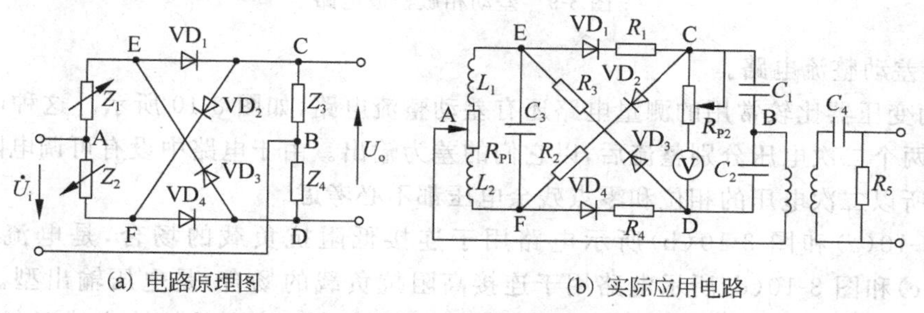

(a) 电路原理图　　(b) 实际应用电路

图 3-8　带相敏整流器的电桥电路

2）差动变压器的测量电路

（1）差动相敏检波电路。

既能检出调幅波包络的大小，又能检出包络极性的检波器称为差动相敏检波电路，简称相敏检波电路，并称解调器，如图 3-9 所示。

输入信号 u_2（即差动变压器输出的调幅波）通过变压器 T_1 加入环形电桥的一条对角线，解调信号（即参考信号或标准信号）u_o 通过变压器 T_2 加入环形电桥的另一个对角线，输出信号 u_L 从变压器 T_1 和 T_2 的中心抽头引出。平衡电阻 R 起限流作用，R_L 为检波电路的负载。解调信号 u_o 的幅值远大于输入信号 u_2 的幅值，以便有效地控制 4 个二极管的导通状态。

通过图 3-9 所示的波形可以看出，相敏检波电路输出电压 u_L 的变化规律充分反映了被测位移的变化规律，即 u_L 的值反映了位移 Δx 的大小，u_L 的极性反映了位移 Δx 的方向。

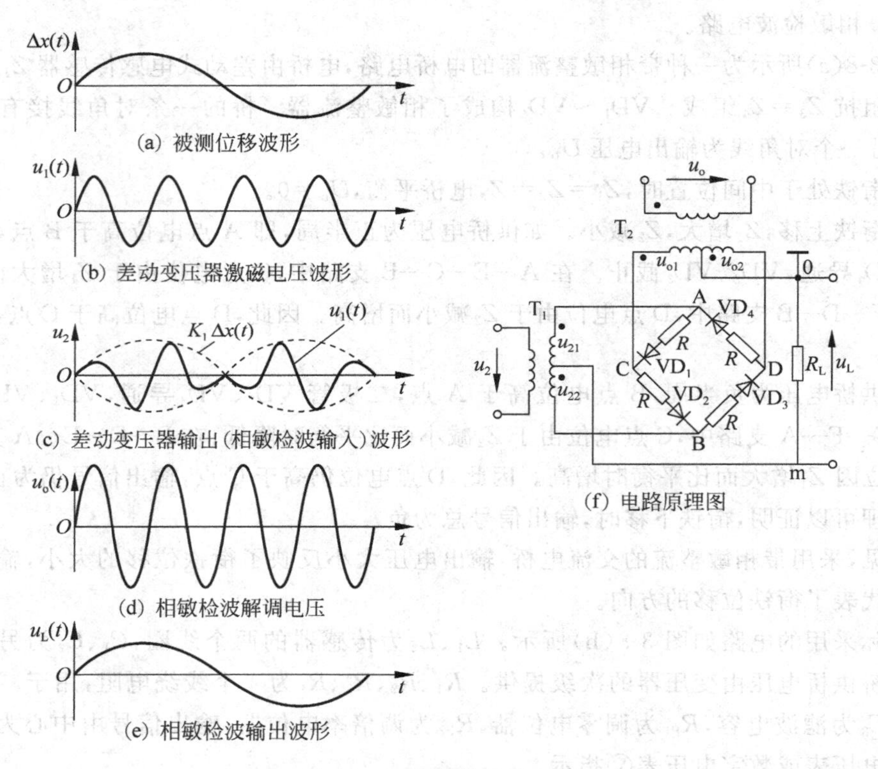

图 3-9　差动相敏检波电路

（2）差动整流电路。

差动变压器比较常用的测量电路还有差动整流电路，如图 3-10 所示。这种电路结构简单，把两个二次电压分别整流后，以它们的差为输出。由于电路中设有可调电阻调零输出电压，所以二次电压的相位和零点残余电压都不必考虑。

图 3-10(a)和图 3-10(b)所示电路用于连接低阻抗负载的场合，是电流输出型；图 3-10(c)和图 3-10(d)所示电路用于连接高阻抗负载的场合，是电压输出型。当远距离传输时，将此电路的整流部分放在差动变压器的一端，整流后的输出线延长，就可以

避免感应和引出线分布电容的影响，效果较好，因而得到广泛应用。

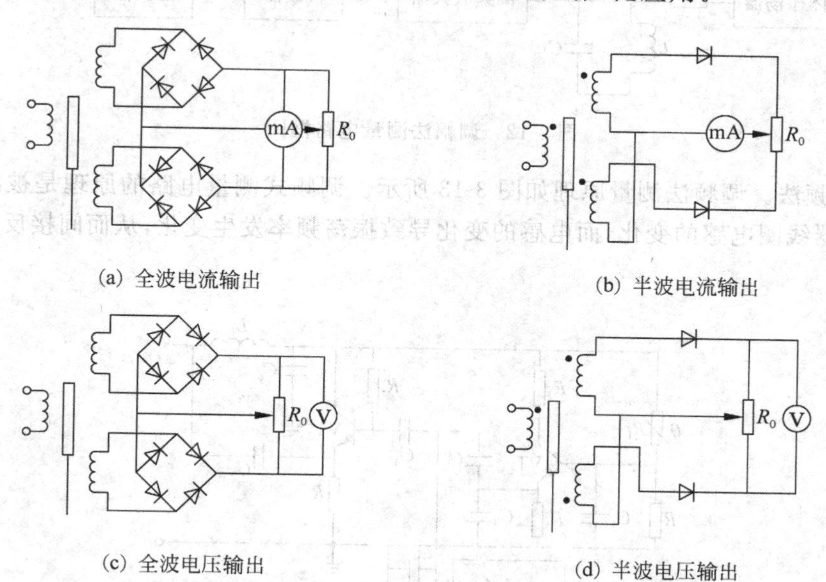

图 3-10 差动整流电路

3）电涡流式传感器的测量电路

（1）电桥电路。

电桥电路将传感器线圈的阻抗变化转换为电压或电流的变化。图 3-11 所示是电桥电路原理图，一般用于由两个线圈组成的差动电涡流式传感器。在图 3-11 中，线圈 A 和 B 为传感器，作为电桥的桥臂接入电路，它们分别与电容 C_1 和 C_2 并联。电阻 R_1 和 R_2 组成电桥的另两个桥臂。由振荡器来的 1MHz 振荡信号作为电桥电源。

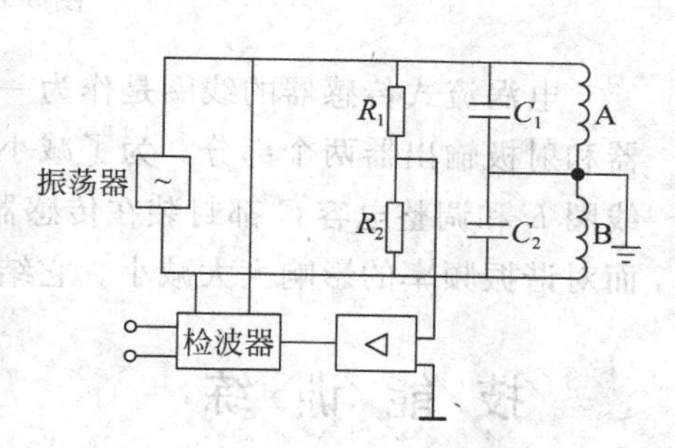

图 3-11 电桥电路原理图

在起始状态，使电桥平衡。测量时，由于传感器线圈的阻抗发生变化，使电桥失去平衡。将电桥不平衡造成的输出信号进行线性放大、相敏检波和低通滤波，可得到与被测量成正比的直流电压输出。

电桥电路主要用于两个电涡流线圈组成的差动式传感器。

（2）谐振电路。

由电感和电容可构成谐振电路，因此电感式、电容式和电涡流式传感器都可以采用谐振电路来实现转换。谐振电路输出的也是调制波。控制幅值变化的方式称为调幅法，控制频率变化的方式称为调频法。

① 调幅法。调幅法测量电路框图如图 3-12 所示。晶体振荡器输出频率固定的正弦波，经限流电阻 R 接到电涡流传感器线圈与电容器并联的电路。当 LC 谐振频率等于晶振频率时，输出电压幅度最大；偏离时，输出电压幅度减小，即输出电压信号是一种调幅波。该调幅信号经高频放大、检波、滤波后，输出与被测量做相应变化的直流电压信号。

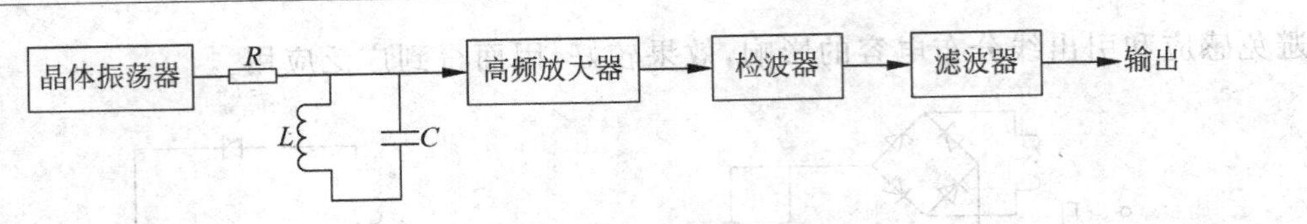

图 3-12 调幅法测量电路框图

② 调频法。调频法测量原理如图 3-13 所示。调频式测量电路的原理是被测量变化引起传感器线圈电感的变化,而电感的变化导致振荡频率发生变化,从而间接反映了被测量的变化。

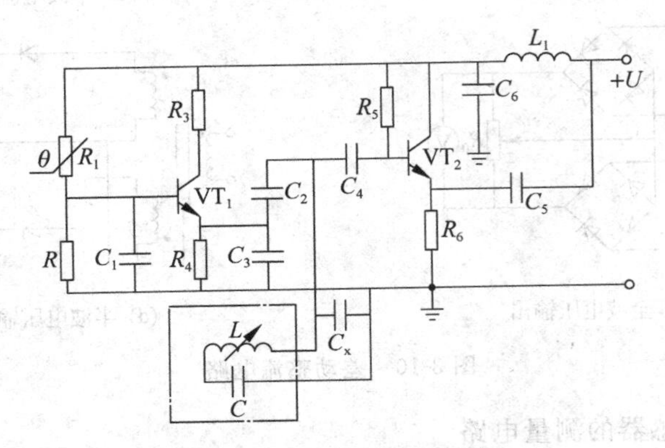

图 3-13 调频法测量原理图

电涡流式传感器的线圈是作为一个电感元件接入振荡器的。它包括电容三点式振荡器和射极输出器两个部分。为了减小传感器输出电缆分布电容 C_x 的影响,通常把传感器线圈 L 和调整电容 C 都封装在传感器中,这样,电缆分布电容并联到大电容 C_2、C_3 上,因而对谐振频率的影响大大减小。它结构简单,便于遥测和数字显示。

技能训练

一、差动变压器的位移测量

1. 训练目的

了解差动变压器的工作原理和特性。

2. 训练器材

差动变压器 1 个;差动变压器实验模块 1 块;测微头 1 个;双线示波器 1 台;万用表 1 块;音频信号源(音频振荡器);直流电源。

3. 原理简介

差动变压器由一只一次线圈和两只二次线圈及一个铁芯构成,铁芯连接被测物体。当传感器随着被测物体移动时,由于一次线圈和二次线圈之间的互感发生变化,促使二次线圈感应电动势产生变化。一只二次线圈感应电动势增加,另一只二次线圈感应电动势减少,将两只二次线圈串联反接(同名端连接),差动输出。其输出电动势就反映出被测体的移动量。

4. 训练内容与步骤

(1) 如图 3-14(a)所示,将差动变压器安装在差动变压器实验模块上,实物安装效果如图 3-14(b)所示。

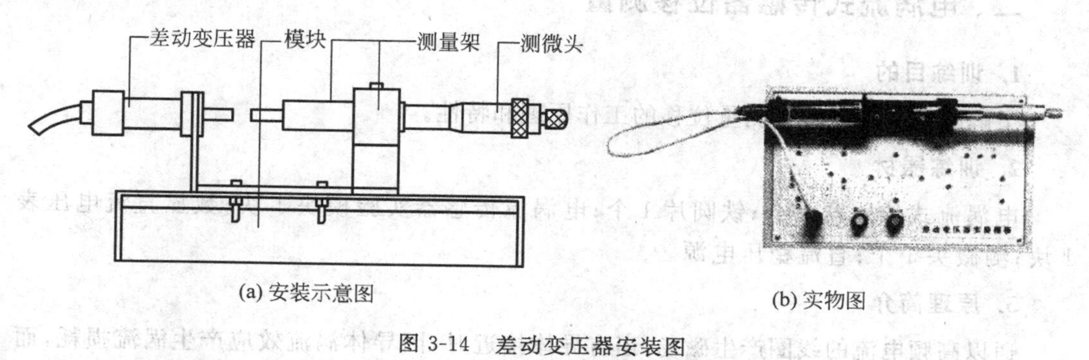

(a) 安装示意图　　(b) 实物图

图 3-14　差动变压器安装图

(2) 将传感器引线插头插入实验模块的插座,按图 3-15 所示接线,音频振荡器信号必须从主控箱中的 L_v 端子输出,调节音频振荡器的频率,使其输出频率为 4～5kHz(可用主控箱数显表的频率挡 F_{in}输入来监测)。调节幅度,使输出幅度为峰-峰值 $U_{P-P}=2V$(可用示波器监测)。

图 3-15 中所示为模块中的实验插孔。1、2 为原边线圈接点,接双踪示波器第一通道。3、5 为二次线圈的一组接点,4、6 为另一组接点。3、4 接双踪示波器第二通道,5、6 为同名端,短接时为串联反接,模板内部已经连接上,不需要外接线。

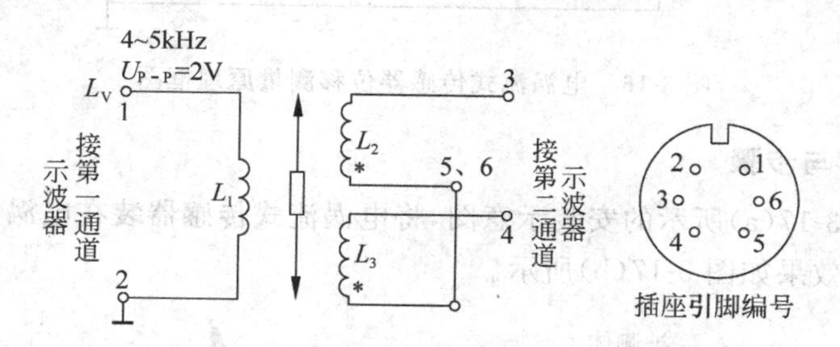

图 3-15　差动变压器实验电路图

(3) 观测差动变压器的输出。旋动测微头,使示波器第二通道观测到的波形峰-峰值 U_{P-P}为最小。这时可以左右位移。假设其中一个方向为正位移,另一个方向则为负位移。从 U_{P-P}最小开始旋动测微头,每隔 0.5mm 从示波器读出输出电压 U_{P-P}的值,并填入表 3-2,再从 U_{P-P}最小处反向位移。在实验过程中,要注意左、右位移时,一次侧、二次侧波形的相位关系。

表 3-2　差动变压器位移 x 值与输出电压数据表

x/mm	−2.5	−2.0	−1.5	−1.0	−0.5	0	0.5	1.0	1.5	2.0	2.5
U_{P-P}/mV											

(4) 实验过程中,注意差动变压器输出的最小值即为差动变压器的零点残余电压大小。

(5) 根据测得数据作出位移-电压输入/输出特性曲线,计算系统灵敏度。

二、电涡流式传感器位移测量

1. 训练目的

了解电涡流式传感器测量位移的工作原理和特性。

2. 训练器材

电涡流式传感器1个;铁圆片1个;电涡流传感器实验模块1块;数显直流电压表1块;测微头1个;直流稳压电源。

3. 原理简介

通以高频电流的线圈产生磁场,当有导体接近时,因导体涡流效应产生涡流损耗,而涡流损耗与导体的线圈距离有关,因此可以进行位移测量。测量原理框图如图3-16所示。

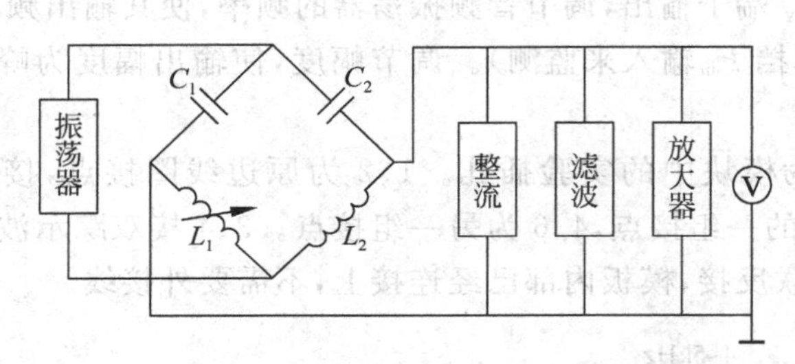

图3-16 电涡流式传感器位移测量原理框图

4. 训练内容与步骤

(1) 根据图3-17(a)所示的安装示意图,将电涡流式传感器装在电涡流传感器实验模块上。实物安装效果如图3-17(b)所示。

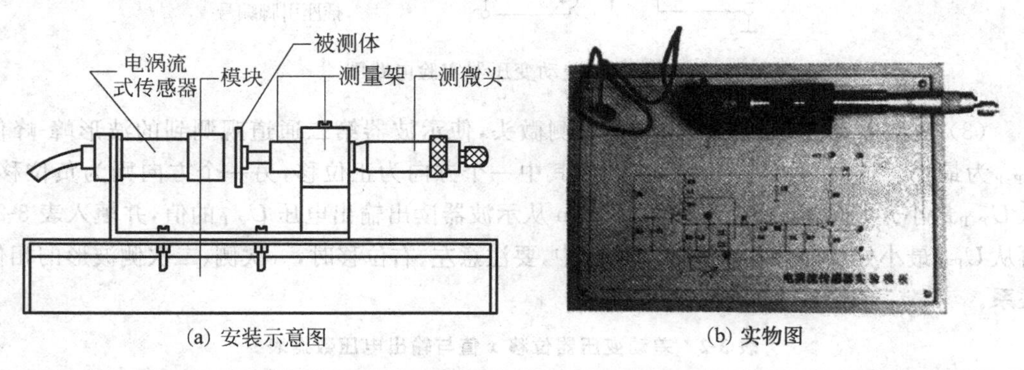

图3-17 电涡流式传感器安装图

(2) 在测微头端部装上铁质金属圆片,作为电涡流式传感器的被测物体。调节测微头,使铁质金属圆片的平面贴到电涡流式传感器的探测端,然后固定测微头。

(3) 按图 3-18 所示将电涡流式传感器连接线接到实验模块上标有“L”的两端插孔中，作为振荡器的一个元件(传感器屏蔽层接地)。

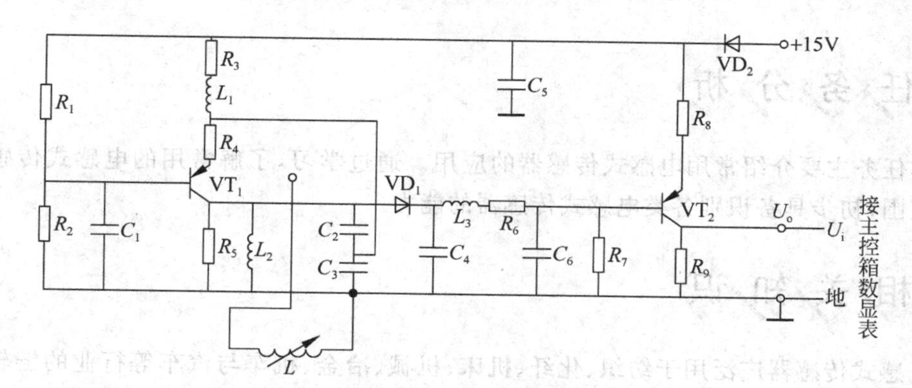

图 3-18 电涡流式传感器位移测量实验线路图

(4) 将实验模块输出端 U_o 与数显单元输入端 U_i 相接，数显表量程切换开关选择电压 20V 挡。模块电源用连接导线从主控台接入+15V 电源。

(5) 开启主控箱电源开关，记下数显表读数；然后每隔 0.2mm 记录一次读数，直到输出几乎不变为止。将结果填入表 3-3。

表 3-3 电涡流式传感器位移 x 与输出电压数据表

x/mm											
U/V											

(6) 作出位移-电压输入/输出特性曲线，计算系统灵敏度。

任务评价

序号	评价内容	配分	扣分要求	得分
1	差动变压器的位移测量	40	步骤操作不规范，每次扣 2 分 数据不准确，每处扣 5 分	
2	电涡流式传感器位移测量	40	步骤操作不规范，每次扣 2 分 数据不准确，每处扣 5 分	
3	系统灵敏度计算	20	曲线绘制不正确，扣 5 分 数据不准确，扣 5 分	
4	团队合作 小组评价 教师评价			
时间：60min		个人成绩：		

任务 3.2　电感式传感器的应用

本任务主要介绍常用电感式传感器的应用。通过学习，了解常用的电感式传感器的应用范围，初步具备识别各类电感式传感器的能力。

相关知识

电感式传感器广泛用于纺织、化纤、机床、机械、冶金、机车与汽车等行业的链轮齿速度检测、链输送带的速度和距离检测及汽车防护系统的控制等场合。

1. 自感式传感器

自感式传感器的特点是结构简单可靠；由于没有活动触点，摩擦力较小，灵敏度高，测量精度较高，主要用于位移测量。凡是能转换成位移变化的参数，如力、压力、压差、加速度、振动、工件尺寸等，均可测量。

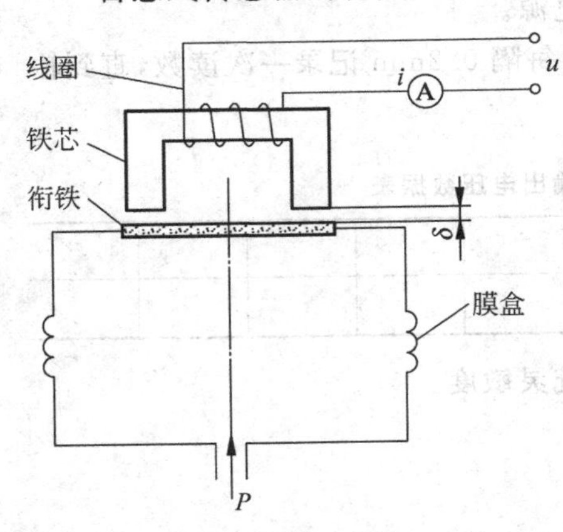

图 3-19　自感式测压力传感器示意图

变气隙厚度式自感传感器测压力的原理如图 3-19所示。衔铁固定在膜盒的中心位置，当把被测压力 P 引入膜盒时，膜盒在被测压力 P 的作用下产生与压力 P 大小成正比的位移，于是衔铁随之移动，从而改变衔铁与铁芯间的气隙 δ，即改变了磁路中的磁阻。这样，铁芯上的线圈的电感 L 也发生变化。如果在线圈内的两端加以恒定的交流电压 u，则电感 L 的变化将反映为电流 i 值的变化。因此，可以从线路中的电流值 i 来度量膜盒上所感受的压力 P。

2. 差动变压器式传感器

差动变压器式传感器具有测量精度高、稳定性好、制造简单、安装使用方便、线性范围可达±2mm 等优点，被广泛应用于位移、加速度、液位、振动、厚度、应变、压力等各种物理量的测量。

差动变压器式加速度传感器示意图如图 3-20(a)所示。它由悬臂梁和差动变压器构成。测量时，将悬臂梁底座及差动变压器的绕组骨架固定，而将衔铁的下端与被测振动体相连。物体振动加速度 a 引起衔铁的位移，从而引起互感的变化，通过测量电路转换为输出电压的变化。输出电压的变化反映了加速度的变化。由于采用悬臂梁弹性支撑，当被测物体振动时，传感器的输出电压将与振动加速度成正比，经检波和滤波电路处理后，推动指示仪表或记录器工作。

由于受衔铁质量及弹簧刚度的限制(为保证灵敏度，弹性支撑的刚度不能太大)，应用时要注意,用于测定振动物体的频率和振幅时,其激磁频率必须是振动频率的10倍以上,才能得到精确的测量结果。可测量的振幅为0.1～5mm,振动频率为0～150Hz,其测量电路框图如图3-20(b)所示。

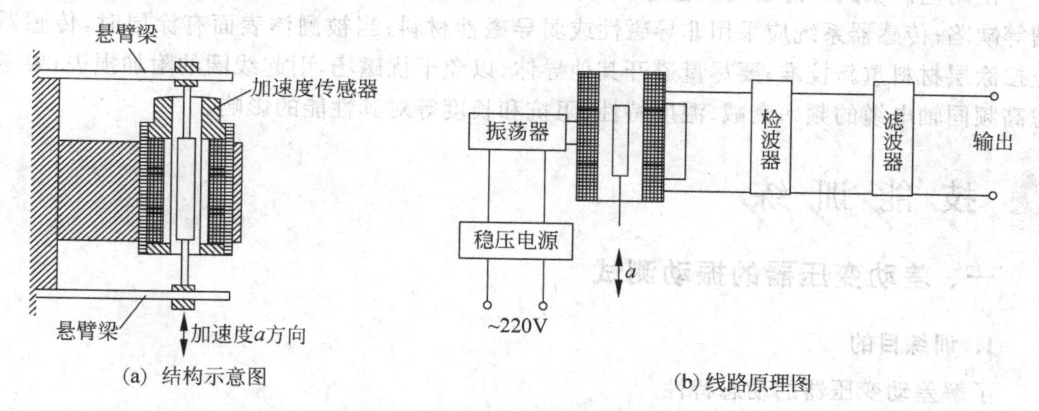

图3-20 差动变压器式加速度传感器

使用差动变压器式传感器时应注意:传感器测杆应与被测物垂直接触;衔铁和测杆不能因受到侧向力而造成弯曲变形,使测杆的灵活性降低;不可敲打传感器或使传感器跌落;接线要牢固,避免压线、夹线;固定夹持传感器壳体时,应避免松动,但也不可用力太大;安装传感器时,应调节夹持位置,保证其位移变化不超出测量范围。

3. 电涡流式传感器

电涡流式传感器由于结构简单,又可实现非接触测量,且具有灵敏度高、抗干扰能力强、频率响应宽、体积小等优点,在工业测量中得到了越来越广泛的应用。电涡流式传感器最大的特点是能对位移、厚度、表面温度、速度、应力及材料损伤等进行非接触式连续测量。

图3-21所示为电涡流式转速传感器工作原理图。在软磁材料制成的输入轴上加工键槽,在距输入表面d_0处设置电涡流传感器,输入轴与被测旋转轴相连。当被测旋转轴转动时,输出轴的距离发生($d_0+\Delta d$)的变化。由于电涡流效应,这种变化将导致振荡回路的品质因数变化,使传感器线圈电感随Δd的变化也发生变化,直接影响振荡器的电压幅值和振荡频率。因此,随着输入轴的旋转,从振荡器输出的信号中包含有与转数成正比的脉冲频率信号。该信号由检波器检出电压幅值的变化量,然后经整形电路输出脉冲频率信号f_n。该信号经电路处理可得到被测转速。

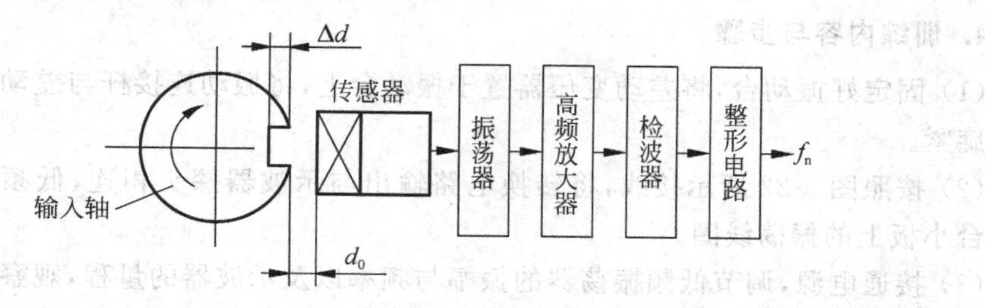

图3-21 电涡流式转速传感器工作原理图

这种转速传感器可实现非接触式测量，抗污染能力很强，可安装在旋转轴附近，长期对被测转速进行监视。最高测量转速可达 6000000r/min。

使用电涡流式传感器时应注意：被测表面应保持光洁，不应存在刻痕、洞眼、凸台和凹槽等缺陷；传感器系统应采用非导磁性或弱导磁性材料；当被测体表面有涂层时，传感器应按涂层材料重新校准；要尽量避开其他导体，以免干扰磁场，引起线圈的附加损失；要考虑高频同轴电缆的频率衰减、温度特性、阻抗和长度等对其性能的影响。

一、差动变压器的振动测试

1. 训练目的

了解差动变压器的动态特性。

2. 训练器材

电感式传感器、电感式传感器转换电路板、直流稳压电源、低频振荡器、振动台、示波器。

3. 原理简介

将电感式传感器与振动台相连。在振动台的带动下，可以观察电感式传感器动态特性，电路图如图 3-22 所示。

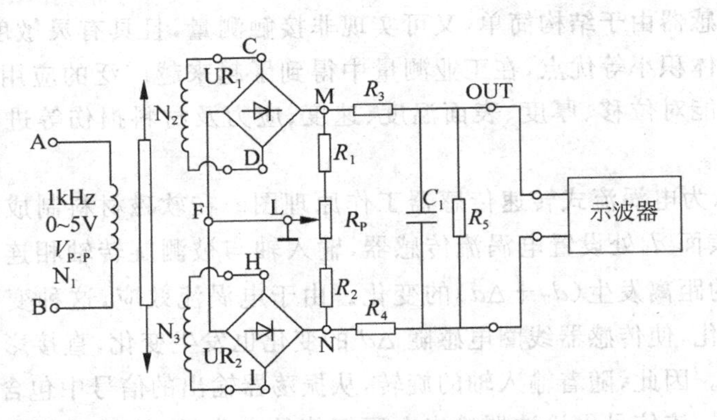

图 3-22　差动变压器振动电路图

4. 训练内容与步骤

(1) 固定好振动台，将差动变压器置于振动台上，将振动连接杆与差动变压器的铁芯适度旋紧。

(2) 按照图 3-22 所示接线，将转换电路输出与示波器探头相连，低频振荡器输出接振动台小板上的振荡线圈。

(3) 接通电源，调节低频振荡器的振幅与频率以及示波器的量程，观察输出波形。

二、差动变压器的电子秤调试

1. 训练目的

(1) 进一步掌握差动变压器的特性。

(2) 了解差动变压器在称重仪器中的应用。

2. 训练器材

电感式传感器、电感式传感器转换电路板、差动放大器板、直流稳压电源、数字电压表、振动台、砝码。

3. 原理简介

由于差动变压器的输出与位移成正比,利用弹性材料的特性,可以使差动变压器输出与质量呈线性关系,由此进行质量的测量。在本训练中,可以利用振动台的振动梁作为弹性部件。

4. 训练内容与步骤

(1) 根据任务一的训练内容设计电子秤实验装置。

(2) 调节差动放大器的零点与增益,调节该电子秤实验装置的零点与量程。注意,确定量程时,不要超出差动变压器的线性范围,并使砝码质量与输出电压在数值上有直观的联系。

(3) 根据所确定量程,逐次增加砝码的质量,将质量与输出电压记入表 3-4。

表 3-4 差动变压器电子秤的质量与输出电压数据表

m/g											
U/mV											

任务评价

序号	评价内容		配分	扣分要求	得分
1	差动变压器的振动测试		50	步骤操作不规范,每次扣 2 分 数据不准确,每处扣 5 分	
2	差动变压器的电子秤调试		50	步骤操作不规范,每次扣 5 分 数据不准确,每处扣 10 分	
3	团队合作				
	小组评价				
	教师评价				
时间:120min		个人成绩:			

SIMATIC PXI 系列电感式接近开关

在各类开关中，有一种对接近它的物件有“感知”能力的元件——位移传感器。利用位移传感器，对接近物体的敏感特性达到控制开关通或断的目的，这就是接近开关。

电感式接近开关，又称无触点接近开关，是理想的电子开关量传感器。当金属检测体接近此类开关的感应区域时，开关就能无接触、无压力、无火花，迅速地发出电气指令，准确反映出运动机构的位置和行程，即使用于一般的行程控制，其定位精度、操作频率、使用寿命、安装调整的方便性和对恶劣环境的适用能力，也是一般机械式行程开关所不能相比的。

电感式接近开关是用于非接触检测金属物体的一种最具性价比的解决方案。它是利用导电物体在接近能产生电磁场的接近开关时，使物体表面产生涡流。这个涡流反作用到接近开关，使开关内部电路参数发生变化，由此识别出有无导电物体移近，进而控制开关的通断。接近开关所能检测的物体必须是导电体。当一个导体移向或移出接近开关时，信号会自动变化。由于 SIMATIC PXI 系列电感式接近开关具有优秀的重复精度，可靠性极高，无磨损运行，耐温，抗噪声，防水，使用寿命长，所以应用领域极其广泛，如汽车工业、机械工程、机器人工业、输送机系统、造纸和印刷工业等。

项目学习总结表

姓名			班级	
实践项目			实践时间	
实践学习内容和体会				
小组意见				
	组长		成绩评定等级	
指导教师意见				
	指导教师		成绩评定等级	
备注：				

思考与练习

1. 何为电感式传感器？
2. 试述电感式传感器的变换原理。它分为几类？

3. 试述自感式传感器的结构、类型和工作原理。

4. 电感式传感器常用的测量电路有哪些？

5. 变气隙式电感传感器的灵敏度与哪些因素有关？要提高灵敏度，可采取哪些措施？

6. 差动变压器式传感器的零点残余电压产生的原因是什么？怎样减小和消除它的影响？

7. 试分析差分相敏检波电路的工作原理。

8. 试分析差分整流电路的工作原理。

9. 应用电涡流式传感器时，应注意什么？

10. 什么叫电涡流？什么是电涡流效应？

项目 4 PROJECT 4

电容式传感器

【项目分析】

本项目主要包括常用电容式传感器的认识、常用电容式传感器的使用等内容。通过完成这些任务，可以达到如下目标。

(1) 了解电容式传感器；

(2) 熟悉电容式传感器的应用；

(3) 能正确使用常用的电容式传感器。

电容式传感器是指能将被测物理量的变化转换为电容变化的一种传感元件。电容式传感器的应用技术近几十年来有了较大的进展。由于电容式传感器的结构简单，分辨率高，工作可靠，可实现非接触测量，并能在高温、辐射、强烈振动等恶劣条件下工作，易于获得被测量与电容量变化的线性关系，因此广泛应用于力、压力、压差、振动、位移、加速度、液位、料位、成分含量等物理量的检测。

任务 4.1 认识电容式传感器

本任务主要介绍常用的电容式传感器。通过学习，了解电容式传感器的基本类型、工作原理及测量电路，初步具备识别各类电容式传感器的能力。

相关知识

1. 电容式传感器概述

电容器是电子技术的三大类无源元件(电阻、电感和电容)之一。利用电容器的原理,将非电量转换成电量,进而实现非电量到电量转化的器件或装置,称为电容式传感器。实际上,它本身(或和被测物一起)就是一个可变电容器。图 4-1 所示为几种常用电容式传感器的外形。

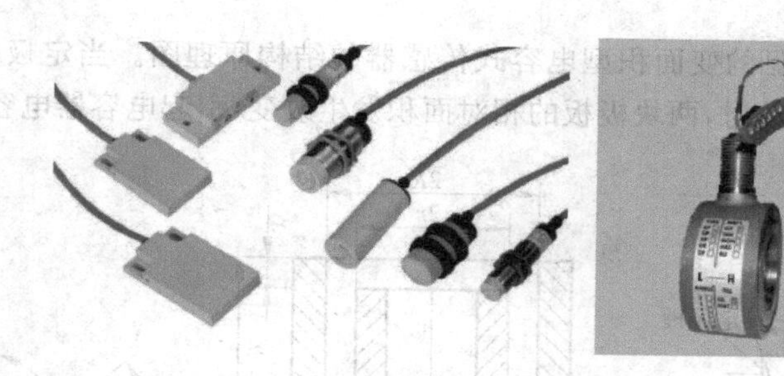

图 4-1 几种常用电容式传感器的外形

2. 电容式传感器工作原理和类型

1) 工作原理和外形

用两块金属平板作为电极可构成电容器,如图 4-2 所示。

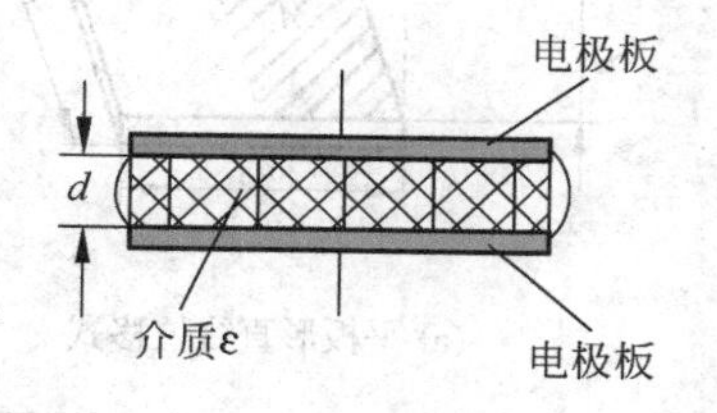

图 4-2 平板电容器

由物理学可知,用两块平行极板组成的电容器,如果不考虑边缘效应,其电容量为

$$C=\frac{\varepsilon S}{d}=\frac{\varepsilon_0\varepsilon_r S}{d} \tag{4-1}$$

式中,ε_0为真空介电常数,$\varepsilon_0=8.85\times10^{-12}$ F/m;ε_r为两极板间介质的相对介电常数,$\varepsilon_r=\varepsilon/\varepsilon_0$;$S$ 为极板相互遮盖面积(m^2);d 为极板间的距离(又称极距)(m)。

由式(4-1)可见,电容量 C 是 S、d、ε 的函数。如果保持其中两个参数不变,只改变一个参数,就可以把该参数的变化转换为电容量的变化。这就是电容式传感器的基本工作原理。

2) 基本类型

根据被测参数的变化,电容式传感器分为变极距型电容传感器(d)、变面积型电容传感器(S)和变介质型电容传感器(ε)三种类型。极板间距离 d 或极板相对覆盖面积 S 的变化可以反映线位移或角位移的变化,也可以间接反映压力、加速度等的变化;相对介电常数 ε_r的变化可反映液面高度、材料厚度等的变化。

(1) 变极距型

变极距型电容式传感器的结构原理如图 4-3 所示。当动极板受到被测物作用而位移改变时,极距 d 改变,引起电容器的电容量发生变化,其变化量为

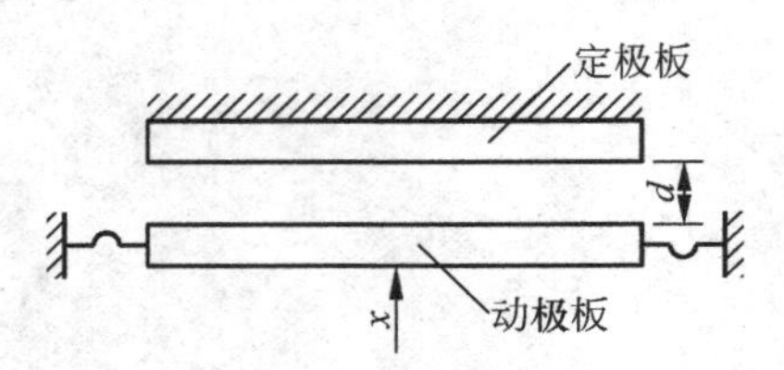

图 4-3 变极距型电容式传感器结构原理图

$$\Delta C=\frac{\varepsilon S}{d-\Delta d}-\frac{\varepsilon S}{d}=\frac{\varepsilon S}{d}\frac{\Delta d}{d-\Delta d}=C_0\frac{\Delta d}{d-\Delta d} \quad (4\text{-}2)$$

在实际应用中，对于变极距型电容传感器，总是使初始极距 d 尽量小，以提高灵敏度，但这带来了行程较小的缺点。另外，为了减小非线性、提高灵敏度和减少外界因素（如电源电压波动、外界环境温度）影响，常常将其做成差动式结构，或采用适当的测量电路来改善其非线性。

(2) 变面积型

图 4-4 所示为几种常见的变面积型电容式传感器的结构原理图。当定极板不动，动极板做直线位移或角位移运动时，两块极板的相对面积发生改变，引起电容器电容量的变化。

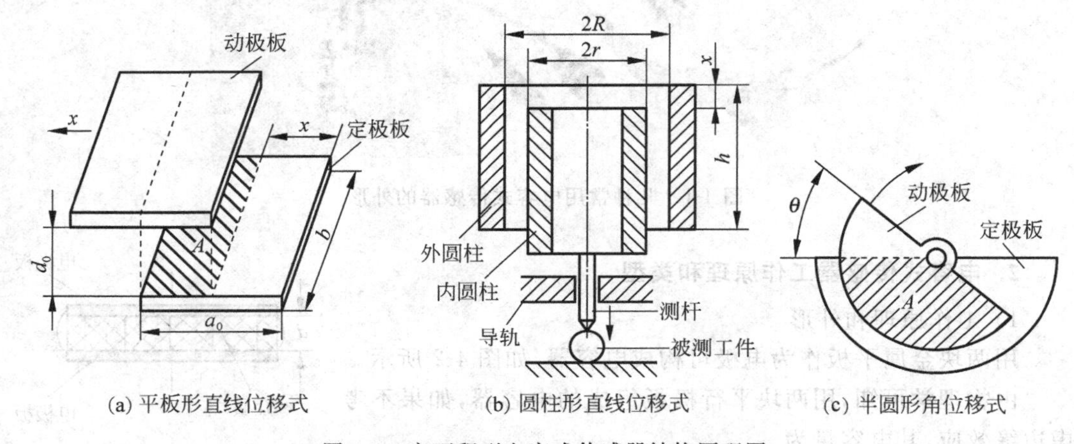

(a) 平板形直线位移式 (b) 圆柱形直线位移式 (c) 半圆形角位移式

图 4-4 变面积型电容式传感器结构原理图

图 4-4(a)所示是平板形直线位移式变面积型传感器，极板尺寸如图中所示。动极板做直线运动，改变了两极板的相对面积，引起电容量的变化。当动极板随被测物体产生位移 x 后，此时的电容量为

$$C_x=\frac{\varepsilon b(a-x)}{d}=C_0\left(1-\frac{x}{a}\right) \quad (4\text{-}3)$$

图 4-4(b)所示是同心圆柱形变面积型传感器。外圆柱不动，内圆柱在外圆柱内做上、下直线运动。设内、外圆柱的半径分别为 r、R，内、外圆柱原来的重叠长度为 h。当内圆柱向下产生位移 x 后，两个同心圆柱的重叠面积减小，引起电容量减小。此时的电容量为

$$C_x=\frac{2\pi\varepsilon(h-x)}{\ln\left(\frac{R}{r}\right)}=C_0\left(1-\frac{x}{h}\right) \quad (4\text{-}4)$$

图 4-4(c)所示为半圆形角位移式变面积型传感器，动极板可围绕定极板旋转，形成角位移。设两块极板初始重叠角度为 π，动极板随被测物体带动产生一个角位移 θ，两块极板的重叠面积减小，电容量随之减小。此时的电容量为

$$C_\theta = \frac{\varepsilon A}{d}\left(1-\frac{\theta}{\pi}\right) = C_0\left(1-\frac{\theta}{\pi}\right) \tag{4-5}$$

变面积型电容式传感器中，平板形结构对极距变化特别敏感，对测量精度影响较大；而圆柱形结构受极板径向变化的影响很小，成为实际中最常用的结构。与变极距型相比，变面积型传感器适用于较大角位移及直线位移的测量。

(3) 变介质型

图 4-5 所示为变介质型电容式传感器的结构原理图。由于各种介质的介电常数不同，如果在电容器的极板之间插入不同的介质，电容器的电容量将会变化。变介电常数型电容传感器利用的就是这种原理，它常被用来测量液体的液位和材料的厚度(见图 4-5(a))、位移(见图 4-5(b))液位和流量(见图 4-5(c))，还可根据极板间介质的介电常数随温度、湿度改变而改变来测量温度、湿度(见图 4-5(d))等。

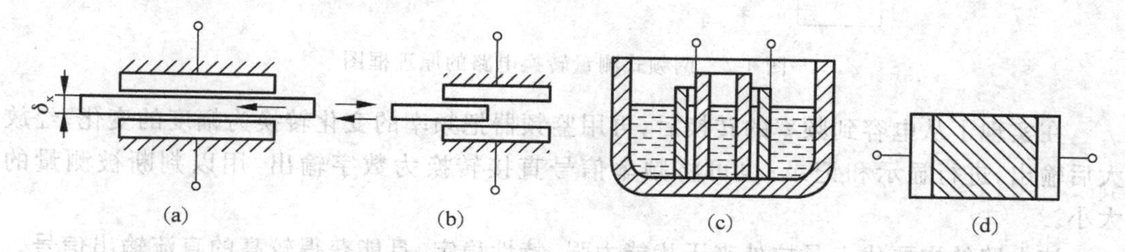

图 4-5 变介质型电容式传感器结构原理图

3. 电容式传感器测量电路

1) 桥式电路

图 4-6 所示为电容式位移传感器的桥式转换电路。图 4-6(a)所示为单臂接法，即高频电源接到电容电桥的一条对角线上，电容 C_1、C_2、C_3、C_x构成电容电桥的四臂。其中，C_x为可变电容，电桥平衡时输出电压为零。C_x变化时，电桥平衡被破坏，会有电压输出。图 4-6(b)所示为差动接法，其空载输出电压可表示为 $U_o=-\Delta CU/C_o$，其输出电压 U_o 与被测电容的变化量 ΔC 之间呈线性关系。图 4-6(c)所示为双 T 形电桥原理图，激励电源为稳频、稳幅的高频对称方波，它利用二极管控制传感器电容 C_x和电容 C 的充放电。电容 C 可以是固定电容，也可以是差动电容的另一边。该电路的灵敏度与电源频率有关，因此电源频率需要稳定。它可以用作动态测量。因输出电压高，可测量高速机械振动，输出阻抗只决定于电阻 R，而与 C_x无关，可用毫安表或微安表直接测量。

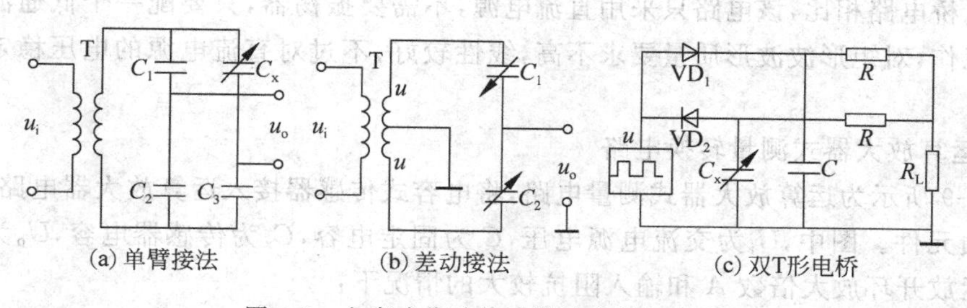

图 4-6 电容式位移传感器桥式转换电路

2）调频电路

图 4-7 所示为调频电路原理框图，将电容传感器接入高频振荡器的 LC 谐振回路中，作为回路的一部分。当被测量变化使传感器电容改变时，振荡器的振荡频率随之改变，即振荡器频率受传感器电容所调制，因此称为调频电路。调频振荡器的振荡频率由下式决定：

$$f_0 = \frac{1}{2\pi\sqrt{LC}} \tag{4-6}$$

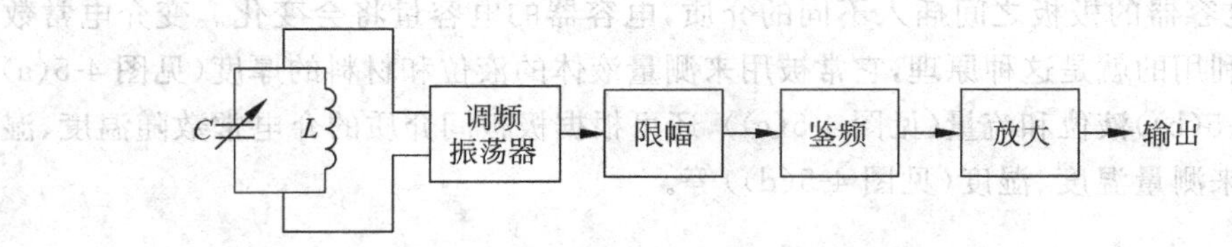

图 4-7　调频式测量转换电路的原理框图

在实现了从电容到频率的转换后，再用鉴频器把频率的变化转换为幅度的变化，经放大后输出，进行显示和记录；也可将频率信号直接转换为数字输出，用以判断被测量的大小。

该电路的主要优点是抗外来干扰能力强，特性稳定，且能获得较高的直流输出信号。

3）差动脉冲调宽测量电路

图 4-8 所示为差动脉冲调宽测量电路，它是用来测量差动式电容传感器输出电压的电路。该电路的关键是利用对电容的充放电，使电路输出脉冲的宽度随电容式传感器的电容量变化而变化，再经低通滤波器，得到对应被测量变化的直流信号。

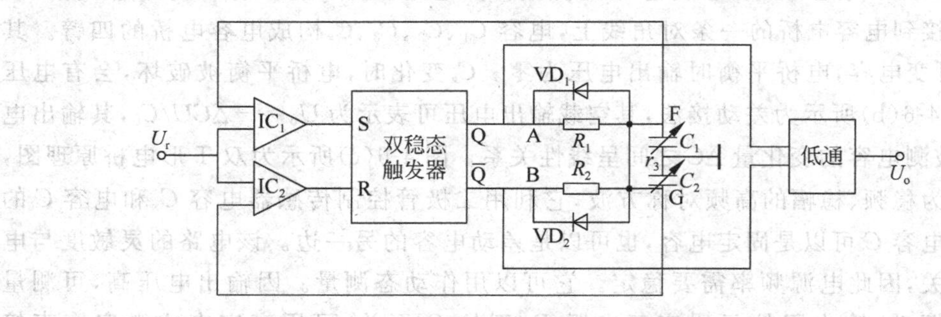

图 4-8　差动脉冲调宽测量电路

与电桥电路相比，该电路只采用直流电源，不需要振荡器，只要配一个低通滤波器就能正常工作，对矩形波波形质量要求不高，线性较好，不过对直流电源的电压稳定度要求较高。

4）运算放大器式测量转换电路

图 4-9 所示为运算放大器式测量电路，将电容式传感器接入运算放大器电路，作为电路的反馈元件。图中，U_i 为交流电源电压，C 为固定电容，C_x 为传感器电容，U_o 为输出电压。在运放开环放大倍数 A 和输入阻抗较大的情况下：

$$U_o = -\frac{C}{C_x}U_i \qquad (4\text{-}7)$$

如果传感器为平板形电容器，则

$$U_o = -\frac{CU_i}{\varepsilon S}d \qquad (4\text{-}8)$$

在式(4-8)中，U_o与d呈线性关系，这表明运算放大器式测量转换电路能解决变极距型电容式传感器的非线性问题。此外，输出电压U_o还与C和U_i有关。因此，该电路要求固定电容必须稳定，电源电压必须采取稳压措施。

图 4-9　运算放大器式测量电路

1. 训练目的

(1) 了解电容式传感器的基本结构。

(2) 掌握电容式传感器的调试方法。

2. 训练器材

电容式传感器 1 个；电容传感器实验模板 1 块；测微头 1 个；相敏检波、滤波模板各 1 块；数显表 1 块；直流电源。

3. 原理简介

根据平板电容公式 $C=\varepsilon S/d$，一般采用变面积式差动电容传感器测量位移。旋动测微头，推进电容式传感器动极板位置，从而改变传感器的电容值C，测出C的变化，即可知被测位移的大小。其原理框图如图 4-10 所示，C_1、C_2两个电容都为可变电容。当电容传感器的动极移动时，两个电容的电容量都发生变化，但变化方向相反，构成差动式的电容传感器。

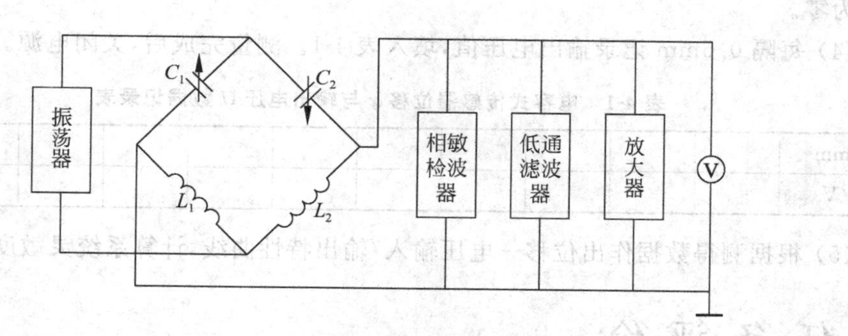

图 4-10　电容式传感器位移测量原理框图

4. 训练内容与步骤

(1) 如图 4-11(a)所示，将电容式传感器安装在电容传感器实验模块上，实物安装效果如图 4-11(b)所示。

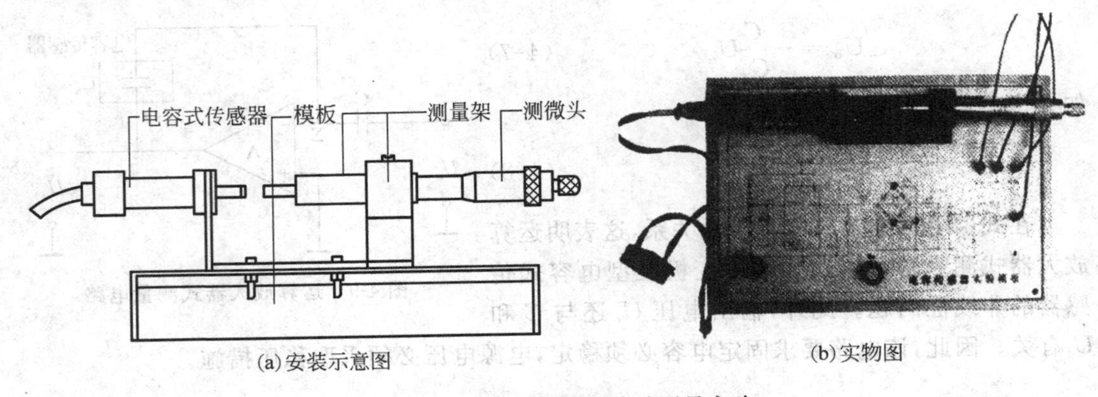

(a) 安装示意图　　(b) 实物图

图 4-11　电容式传感器位移测量实验

(2) 按图 4-12 所示将电容传感器实验模板的输出端 U_{o1} 与数显表单元 U_i 相接，数显表量程切换开关选择电压 20V 挡。R_P 调节到中间位置。

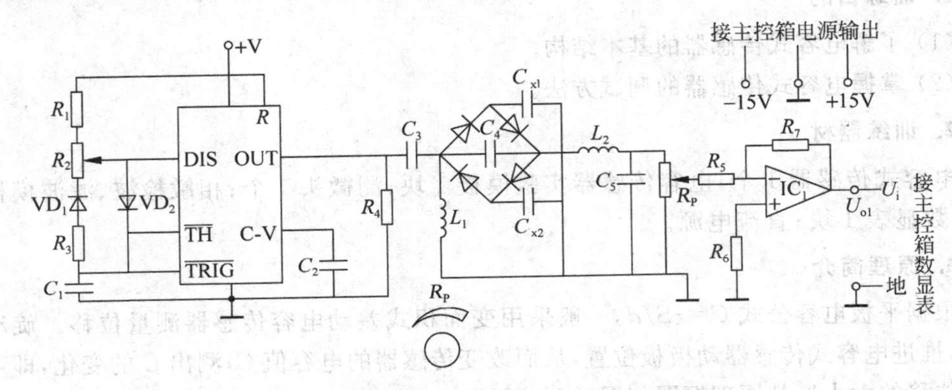

图 4-12　电容传感器位移测量实验线路图

(3) 接入+15V 电源，旋动测微头，推进电容式传感器动极板到合适位置，使数显表输出为零。

(4) 每隔 0.5mm 记录输出电压值，填入表 4-1。测量完成后，关闭电源。

表 4-1　电容式传感器位移 x 与输出电压 U 数据记录表

x/mm											
U/V											

(5) 根据测得数据作出位移—电压输入/输出特性曲线，计算系统灵敏度。

任务评价

序号	评价内容	配分	扣分要求	得分
1	电容传感器的识别	40	步骤操作不规范，每次扣 2 分 数据不准确，每处扣 5 分	

续表

序号	评价内容	配分	扣分要求	得分
2	电容式传感器的位移测量	50	步骤操作不规范,每次扣2分 数据不准确,每处扣5分	
3	系统灵敏度计算	10	曲线绘制不正确,扣5分 数据不准确,扣5分	
4	团队合作			
	小组评价			
	教师评价			
时间:60min			个人成绩:	

任务4.2 电容式传感器的应用

任务分析

本任务主要介绍常用的电器式传感器的应用。通过学习,了解常用的电容式传感器的典型应用,初步具备选择各类电容式传感器的能力。

相关知识

电容传感器除用于测量位移、振动、压力、液位,与电感传感器相比,可以对非金属材料进行测量,如涂层、油膜厚度、电介质的湿度、容量、厚度等;还可以检测塑料、木材、纸张、液体等电介质。

1. 电容测厚仪

电容测厚仪主要用于测量金属带材在轧制过程中的厚度,其工作原理如图4-13所示。

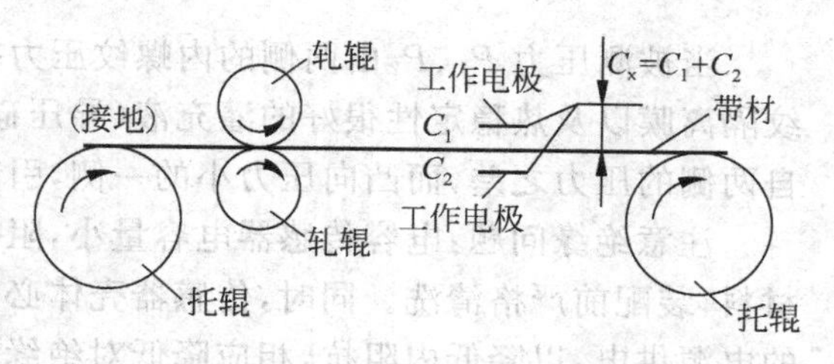

图4-13 电容式测厚仪示意图

在被测金属带材的上、下两侧各放置一块面积相等、与带材距离相等的极板,这样极板与带材就形成两个电容 C_1 和 C_2。把两块极板用导线连接起来作为电容器的一个极板,金属带材就是电容的另一个极板,其总电容为 C_1+C_2。

带材在轧制过程中,若厚度发生变化,将引起电容量的变化,用交流电桥将这一变化检测出来,经过放大,即可用显示仪表显示出带材厚度的变化。

2. 电容式差压变送器

电容式差压变送器结构示意图如图4-14所示。它的核心部分是一个差动变极距电容传感器。

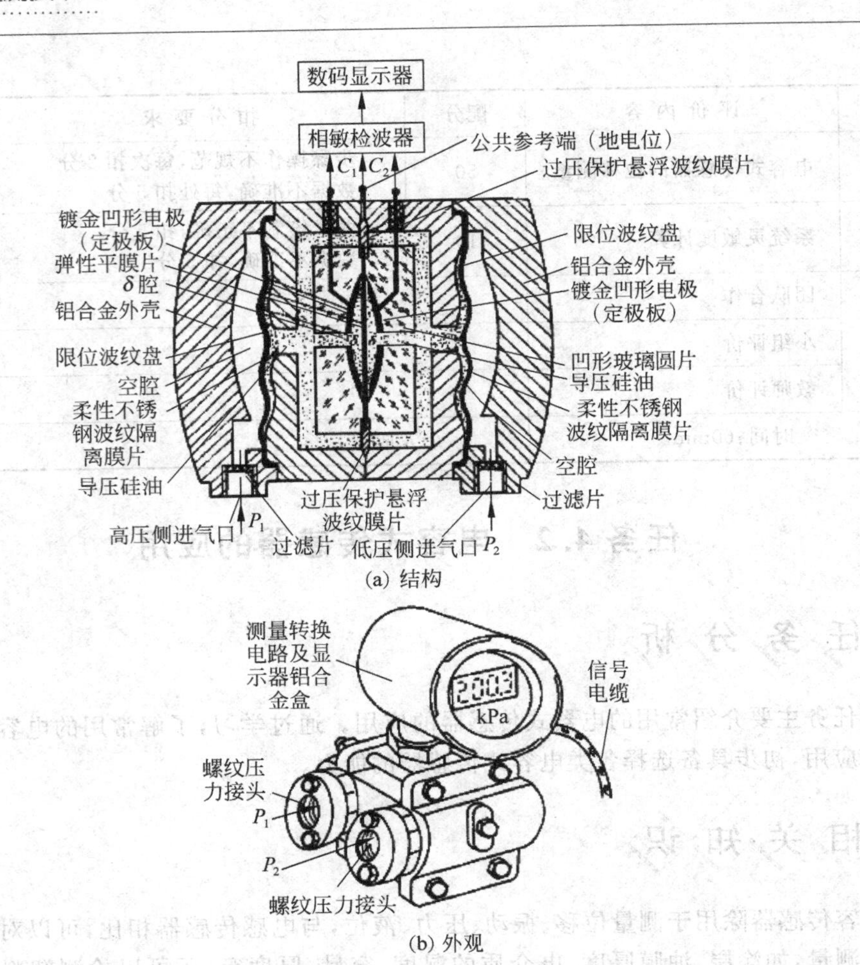

(a) 结构

(b) 外观

图 4-14　差动电容式差压变送器结构示意图

当被测压力 P_1、P_2 由两侧的内螺纹压力接头进入各自的空腔时，压力通过不锈钢波纹隔离膜以及热稳定性很好的灌充液（导压硅油），传导到 δ 腔。弹性平膜片由于受到来自两侧的压力之差，而凸向压力小的一侧，引起差动电容 C_1、C_2 的变化。

注意绝缘问题：电容传感器电容量小，阻抗高，绝缘问题突出。因此，应选择优质绝缘材料，装配前严格清洗。同时，传感器壳体必须密封，防止水汽进入。还应采用较高频率的电源供电，以降低内阻抗，相应降低对绝缘电阻的要求。另外，由于电容传感器的电容量很小，传感器电容极板并联的寄生电容相对大得多，往往使传感器不能正常使用，消除和减小寄生电容影响显得尤其重要。缩小传感器至测量线路前置级的距离，或采用整体屏蔽法，都可以有效降低寄生电容对电容传感器测量系统的影响。

技能训练

1. 训练目的

（1）进一步掌握电容式传感器的特性。

(2) 了解电容式传感器在称重仪器中的应用。

2. 训练器材

电容式传感器、电容式传感器转换电路板、差动放大器板、直流稳压电源、数字电压表、振动台、砝码。

3. 原理简介

由于电容式传感器的输出与位移成正比,利用弹性材料的特性,可以使电容式传感器输出与质量呈线性关系,由此可以进行质量的测量。在本训练中,可以利用振动台的振动梁作为弹性部件。

4. 训练内容与步骤

(1) 根据前一任务的训练内容设计电子秤实验的实验装置。

(2) 调节差动放大器的零点与增益,调节该电子秤实验装置的零点与量程。注意,确定量程时不要超出电容式传感器的线性范围,并使砝码质量与输出电压在数值上有直观的联系。

(3) 根据所确定量程,逐次增加砝码的质量,将质量与输出电压记入表4-2。

表4-2 电容式传感器位移 x 与输出电压 U 数据记录表

x/mm											
U/V											

根据表4-2中的实验数据,计算该电子秤装置的精度。

序号	评价内容	配分	扣分要求	得分
1	电容式传感器的电子秤设计	40	每个单元电路不正确,扣10分	
2	电容式传感器的电子秤调试	50	步骤操作不规范,每次扣5分 数据不准确,每处扣10分	
3	系统灵敏度计算	10	数据不准确,扣5分	
4	团队合作			
	小组评价			
	教师评价			
	时间:60min	个人成绩:		

项目学习总结表

<table>
<tr><td>姓名</td><td colspan="2"></td><td>班级</td><td></td></tr>
<tr><td>实践项目</td><td colspan="2"></td><td>实践时间</td><td></td></tr>
<tr><td colspan="5">实践学习内容和体会</td></tr>
<tr><td colspan="5"></td></tr>
<tr><td rowspan="2">小组意见</td><td colspan="4"></td></tr>
<tr><td>组长</td><td></td><td>成绩评定等级</td><td></td></tr>
<tr><td rowspan="2">指导教师意见</td><td colspan="4"></td></tr>
<tr><td>指导教师</td><td></td><td>成绩评定等级</td><td></td></tr>
<tr><td colspan="5">备注：</td></tr>
</table>

思考与练习

1. 简述电容式传感器的工作原理。

2. 根据电容式传感器工作原理，可将其分为几种类型？每种类型各有什么特点？各适用于什么场合？

3. 如何改善变极距型电容传感器的非线性？

4. 电容式传感器的测量电路有哪些？

5. 已知某角位移型电容传感器的两块极板间的距离为5mm，$\varepsilon=60\mu F/mm$，两块极板的面积相同，半径$R=15mm$。其中一个动极板的轴，由被测物体带动而旋转30°。试求其电容的变化量。

6. 简述电容测厚仪的工作原理。

PROJECT 5

5
项目

压电式传感器

【项目分析】

本项目主要包括常用压电式传感器的认识、常用压电式传感器的使用等内容。通过完成这些任务，可以达到如下目标。

(1) 了解压电式传感器；

(2) 熟悉压电式传感器的应用；

(3) 能正确使用常用的压电式传感器。

压电式传感器是一种典型的有源传感器（或发电型传感器），它以某些电介质的压电效应为基础，在外力作用下，电介质的表面产生电荷，从而实现非电量测量。压电式传感器是一种力敏元件，所以它可以测量出最终能变换为力的那些物理量，例如应力、压力、加速度等。

任务 5.1 认识压电式传感器

本任务主要介绍常用的压力式传感器。通过学习，了解常用压电传感器的基本结构、工作原理及应用特点，初步具备识别各类压电式传感器的能力。

相关知识

1. 压电式传感器的基本原理

图 5-1 所示为常用的压电式传感器。

图 5-1 压电式传感器

当某些晶体在一定方向上受到外力作用时，在某两个对应的晶面上，会产生符号相反的电荷；当外力取消后，电荷也消失。作用力改变方向（相反）时，两个对应晶面上的电荷符号改变。该现象称为正压电效应，如图 5-2 所示。

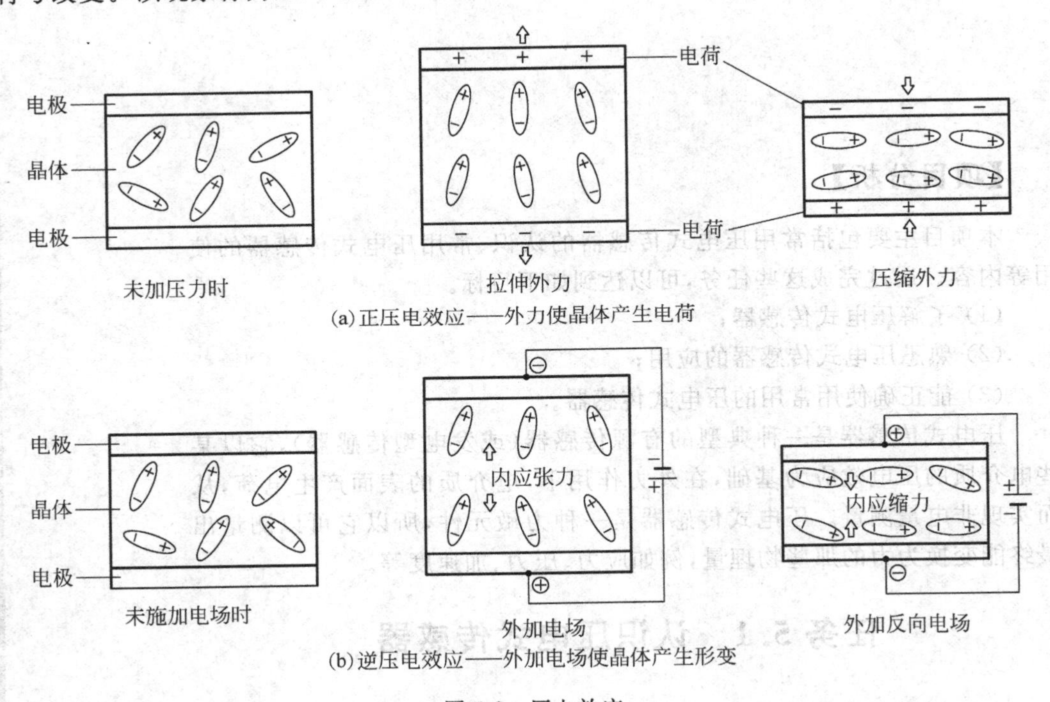

(a) 正压电效应——外力使晶体产生电荷

(b) 逆压电效应——外加电场使晶体产生形变

图 5-2 压电效应

反之，某些晶体在一定方向上受到电场（外加电压）作用时，在一定的晶轴方向上将产生机械变形，外加电场消失，变形随之消失，该现象称为逆压电效应。

2. 压电材料

自然界具有压电效应的材料很多，目前常用的压电材料有压电晶体（单晶）、压电陶瓷（多晶半导瓷）和新型压电材料三类。

1）石英晶体

石英晶体是最具有代表性的压电晶体，它有天然和人工培养两种，其居里点为 576℃。天然石英晶体和人工石英晶体都属于单晶体，外形呈正六面体，如图 5-3 所示。

图 5-3 石英晶体

石英晶体的突出优点是温度稳定性好、机械强度高、绝缘性能也相当好，缺点是灵敏度低、介电常数小、价格昂贵。因此，石英晶体一般仅用在标准仪器或要求较高的传感器中。

因为石英是一种各向异性晶体，因此，按不同方向切割的晶片，其物理性质(如弹性、压电效应及温度特性等)相差很大。取出石英晶体的一个切片，它是一个六面棱柱体，在其三个直角坐标中，z 轴称为晶体的对称轴，该轴方向没有压电效应；x 轴称为电轴，电荷都积累在此轴晶面上，垂直于 x 轴晶面的压电效应最显著；y 轴称为机械轴，逆压电效应时，沿此轴方向的机械变形最显著。在设计石英传感器时，应根据不同使用要求正确地选择石英片的切型，如图 5-4 所示。

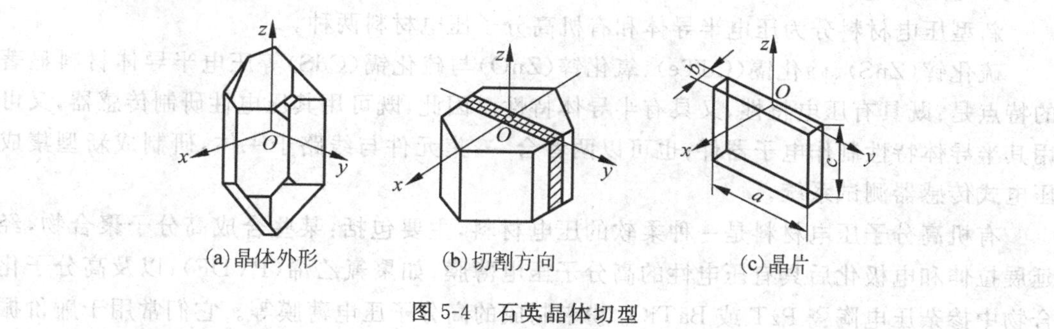

图 5-4 石英晶体切型

2) 压电陶瓷

压电陶瓷如图 5-5 所示，它是人工制造的多晶体压电材料。材料的内部晶粒有许多自发极化的电畴，有一定的极化方向。

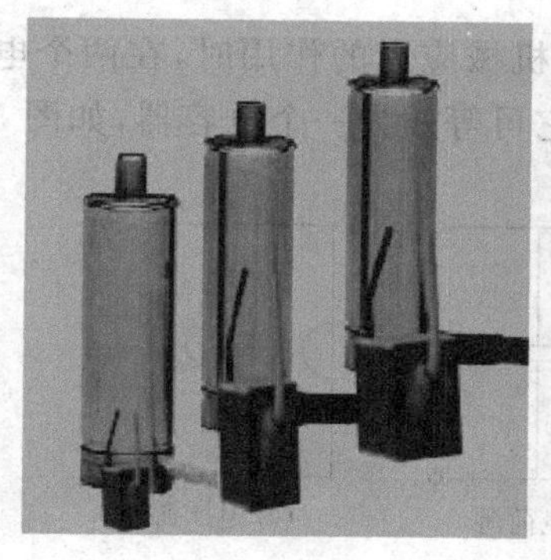
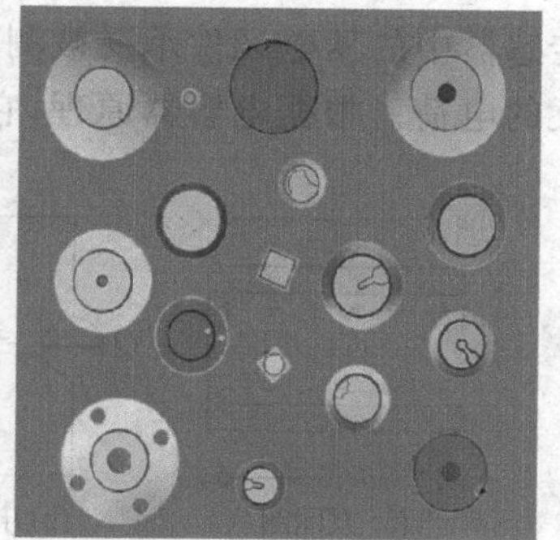

图 5-5 压电陶瓷

每个单晶形成单个电畴,无数单晶电畴的无规则排列,致使原始的压电陶瓷呈现各向同性,而不具有压电性,如图 5-6(a)所示。要使之具有压电性,必须做极化处理,即在一定温度下对其施加强直流电场,迫使"电畴"趋向外电场方向规则排列,如图 5-6(b)所示;极化电场去除后,趋向电畴基本保持不变,形成很强的剩余极化,从而呈现出压电性,如图 5-6(c)所示。

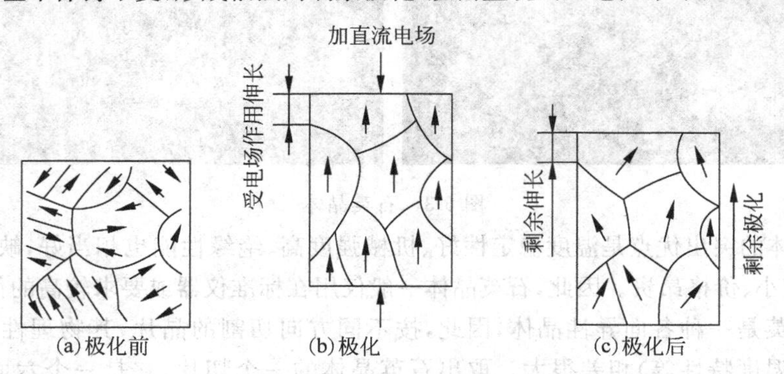

图 5-6 压电陶瓷极化处理

压电陶瓷具有良好的压电效应,采用压电陶瓷制作的传感器灵敏度较高,常用于工业或高灵敏度传感器。

3) 新型压电材料

新型压电材料分为压电半导体和有机高分子压电材料两种。

硫化锌(ZnS)、碲化镉(CdTe)、氧化锌(ZnO)与硫化镉(CdS)等压电半导体材料显著的特点是:既具有压电特性,又具有半导体特性。因此,既可用其压电性研制传感器,又可用其半导体特性制作电子器件;也可以两者合一,集元件与线路于一体,研制成新型集成压电式传感器测试系统。

有机高分子压电材料是一种柔软的压电材料,主要包括:某些合成高分子聚合物,经延展拉伸和电极化后具有压电性的高分子压电薄膜,如聚氟乙烯(PVDF);以及高分子化合物中掺杂压电陶瓷 PzT 或 $BaTiO_3$ 粉末制成的高分子压电薄膜等。它们常用于廉价振动传感器、水声传感器及 50GHz 以下超声传感器。

3. 压电式传感器的等效电路和测量电路

1) 压电式传感器的等效电路

当压电式传感器中的压电元件承受被测机械应力的作用时,在两个电极的表面出现等量而极性相反的电荷。根据电容器原理,它可等效为一个电容器,如图 5-7 所示。当两

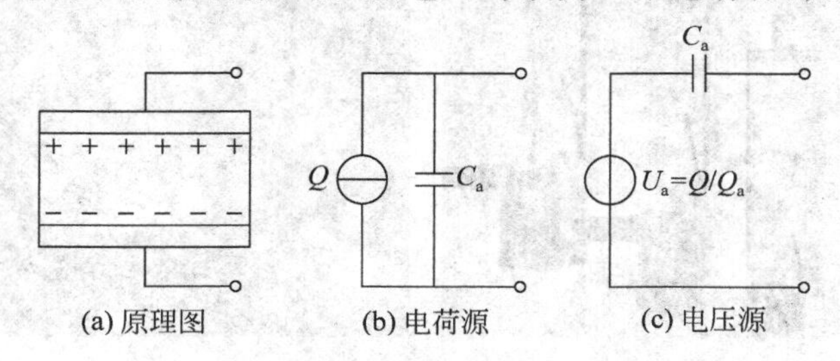

图 5-7 压电式传感器的等效电路

极聚集一定电荷时，两块极板之间就存在一定的电压。因此，压电元件可等效为一个电荷源 Q 和一个电容 C_a 的并联电路；也可等效为一个电压源 U_a 和一个电容 C_a 的串联电路。

2）压电式传感器的测量电路

压电式传感器在实际使用时，总要与测量仪器或测量电路相连接，因此还需考虑连接电缆的等效电容 C_c，放大器的输入电阻 R_i，输入电容 C_i 以及压电式传感器的泄漏电阻 R_a。这样，压电式传感器在测量系统中的实际等效电路如图 5-8 所示。

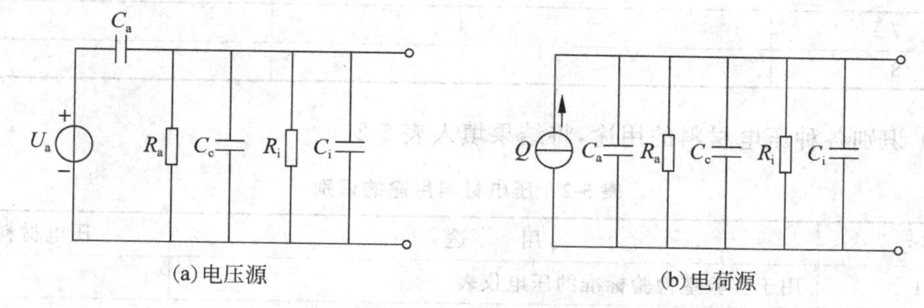

图 5-8 压电式传感器的实际等效电路

压电式传感器本身的内阻抗很高，而输出能量较小，因此要求后面与它配接的测量电路需要接入一个高输入阻抗前置放大器。

前置放大器有两个作用：一是把它的高输出阻抗变换为低输出阻抗；二是放大传感器输出的微弱信号。由于压电式传感器的输出可以是电压源，也可以是电荷源，因此，前置放大器也有两种形式：电压放大器和电荷放大器。

目前多采用电荷放大器，它是一个电容负反馈高放大倍数运算放大器，其等效电路如图 5-9所示。

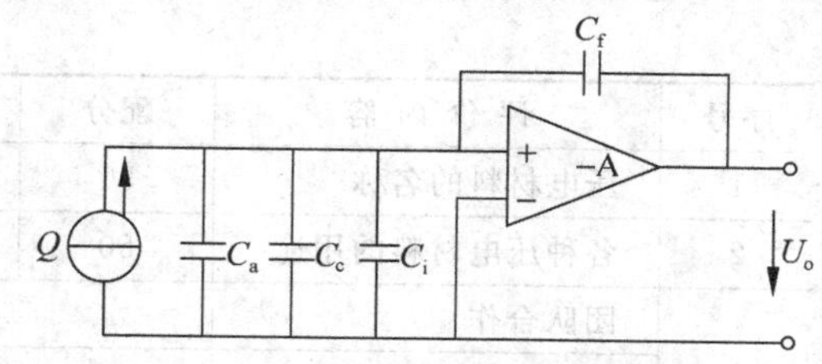

图 5-9 电压元件接电荷放大器等效电路

技能训练

1. 训练目的

认识各种压电材料，认识压电式传感器。

2. 训练器材

石英晶体、压电陶瓷、压电薄膜、压电半导体等多种压电材料。

3. 训练内容与步骤

（1）识别各种压电材料并填入表 5-1。

表 5-1 压电材料的识别

序号	材料名称	适用范围
1		
2		
3		
4		
5		
6		
7		
8		

(2) 识别各种压电材料的用途，将结果填入表 5-2。

表 5-2 压电材料用途的识别

序号	用　途	压电材料
1	用于实验室检验标准的压电仪表	
2	能制成薄膜，粘贴在一个微小探头上，用于测量人的脉搏	
3	高灵敏度压电加速度传感器中，测量微小振动	

任务评价

序号	评价内容	配分	扣分要求	得分
1	压电材料的名称	50	书写要正确、规范，写错一个字，扣 5 分	
2	各种压电材料的用途	50	每种压电材料的用途不能识别，扣 5 分	
3	团队合作			
	小组评价			
	教师评价			
	时间：30min	个人成绩：		

知识拓展

压电材料现状

1. 压电薄膜

压电薄膜(Piezo Film)是一种柔性、很薄、质轻、高韧度塑料膜，可制成多种厚度和较大面积的阵列元件。作为一种高分子功能传感材料，在同样的受力条件下，压电薄膜输出信号比压电陶瓷高，具有动态范围宽、低声阻抗、弹性高、柔顺性好、灵敏度高，以及可耐受强电场作用、高稳定性、耐潮湿、易加工、易安装等特点。图 5-10 所示为几种常见的压电薄膜元件。

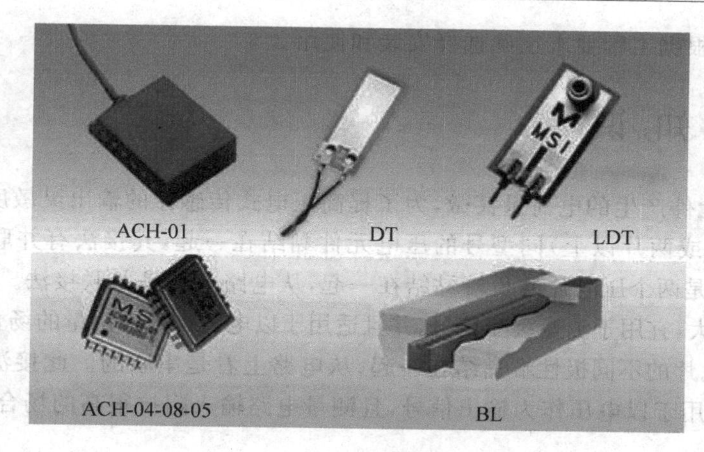

图 5-10 压电薄膜元件

2. 细晶粒压电陶瓷

以往的压电陶瓷是由几微米至几十微米的多畴晶粒组成的多晶材料，其尺寸已不能满足需要。减小粒径至亚微米级，可以改进材料的加工性，将基片做得更薄，以提高阵列频率，降低换能器阵列的损耗，提高器件的机械强度，减小多层器件每层的厚度，从而降低驱动电压，这对提高叠层变压器、制动器的性能都是有益的。近年来，人们用细晶粒压电陶瓷进行了切割研磨研究，制作出一些高频换能器、微制动器及薄型蜂鸣器（瓷片 20～30μm 厚），证明了细晶粒压电陶瓷的优越性。随着纳米技术的发展，细晶粒压电陶瓷材料的研究和应用开发仍是热点。

3. $PbTiO_3$ 系压电材料

$PbTiO_3$ 系压电陶瓷是最适合制作高频高温压电陶瓷元件。虽然存在 $PbTiO_3$ 陶瓷烧成难、极化难、制作大尺寸产品难的问题，人们还是在改性方面做了大量工作，以改善其烧结性，抑制晶粒长大，从而得到各个晶粒细小、各向异性的改性 $PbTiO_3$ 材料。近几年，改良 $PbTiO_3$ 材料报道较多，在金属探伤、高频器件方面得到了广泛应用。目前该材料的发展和应用开发仍是许多压电陶瓷工作者关心的课题。

4. 压电陶瓷—高聚物复合材料

无机压电陶瓷和有机高分子树脂构成的压电复合材料，兼备无机和有机压电材料的性能，并能产生两相都没有的特性。因此，可以根据需要，综合两相材料的优点，制作性能良好的换能器和传感器。它的接收灵敏度很高，比普通压电陶瓷更适合于水声换能器。在其他超声波换能器和传感器方面，压电复合材料也有较大优势。

任务 5.2 压电式传感器的应用

任务分析

本任务主要介绍常用的压电式传感器的应用。通过学习，了解生活、工业中常用的压电传感器，并能根据工程要求正确选择安装和使用。

单片压电元件产生的电荷量甚微，为了提高压电式传感器的输出灵敏度，在实际应用中常采用两片（或两片以上）同型号的压电元件黏结在一起，其接法有并联和串联两种。图 5-11(a)所示是两个压电片的负端黏结在一起，从电路上看是并联接法。此接法输出电荷大，时间常数大，宜用于测量缓变信号，并且适用于以电荷作为输出量的场合。图 5-11(b)所示是两个压电片的不同极性端黏结在一起，从电路上看是串联的。此接法输出电压大，本身电容小，适用于以电压作为输出信号，且测量电路输入阻抗很高的场合。

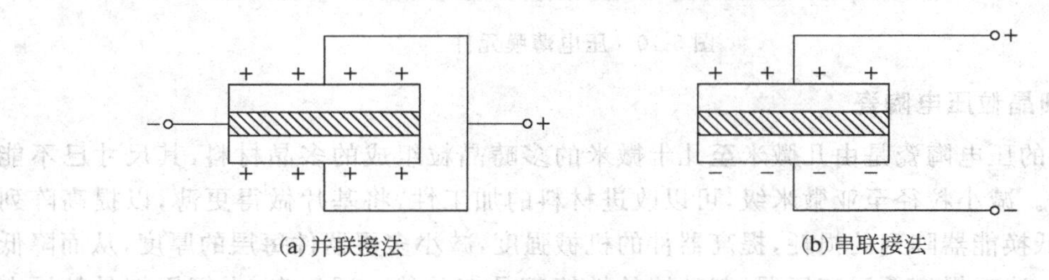

图 5-11 压电元件连接方式

压电式传感器具有体积小、重量轻、结构简单、测量频率范围宽等特点，是应用较广的力传感器，但不能测频率太低的被测量，特别是不能测量静态量，目前主要用于脉动力、冲击力、振动等动态参数的测量。下面介绍几种常用的压电式传感器。

1. 压电式玻璃破碎报警装置

玻璃破碎时会发出几千赫甚至高于 20kHz（超声波）的振动。把高分子压电薄膜粘贴在玻璃上，可以感受到这一振动，并可将电压信号传送给集中报警系统。由于它只对高频的玻璃破碎声音进行有效检测，因此不会因受到玻璃本身的振动而引起反应。该报警器广泛用于玻璃门、窗的防护上。图 5-12 所示是其工作原理框图，图 5-13 所示为常见玻璃破碎报警器。

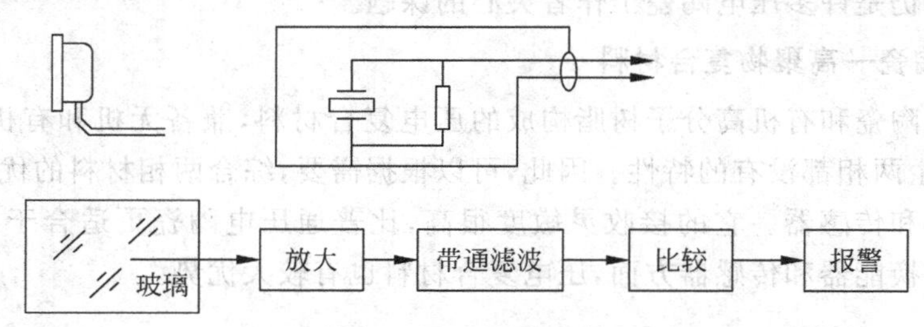

图 5-12 玻璃破碎报警器测量原理图

2. 压电式换能器

压电式换能器采用压电薄膜作为换能材料，动态压力信号通过薄膜变成电荷量，再经传感器内部放大电路转换成电压输出。以图 5-14 所示的电子血压计为例，它利用压电换能器接收血管的压力，当气囊加压紧压血管时，因外加压力高于血管舒张压力，压电换能

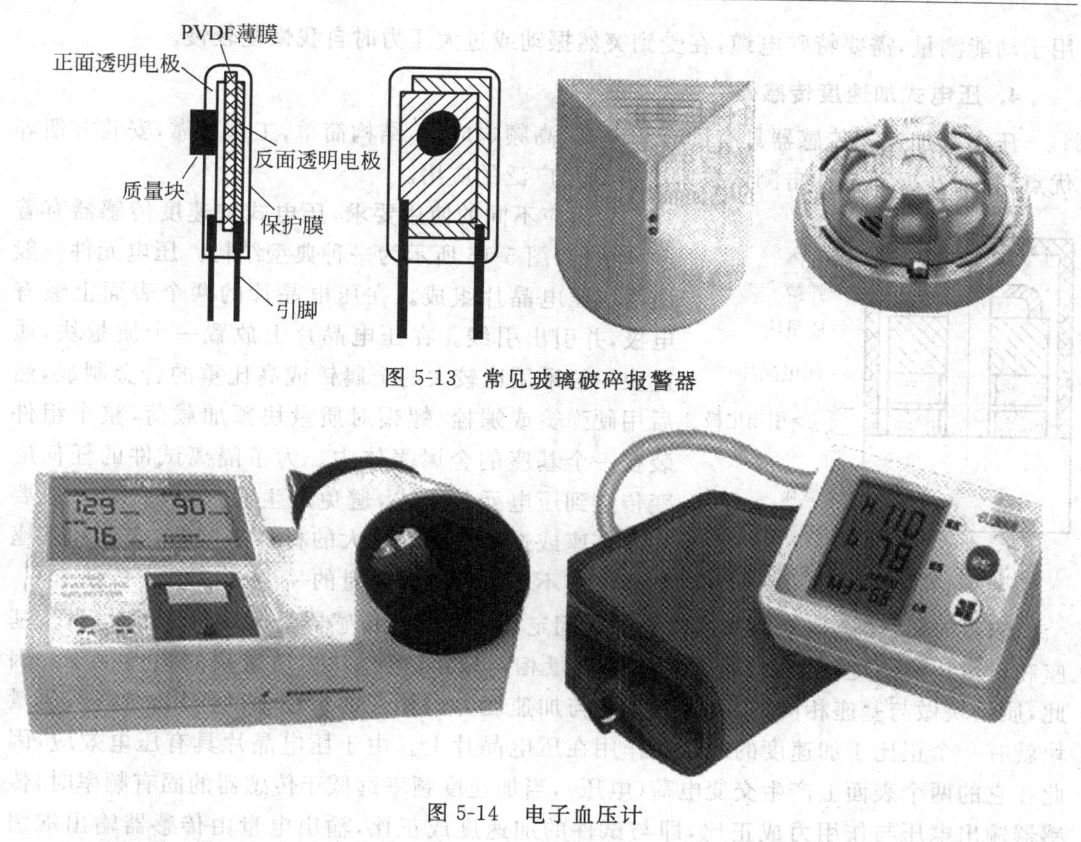

图 5-13　常见玻璃破碎报警器

图 5-14　电子血压计

器感受不到血管的压力；而当气囊逐渐泄气，压电换能器对血管的压力随之减小到某一数值时，二者的压力达到平衡，此时压电换能器就能感受到血管的压力，该压力即为心脏的收缩压，再通过放大器发出指示信号，给出血压值。电子血压计由于取消了听诊器，减轻了医务人员的劳动强度。

3. 压电式压力传感器

压电式压力传感器利用压电材料所具有的压电效应制成。由于压电材料的电荷量是一定的，所以在连接时要特别注意，避免漏电。根据使用要求不同，压电式测压传感器有不同的结构形式。按弹性敏感元件和受力机构的形式可分为膜片式和活塞式两类。图 5-15 所示为膜片式测压传感器简图。它由引线、壳体、基座、压电晶片、受压膜片及导电片组成。压电元件支撑于壳体上，当膜片受到压力 P 作用后，在压电晶片上产生电荷。此电荷经电荷放大器和测量电路放大和变换阻抗后，成为正比于被测压力的电信号。压电式压力传感器的优点是具有自生信号，输出信号大，有较高的频率响应，体积小，结构坚固；其缺点是只能

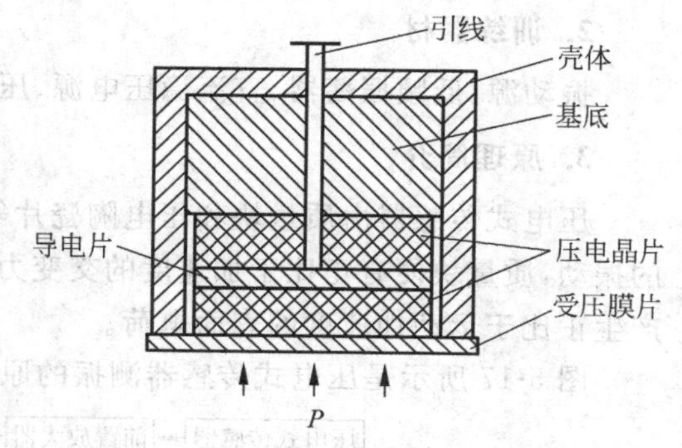

图 5-15　膜片式测压传感器简图

用于动能测量，需要特殊电缆，在受到突然振动或过大压力时自我恢复较慢。

4. 压电式加速度传感器

压电式加速度传感器具有固有频率高，高频响应好，结构简单，工作可靠，安装方便等优点，目前在振动与冲击测试技术中得到很广泛的应用。

为适应不同的使用要求，压电式加速度传感器有着多种结构，图 5-16 所示为一种典型结构。压电元件一般由两块压电晶片组成。在压电晶片的两个表面上镀有电极，并引出引线。在压电晶片上放置一个质量块，质量块一般采用比较大的金属钨或高比重的合金制成，然后用硬弹簧或螺栓、螺帽对质量块预加载荷，整个组件装在一个基座的金属壳体中。为了隔离试件的任何应变传送到压电元件上去，避免产生假信号输出，一般要加厚基座或选用由刚度较大的材料来制造，壳体和基座的重量差不多占传感器重量的一半。

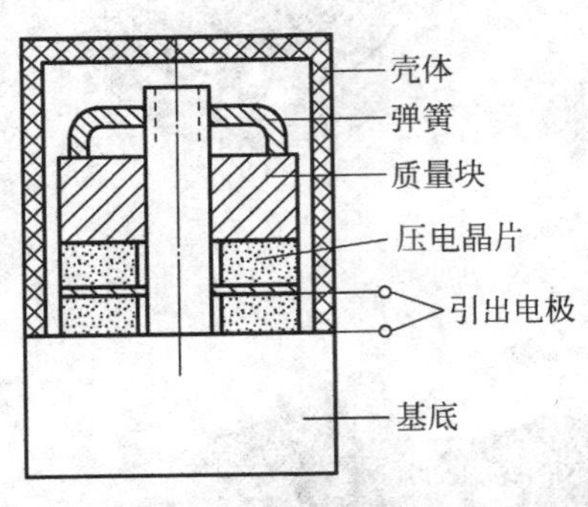

图 5-16 压电式加速度传感器

测量时，将传感器基座与试件刚性地固定在一起。当传感器受振动力作用时，由于基座和质量块的刚度相当大，而质量块的质量相对较小，可以认为质量块的惯性很小。因此，质量块做与基座相同的运动，并受到与加速度方向相反的惯性力的作用。这样，质量块就有一个正比于加速度的应变力作用在压电晶片上。由于压电晶片具有压电效应，因此在它的两个表面上产生交变电荷（电压），当加速度频率远低于传感器的固有频率时，传感器输出电压与作用力成正比，即与试件的加速度成正比，输出电量由传感器输出端引出，输入到前置放大器后就可以用普通的测量仪器测试出试件的加速度；如果在放大器中加进适当的积分电路，就可以测试试件的振动速度或位移。

技能训练

1. 训练目的

了解压电式传感器测量振动的原理和方法。

2. 训练器材

振动源、低频振荡器、直流稳压电源、压电式传感器、低通滤波模块和双踪示波器。

3. 原理简介

压电式传感器由质量块和压电陶瓷片等组成。测量时，传感器感受与试件相同频率的振动，质量块便有正比于加速度的交变力作用在压电陶瓷上。由于压电效应，压电陶瓷产生正比于运动加速度的表面电荷。

图 5-17 所示是压电式传感器测振的原理框图。

压电式传感器 → 前置放大器 → 放大器 → 低通滤波器 → 示波器

图 5-17 压电式传感器测振的原理框图

4. 训练内容与步骤

(1) 将压电式传感器装在振动台面上。

(2) 将低频振荡器信号接到台面电源板振动源的“低频输入源”插孔。

(3) 按图 5-18 所示接线。将压电式传感器输出两端插入压电式传感器实验模板的两个输入端,如图 5-19 所示,将屏蔽线接地。将压电式传感器实验模板电路输出端 U_{o1} 接入放大器 IC_2,将放大器输出 U_{o2} 接入低通滤波器输入端 U_i,低通滤波器输出 U_o 与示波器相连。

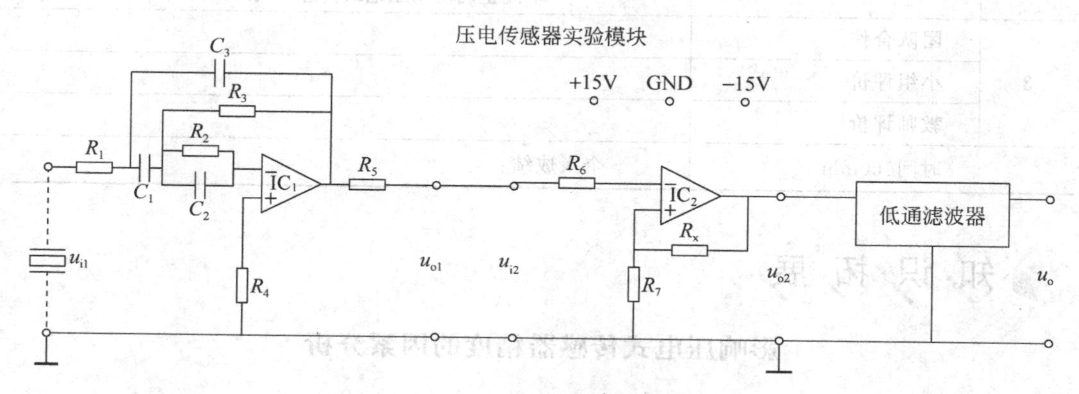

图 5-18 压电式传感器振动原理图

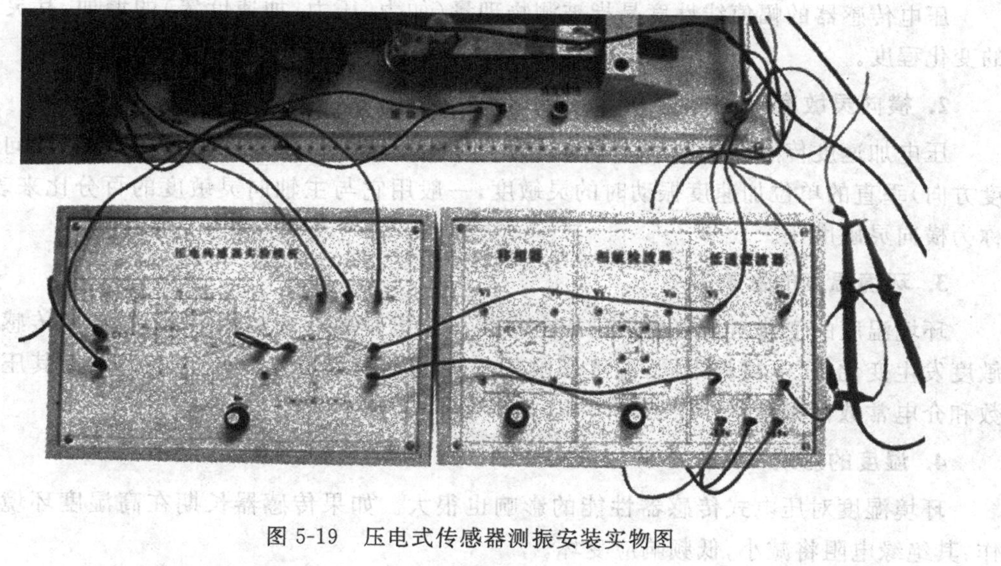

图 5-19 压电式传感器测振安装实物图

(4) 合上主控台电源开关,调节低频调幅到最大,并调节低频调频到适当位置,使振动台振动(达到共振)。

(5) 用示波器的两个通道同时观察低通滤波器输入端和输出端波形。

(6) 改变低频振荡器频率,观察波形变化,并记录下来。

任务评价

序号	评价内容	配分	扣分要求	得分
1	压电式传感器的识别	40	每种传感器不能完全识别，扣5分	
2	使用压电式传感器	60	步骤操作不规范，每次扣2分 不能正确使用压电式传感器，扣30分	
3	团队合作			
	小组评价			
	教师评价			
	时间:60min	个人成绩:		

知识拓展

影响压电式传感器精度的因素分析

1. 线性度

压电传感器的幅值线性度是指被测物理量(如力、压力、加速度等)的增加，其灵敏度的变化程度。

2. 横向灵敏度

压电加速度传感器的横向灵敏度是指当加速度传感器感受到与其主轴向(轴向灵敏度方向)垂直的单位加速度振动时的灵敏度，一般用它与主轴向灵敏度的百分比来表示，称为横向灵敏度比。

3. 环境温度的影响

环境温度的变化对压电材料的压电常数和介电常数的影响都很大，它将使传感器灵敏度发生变化，压电材料不同，温度影响的程度也不同。当温度低于400℃时，其压电常数和介电常数都很稳定。

4. 湿度的影响

环境湿度对压电式传感器性能的影响也很大。如果传感器长期在高湿度环境下工作，其绝缘电阻将减小，低频响应变坏。

5. 安装差异与基座应变

在应用中，压电式传感器总是要通过一定的方式紧密安装在被测试件上进行接触测量。由于传感器和被测试件都是质量—弹簧系统，通过安装连接后，两者将相互影响固有的机械特性(固有频率)。安装方式的不同，安装质量的差异，对传感器频响特性影响很大。因此在应用中应注意：①要保证传感器的敏感轴向与受力方向的一致性不因安装而遭到破坏，以避免产生横向灵敏度；②应根据承载能力和频响特性所要求的安装谐振频率，选择合适的安装方式；③只有当传感器质量远小于试件质量时，试件对传感器的耦合影响或传感器对试件的负载影响可减至最小。因此，对刚度、质量和接触面小的试件，只能用微小型压电式传感器来测量。

6. 接地回路噪声

在测试系统中接有多种测量仪器，如果各仪器与传感器分别接地，各接地点又有电位差，这便在测量系统中产生噪声。防止这种噪声的有效办法是整个测量系统在一点接地，而且选择指示器的输入端为接入点。

项目学习总结表

姓名		班级			
实践项目		实践时间			
实践学习内容和体会					
小组意见					
	组长		成绩评定等级		
指导教师意见					
	指导教师		成绩评定等级		
备注：					

思考与练习

1. 什么是压电效应？
2. 常用压电材料有哪些？
3. 什么是压电陶瓷的极化处理？压电式传感器的测量电路有哪些？
4. 压电式传感器有哪些方面的应用？如何选用压电式传感器？
5. 压电式传感器有哪些特点？

6

项目

PROJECT 6

光电式传感器

【项目分析】

本项目主要包括光电式传感器的认识和使用。通过完成这些任务，可以达到如下目标。

(1) 了解光电式传感器的原理；

(2) 熟悉光电元件；

(3) 能正确使用常用的光电式传感器。

光电式传感器是各种光电检测系统中实现光电转换的关键元件。光电式传感器以光电元件作为检测元件，首先把被测量的变化转变为光信号的变化，然后借助光电元件进一步将光信号转换成电信号，再由检测电路识别控制。

任务 6.1 认识光电式传感器

任务分析

本任务主要介绍常用的光电式传感器。通过学习，认识光电式传感器，了解光电式传感器的原理、分类，能对光电元件进行检测。

相关知识

光电式传感器是将光能转化为电能的一种传感器，它一般由光源、光学通路和光电元件三部分组成。光电式传感器具有结构简单、精度高、响应速度快、非接触等优点，故广泛应用于各种检测技术中。但光电式传感器存在光学器件和电子器件价格较贵，并且对测量的环境条件要求较高等缺点。近年来新型的光电式传感器不断涌现，如光纤传感器、CCD图像传感器等，使光电式传感器得到进一步发展。图6-1所示为常用光电式传感器。

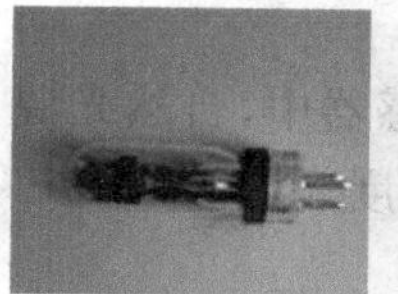
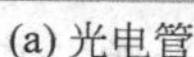
(a) 光电管

(b) 光电倍增管

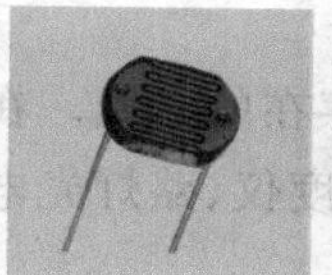
(c) 光敏电阻

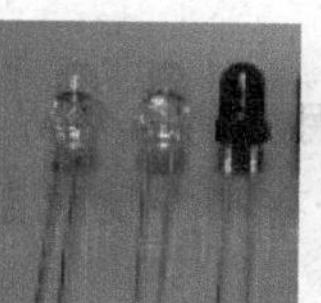
(d) 光敏二极管

(e) 光敏三极管

(f) 光电池

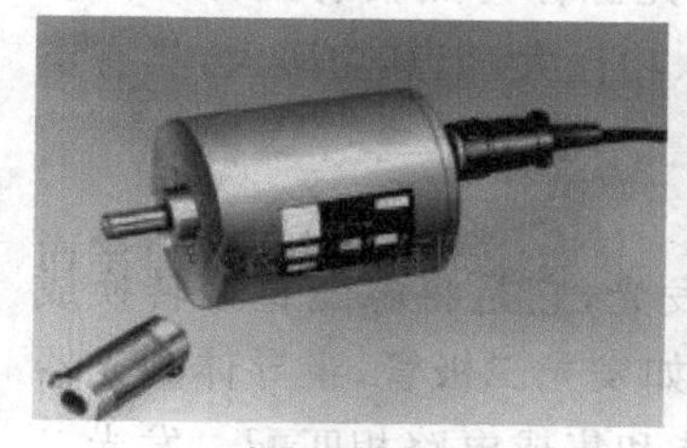
(g) 光电式转速传感器

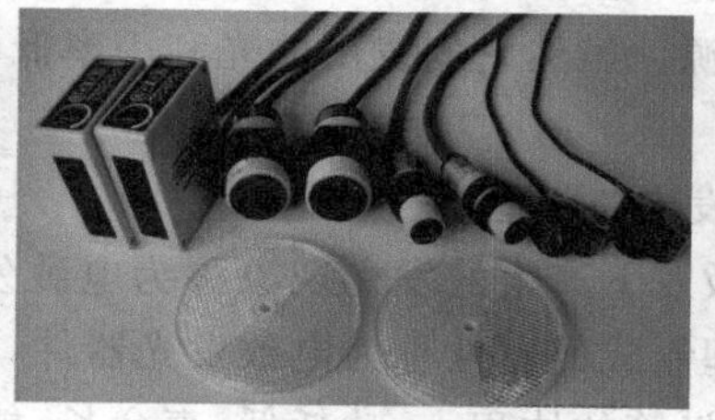
(h) 反射型光电式传感器

(i) 光电式鼠标

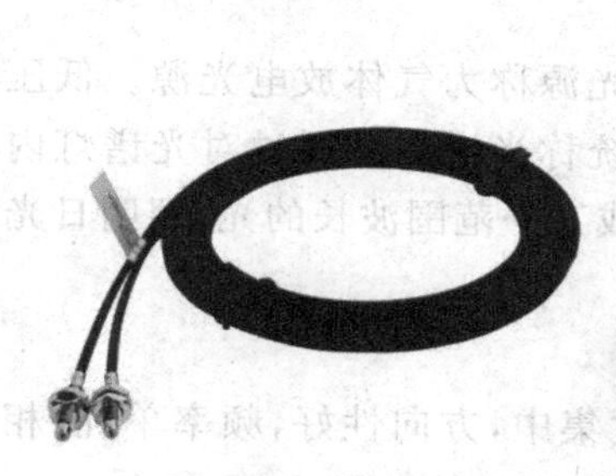
(j) 光纤传感器

(k) CCD传感器产品扫描仪

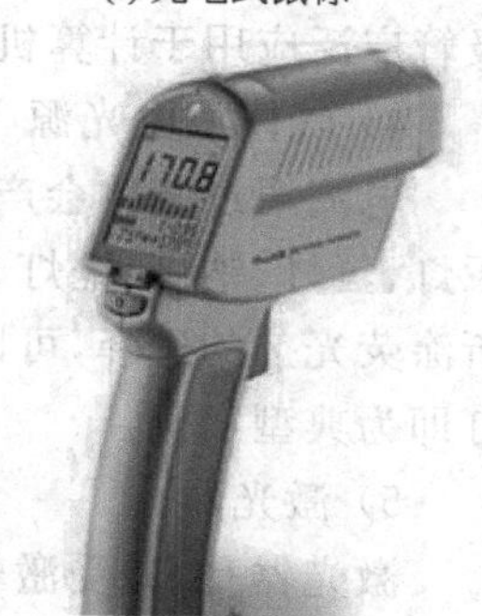

(l) 红外温度计

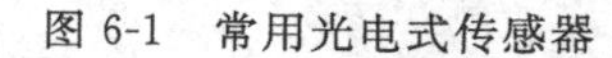
图6-1 常用光电式传感器

1. 光电效应

作为光电式传感器的检测对象，有可见光、不可见光，其中不可见光有紫外线、近红外线等。另外，光的不同波长对光电式传感器的影响各不相同。因此要根据被检测光的性质，即光的波长和响应速度来选用相应的光电式传感器。

光电式传感器的工作原理是基于不同形式的光电效应。光电效应就是光电材料（或物质）在吸收了光能后而发生相应电效应的物理现象。

光电效应通常分为以下三类。

(1) 在光线作用下，能使电子逸出物体表面的现象称为外光电效应。基于外光电效应的光电元件有光电管、光电倍增管等。

(2) 在光线作用下，能使物体的电阻率发生改变的现象称为内光电效应。基于内光电效应的光电元件有光敏电阻、光敏二极管、光敏三极管、光敏晶闸管等。

(3) 在光线作用下，物体产生一定方向电动势的现象称为光生伏特效应。基于光生伏特效应的光电元件有光电池等。

其中，第一类光电元件属于真空管元件，第二、三类属于半导体元件。

2. 常用光源

1）自然光源

自然光源包括太阳光、月光等自然界存在的光线。在许多光电式传感器中，自然光源应用非常广泛。典型的例子有高温比色温度仪、路灯光电控制开关、光照度表等。

2）热辐射光源

热物体都会向空间发出一定的光辐射，基于这种原理的光源称为热辐射光源。白炽灯、卤钨灯等都属于此种光源。虽然它们发出的光利用率低、功耗大，但其功率大，具有丰富的红外线。

3）电致发光器件——发光二极管

固体发光材料在电场激发下产生的发光现象称为电致发光，它是将电能直接转换成光能的过程。利用这种原理制成的器件称为电致发光器件，如发光二极管、半导体激光器等。和白炽灯相比，发光二极管的体积小、功耗低、寿命长，能和集成电路相匹配。发光二极管广泛应用于计算机和测控设备。

4）气体放电光源

电流通过气体会产生发光现象，利用这种原理制成的光源称为气体放电光源。低压汞灯、氢灯、钠灯、镉灯、氦灯等是光谱仪器中常用的电源，统称光谱灯。通过对光谱灯内所涂荧光剂的选择，可以使气体放电灯发出某一特定波长或某一范围波长的光，照明日光灯即为典型实例。

5）激光器

激光器是“光受激辐射放大器”的缩写。它的能量高度集中，方向性好，频率单纯，相干性好，是很理想的光源。特别是半导体激光器，更适合于光敏元件匹配。

3. 光电元器件

光电元件是光电式传感器中最重要的部件，常见的有真空光电元件和半导体光电元件两大类。

1）光电管、光电倍增管

光电管、光电倍增管是利用外光电效应制成的光电元件。

（1）光电管。

图 6-2 列出了几种常见光电管，光电管的结构示意图如图 6-3(a)所示。真空玻璃壳内封装着半圆筒形金属片制成的阴极 K 和位于正中轴心的金属丝制成的阳极 A，光电阴极涂有光敏材料。

光电管符号及测量电路如图 6-3(b)所示。无光线照射时，电路不通。有光线照射时，阳极电位 A 高于阴极电位 K，在光照频率大于阴极材料红限频率的前提下，当光电管阳极与阴极间加上适当正向电压（约几十伏）时，从阴极表面逸出的电子被具有正电压的阳极所吸引，在光电管中形成电流，称为光电流。

由于阴极材料的逸出功率不同，所以不同材料的光电阴极对不同频率的入射光有不

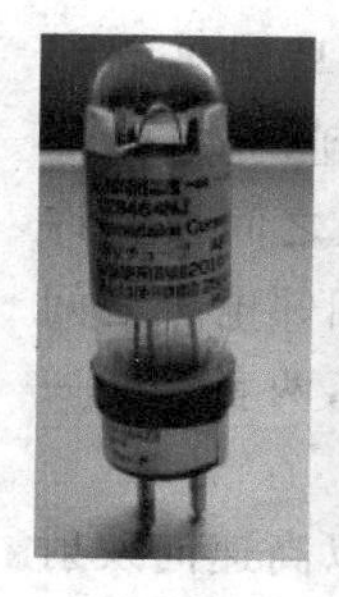

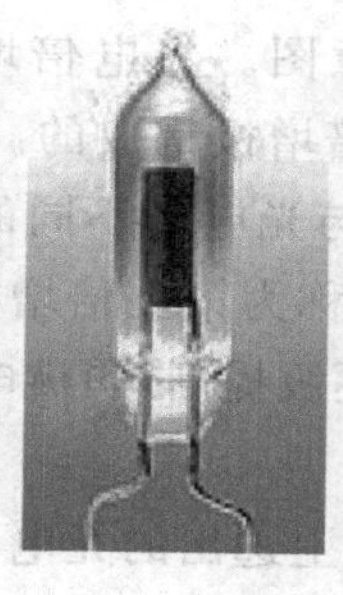

图 6-2 常见光电管

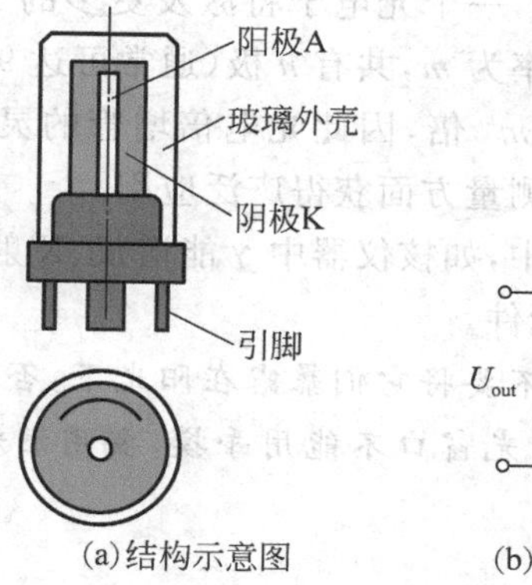

(a) 结构示意图

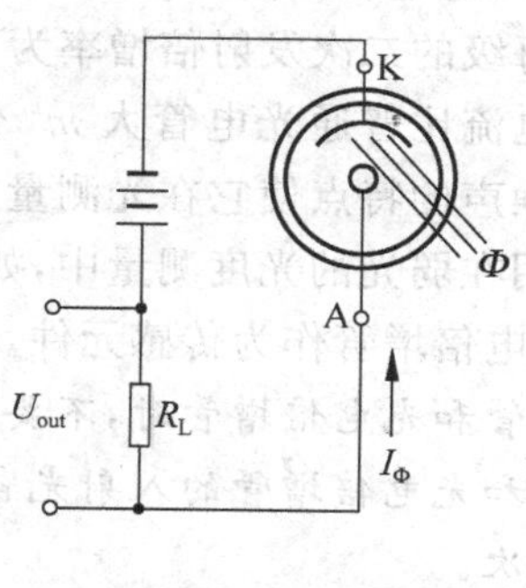

(b) 光电管符号及测量电路

图 6-3 光电管

同的灵敏度。人们可以根据检测对象是红外光、紫外光或可见光来选择不同阴极材料的光电管，以便获得满意的灵敏度。

当用光电管去测量很微弱的入射光时，光电管产生的光电流很小(小于零点几毫安)，不易检测，误差也很大，说明普通光电管的灵敏度不高。这时，可改用灵敏度较高的光电倍增管。

(2) 光电倍增管。

光电倍增管是把微弱的光输入转换成光电子，并使电子获得倍增的电真空器件。它有放大光电流的作用，灵敏度非常高，信噪比大，线性好，多用于微光测量。其外形如图 6-4(a)所示。

(a) 外形

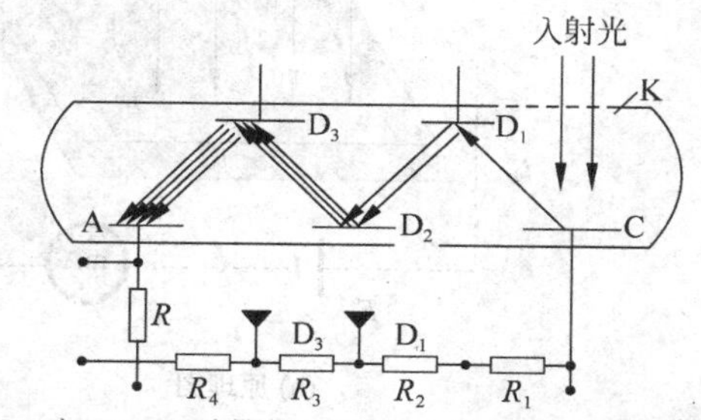

K—窗口；C—光阴极；D_1、D_2、D_3—次电子发射极；
A—阳极； R_1、R_2、R_3、R_4—电阻

(b) 结构示意图

图 6-4 光电倍增管

图 6-4(b)所示为光电倍增管示意图。光电倍增管是在光电管的阴极与阳极之间(光电子飞跃的路程上)安装若干个倍增极构成的。从图 6-4(b)中可以看到,光电倍增管也有一个阴极 K 和一个阳极 A。与光电管不同的是,在它的阴极与阳极之间设置许多二次发射电极 D_1、D_2、D_3、……,又称为第一倍增极、第二倍增极、……,相邻电极之间通常加上 100V 左右的电压,其电位逐级提高,阴极电位最低,阳极电位最高,两者之差一般在 600～1200V。

当微光照射阴极 K 时,从阴极 K 上逸出的光电子在 D_1 的电场作用下,以高速向发射极 D_1 射去,产生二次发射,于是更多的二次发射电子在 D_2 电场的作用下射向第二发射极,激发更多的二次发射电子。如此下去,一个光电子将激发更多的二次发射电子,最后被阳极所收集。若每级的二次发射倍增率为 m,共有 n 极(通常可达 9～11 级),则光电倍增管阳极得到的光电流比普通光电管大 m^n 倍,因此光电倍增管的灵敏度极高。光电倍增管高灵敏度和低噪声的特点使它在光测量方面获得广泛应用。

光电倍增管应用在弱光的光度测量中,如核仪器中 γ 能谱仪、X 射线荧光分析仪等闪烁探测器,都使用光电倍增管作为传感元件。

注意:使用光电管和光电倍增管时,不要将它们暴露在阳光下,否则,过强的日光会损坏光电阴极;光电管和光电倍增管的入射光窗口不能用手摸,要用酒精清洗,正常使用情况下,三个月清洗一次。

2) 光敏电阻

光敏电阻的工作原理是基于内光电效应。

光敏电阻又称光导管,是一种均质半导体光电元件。在半导体光敏材料两端装上电极引线,将其封装在带透明窗的管壳内就构成了光敏电阻,如图 6-5(a)所示。为了增加灵敏度,常将两个电极做成梳状,如图 6-5(b)所示。它具有灵敏度高、光谱响应范围宽、体积小、重量轻、机械强度高、耐冲击、耐振动、抗过载能力强及寿命长等特点。其图形符号如图 6-5(c)所示。

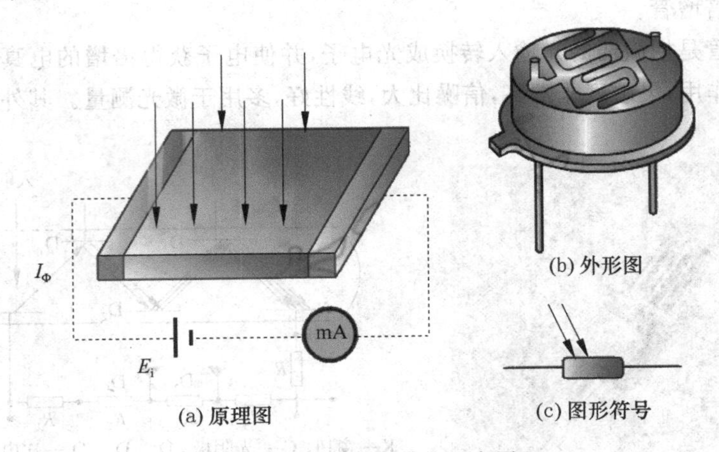

图 6-5 光敏电阻结构示意图

构成光敏电阻的材料有金属的硫化物、硒化物、砷化物等半导体。当光照射到光电导体上时,若该光电导体为本征半导体材料,而且光辐射能量足够强,光导材料价带上的电子将激发到导带上去，使导带的电子和价带的空穴增加，致使光导体的电导率变大。为实现能级跃迁，入射光的能量必须大于光导材料的禁带宽度。光照越强，阻值越低。入射光消失，电子—空穴对逐渐复合，电阻逐渐恢复原值。为了避免外来干扰，光敏电阻外壳的入射孔上盖有一种能透过所要求光谱范围的透明保护窗(例如玻璃)。有时用专门的滤光片作为保护窗。为了避免灵敏度受潮湿的影响，将电导体严密封装在壳体中。

3）光敏晶体管

光敏二极管、光敏三极管、光敏达林顿管(光敏复合管)以及光敏晶闸管等统称为光敏晶体管。它们的工作原理是基于内光电效应。光敏二极管主要用于光度计、照度计、摄像机的露点计、频闪光灯等。光敏三极管的灵敏度比光敏二极管高，但频率特性较差。目前广泛应用于光线通信、红外线遥控器、光电耦合器、控制伺服电动机转速的检测、光电读出装置等场合。光敏晶闸管主要应用于光控开关电路。

(1) 光敏二极管。

光敏二极管的结构与普通半导体二极管一样，都有一个PN结，并且都是单向导电的非线性元件。但作为光敏元件，光敏二极管在结构上有特殊之处，如图6-6所示。光敏二极管的PN结装在管壳的顶部，可以直接受到光的照射。为了大面积受光，提高转换效率，光敏二极管的PN结面积比一般二极管大。

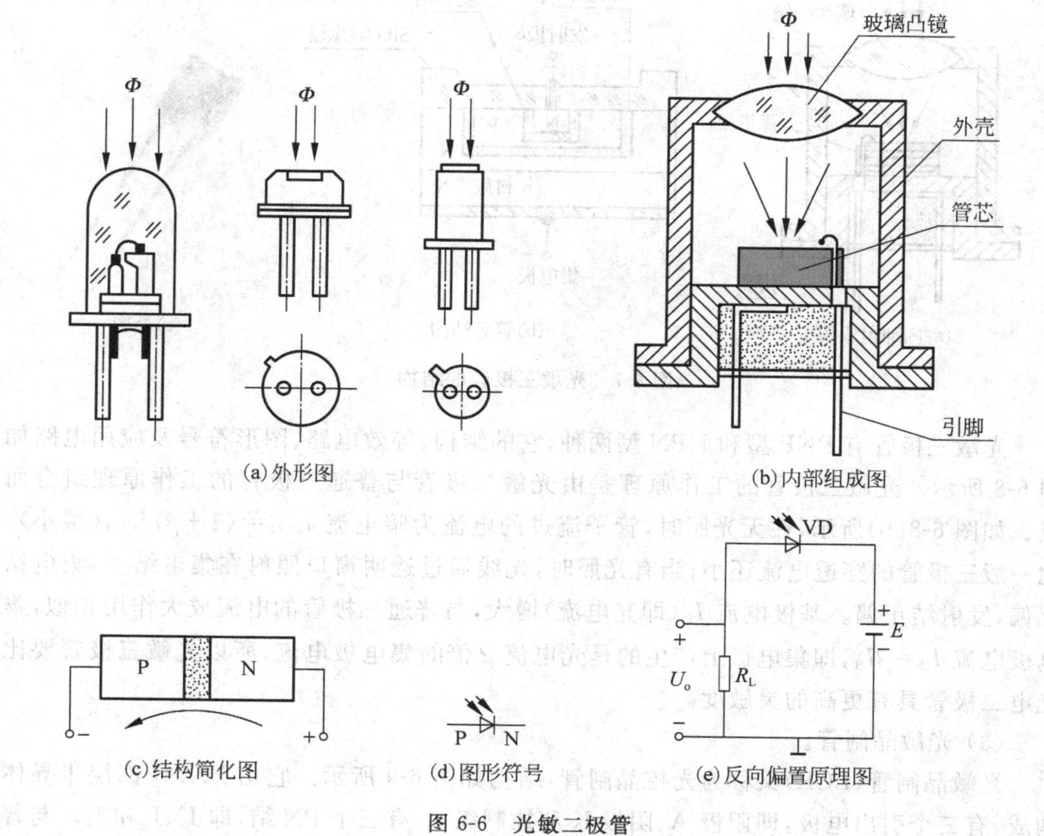

图6-6 光敏二极管

光敏二极管在电路中通常处于反向偏置状态。当没有光照射时，其反向电阻很大，反向电流很小。这种反向电流称为暗电流。当有光照射时，半导体材料吸收光子能量，使电子激发。若能量大于禁带宽度的光子照射在 PN 结空间电荷区附近，在 PN 结两边产生电子—空穴对。这些光生载流子在 PN 结内建电场作用下，各自向相反方向运动，即 P 区的电子穿过 PN 结进入 N 区，N 区的空穴进入 P 区，形成自 N 区向 P 区的光生电流。这样的载流子运动，由于中和部分空间电荷，使内电场势垒降低，从而使正向电流增大。当光生电流和正向电流相等时，PN 结两端建立起稳定的电势差，这就是光生电压。当入射光的强度发生变化时，光生载流子的多少相应地发生变化，通过光敏二极管的电流随之变化，于是在光敏二极管两端的电压也发生变化，光敏二极管就这样将光信号变为电信号。

(2) 光敏三极管。

光敏三极管除了具有光敏二极管能将光信号转换成电信号的功能外，还有对电信号放大的功能。光敏三极管的外形如图 6-7(c)所示。与光电二极管相似，一般光敏三极管只引出两个极——发射极和集电极，基极不引出，管壳同样开窗口，以便光线射入。为增大光照，基区面积做得很大，发射区较小，入射光主要被基区吸收，如图 6-7(a)和(b)所示。

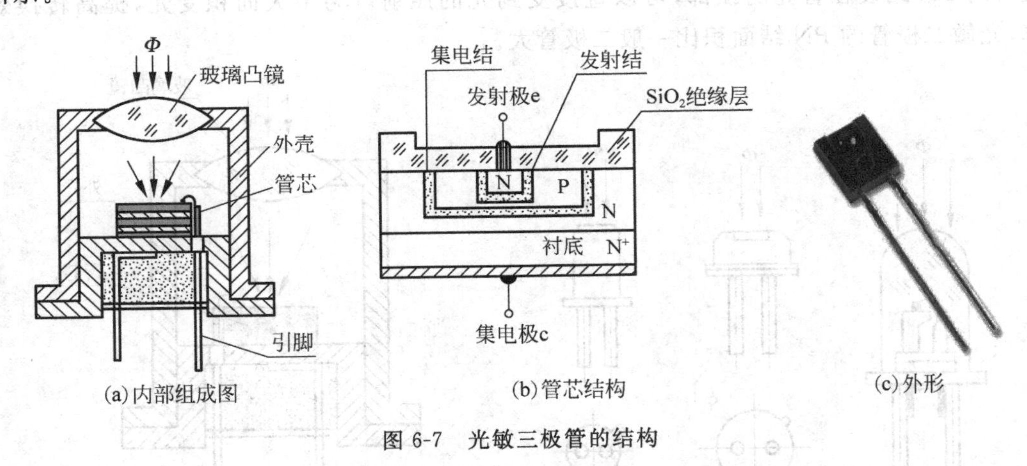

(a)内部组成图　(b)管芯结构　(c)外形

图 6-7　光敏三极管的结构

光敏三极管有 PNP 型和 NPN 型两种，它的结构、等效电路、图形符号及应用电路如图 6-8 所示。光敏三极管的工作原理是由光敏二极管与普通三极管的工作原理组合而成。如图 6-8(b)所示，在无光照时，管子流过的电流为暗电流 $I_{CEO}=(1+\beta)I_{CBO}$(很小)，比一般三极管的穿透电流还小；当有光照时，光线通过透明窗口照射在集电结上，集电结反偏，发射结正偏。基极电流 I_B(即光电流)增大，与普通三极管的电流放大作用相似，集电极电流 $I_C=\beta I_B$，即集电极上产生的是光电流 β 倍的集电极电流，所以光敏三极管要比光电二极管具有更高的灵敏度。

(3) 光敏晶闸管。

光敏晶闸管(LCR)又称为光控晶闸管，结构如图 6-9 所示。它由 PNPN 四层半导体构成，有三个引出电极，即阳极 A、阴极 K 和控制级 G，有三个 PN 结，即 J_1、J_2 和 J_3。与普

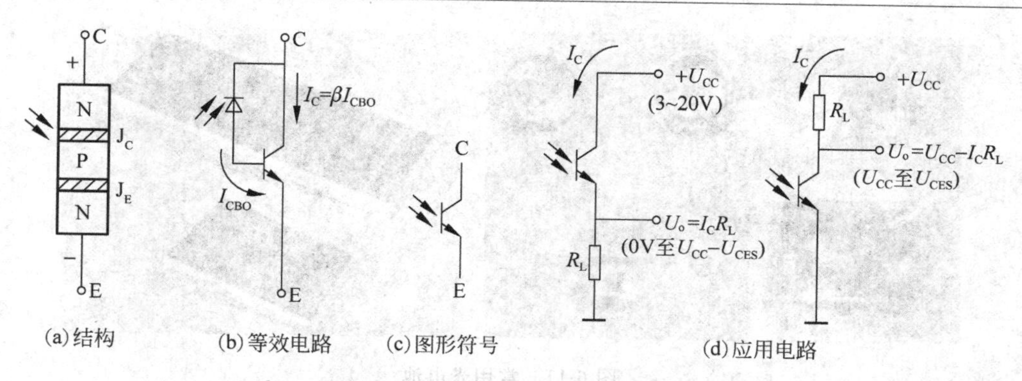

图 6-8 光敏三极管结构、等效电路、图形符号及应用电路

通晶闸管的不同之处是普通晶闸管的门极控制信号为一个外加正向电压，而光敏晶闸管的门极控制信号为光照。

光敏晶闸管的典型应用电路如图 6-10 所示，其阳极接正极，阴极接负极，控制级通过电阻 R_G 与阴极相接。当无光照时，晶闸管在阳极电流小于维持电流或阳极电压过零时关断，晶闸管处于正向阻断状态；当光照射 PN 结时，由光电流控制晶闸管从阻断状态变为导通状态。电阻 R_G 为光敏晶闸管的灵敏度调节电阻。调节 R_G 的大小，可以使晶闸管在设定的照度下导通。

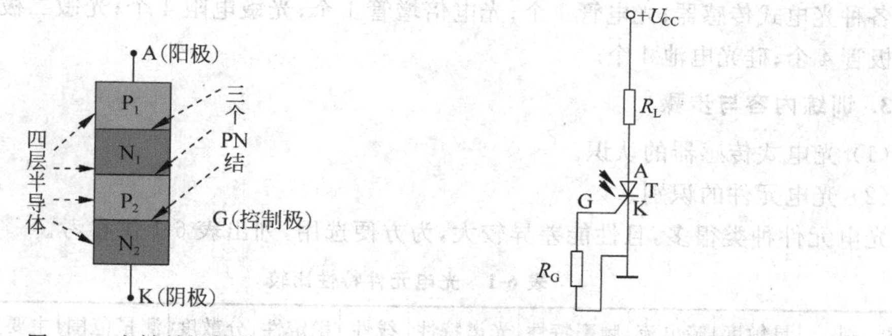

图 6-9 光敏晶闸管的结构　　图 6-10 光敏晶闸管的应用电路

光敏晶闸管工作电压很高，有的可达数百伏，导通电流比光敏三极管大得多，因此输出功率很大，在自动检测控制和日常生活中应用越来越广泛。

4) 光电池

光电池的工作原理基于光生伏特效应。

光电池也称太阳能电池，图 6-11 所示为常见的光电池。当光线照射到光电池上时，可以直接输出光电流。常用的光电池有两种：一种是金属—半导体型；另一种是 PN 结型，如硒光电池、硅光电池及砷化镓光电池等。目前发展最快、应用最广的是单晶硅及非晶硅光电池，其形状有圆形、方形、矩形、三角形或六角形等。硅光电池的频率特性优于硒光电池，其光谱响应峰值波长约为 800nm，适于接收红外光；硒光电池的光谱响应峰值波长为 540nm，适于接收可见光；砷化镓光电池光谱响应特性与太阳光最吻合，适合作为宇航电源。

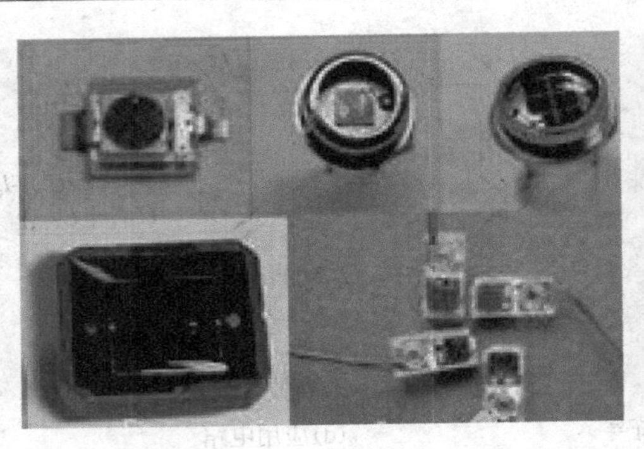

图 6-11　常用光电池

1. 训练目的

(1) 认识光电式传感器。

(2) 了解光电元件,可以完成光电元件的选用。

(3) 掌握光电元件的检测方法。

2. 训练器材

各种光电式传感器;光电管 1 个;光电倍增管 1 个;光敏电阻 4 个;光敏二极管 4 个;光敏三极管 4 个;硅光电池 4 个。

3. 训练内容与步骤

(1) 光电式传感器的认识。

(2) 光电元件的识别。

光电元件种类很多,且性能差异较大,为方便选用,列出表 6-1 供参考。

表 6-1　光电元件特性比较

类　别	灵敏度	暗电流	频率特性	光谱特性	线性	稳定性	分散度	测量范围	主要用途	价格
光敏电阻器	很高	大	差	窄	差	差	大	中	测开关量	低
光电池	低	小	中	宽	好	好	小	宽	测模拟量	高
光敏二极管	较高	大	好	宽	好	好	小	中	测模拟量	高
光敏三极管	高	大	差	较窄	差	好	小	窄	测开关量	中

识别各种光电元件并填写表 6-2。

表 6-2　光电元件的识别

序号	元件名称	效应类型
1		
2		
3		

续表

序号	元件名称	效应类型
4		
5		
6		
7		
8		

3）光电元件的检测

（1）光敏电阻的检测。

① 用一张黑纸片将光敏电阻的透光窗口遮住，此时万用表的指针基本保持不动，阻值接近无穷大。此值越大，说明光敏电阻性能越好。若此值很小或接近零，说明光敏电阻已烧穿损坏，不能继续使用。

② 将一个光源对准光敏电阻的透光窗口，此时万用表的指针应有较大幅度的摆动，阻值明显减小。此值越小，说明光敏电阻性能越好。若此值很大甚至无穷大，表明光敏电阻内部开路损坏，不能继续使用。

③ 将光敏电阻透光窗口对准入射光线，用小黑纸片在光敏电阻的遮光窗上部晃动，使其间断受光，此时万用表指针应随黑纸片的晃动而左右摆动。如果万用表指针始终停在某一位置不随纸片晃动而摆动，说明光敏电阻的光敏材料已经损坏。

（2）光敏二极管的检测。

① 根据外壳上的标记判定其极性，外壳标有色点的管脚或靠近管件的管脚为正极，另一管脚为负极。

② 若无标记，可用黑纸或黑布遮住光敏二极管的光信号接收窗口，然后用万用表的$R\times1k\Omega$欧姆挡测其正、反向电阻。当测正向电阻时，黑表笔接的就是光敏二极管的正极。正常时，正向电阻值在10～200kΩ，反向电阻值大于5MΩ。

③ 表笔不动，去掉遮光黑纸或黑布，使其光信号接收窗口对准光源。正常时，万用表表针应向右偏转，偏转角的大小即阻值变化的大小，说明其灵敏度的高低。偏转角越大，灵敏度越高。

（3）光敏三极管的检测。

① 测量光敏三极管的暗电阻：将光敏三极管的受光窗口用黑纸或黑布遮住，再将万用表置于$R\times1k\Omega$欧姆挡。红表笔和黑表笔分别接光敏三极管的两个管脚。正常时，正、反向电阻均为无穷大。若测出一定阻值或阻值接近零，说明该光敏三极管已漏电或已击穿短路。

② 测量光敏三极管的亮电阻：在暗电阻测量状态下，若将遮挡受光窗口的黑纸或黑布移开，将受光窗口靠近光源，正常时应有15～30kΩ的电阻值，若光敏三极管受光后，其c、e间阻值仍为无穷大或阻值较大，则说明光敏三极管已开路损坏或灵敏度偏低。

（4）硅光电池的检测。

将万用表置于$R\times10k\Omega$欧姆挡，将表笔的正、负极分别与电池的正、负极相连接（表笔与电池极性不能接反)。连接后,万用表显示的正常电阻值应为无穷大。将电池板移至白炽灯台灯下照射。此时,电表显示的电阻值由无穷大降至10～20kΩ,则基本可判断该电池性能良好。

任务评价

序号	评价内容	配分	扣分要求	得分
1	光电元件的名称	20	书写要正确规范,写错一个字,扣5分	
2	光电元件的检测	80	① 步骤操作不规范,每次扣2分 ② 数据不准确,每处扣5分 ③ 每种光电元件不会检测,扣20分	
3	团队合作			
	小组评价			
	教师评价			
时间:60min		个人成绩:		

任务6.2 光电式传感器的应用

任务分析

本任务主要介绍常用光电式传感器的分类。通过学习,了解光电式传感器的各种应用,初步具备识别各类光电式传感器的能力。

相关知识

光电传感器由于非接触、高可靠性等优点,在测量时对被测物体损害小,所以自其发明以来就在测量领域有着举足轻重的地位。光电式传感器可用于检测直接引起光量变化的非电量,如光强、光照度、辐射测量及气体成分分析等;也可以用于检测能转化成光量变化的其他非电量,如直径、表面粗糙度、应变位移、振动、速度、加速度以及物体形状、工作状态的识别等。光电式传感器按其光电元件(光学测控系统)输出量性质分为两类,即模拟式光电传感器和脉冲(开关)式光电传感器。

1. 模拟式光电传感器的应用

模拟式光电传感器将被测量转换成连续变化的光电流,它与被测量间呈单值关系。模拟式光电传感器按被测量(检测目标物体)方法可分为透射(吸收)式、漫反射式、遮光式(光束阻挡)三大类。

(1) 所谓透射式,是指被测物体放在光路中,恒光源发出的光能量穿过被测物,部分被吸收后,透射光投射到光电元件上,典型例子如测液体、气体透明度和混浊度的光电比色计等。

(2) 所谓漫反射式，是指恒光源发出的光投射到被测物上，再从被测物体表面反射后投射到光电元件上，典型例子如光电比色温度计和光照度计等。

(3) 所谓遮光式，是指当光源发出的光通量经被测物时，光遮其中一部分，使投射到光电元件上的光通量改变，改变的程度与被测物体在光路的位置有关，如振动测量、工件尺寸测量。

1) 透射式光电传感器

光电式浊度计原理图如图 6-12 所示。

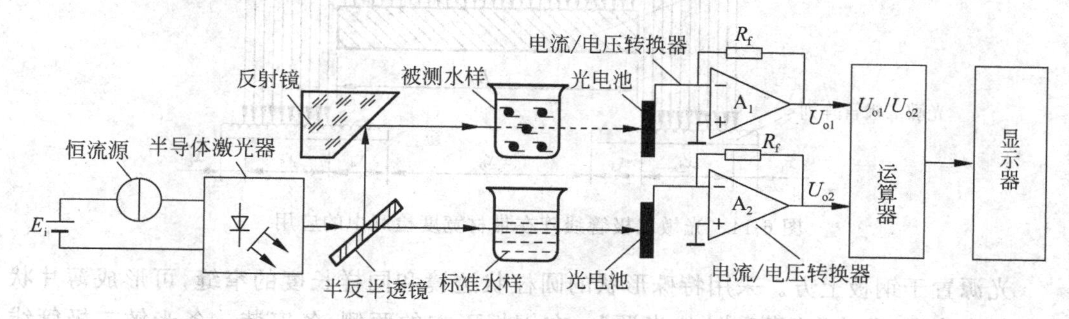

图 6-12 光电式浊度计原理图

光源发出的光线经过半反半透镜分成两束强度相等的光线，一路光线穿过标准水样，到达光电池，产生被测水样浊度的参比信号；另一路光线穿过被测水样品，到达光电池，其中一部分光线被样品介质吸收，被测样品在颜色、成分或浑浊度等某一方面与标准样品不同，样品水样越混浊，光线衰减量越大，到达光电池的光通量就越小。两路光信号均转换成电压信号 U_{o1}、U_{o2}，由运算器计算出 U_{o1}、U_{o2} 的比值，进一步算出被测水样的浊度。

2) 漫反射式光电传感器

在不损坏材料的前提下对材料进行无损检测是很多领域需要处理的问题，采用表面缺陷光电式传感器可进行非接触检测。

表面缺陷光电式传感器工作原理示意图如图 6-13 所示。图 6-13(a)中，被测物体表面平滑时，由光源发射的光线经透镜照射到被测物体表面，其反射光线经透镜恰好入射到光电元件上。被测物体表面有缺陷时，正如图 6-13(b)所示的那样，反射光线偏离原来的光路，无法入射到光电元件，使其发出表面有缺陷的信号。

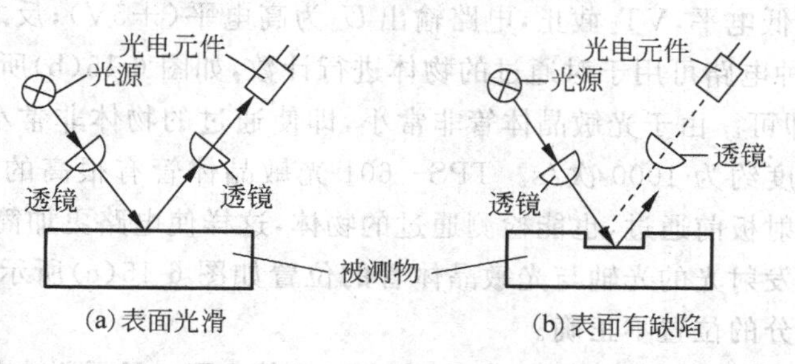

图 6-13 表面缺陷光电式传感器工作原理示意图

3）遮光式光电传感器

光电线阵测量带材的边缘位置宽度如图 6-14 所示。

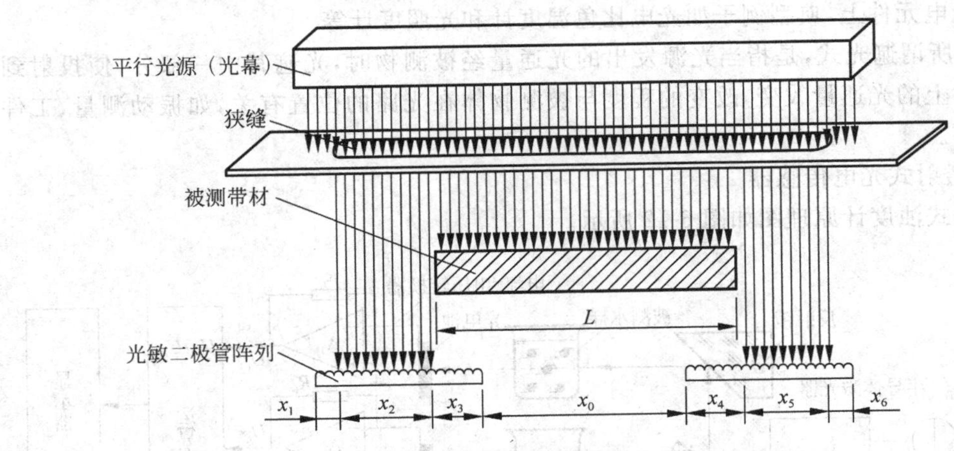

图 6-14 光敏二极管线阵在带材宽度检测中的应用

光源置于钢板上方。采用特殊形状的圆柱状透镜和同样长度的窄缝，可形成薄片状的平行光光源，称为“光幕”或“片光源”。在钢板下方的两侧，各安装一条光敏二极管线阵。钢板阴影区内的光敏二极管输出低电平，亮区内的光敏二极管输出高电平。用计算机读取输出高电平的二极管编号及数目，再乘以光敏二极管的间距，就是亮区的宽度；考虑到光敏线阵的总长度及安装距离 x_0，可计算出钢板的宽度 L 及钢板的位置。

2. 脉冲式光电传感器的应用

在脉冲式光电传感器中，光电元件接收的光信号是断续变化的，因此光电元件处于开关工作状态，它输出的光电流通常只有两种稳定状态，也就是“通”、“断”的脉冲形式的信号，多用于光电计数和光电式转速测量等场合。

1）光电式计数器

图 6-15 所示是采用光敏晶体管的光电式计数器电路。在图 6-15(a)中，光敏晶体管采用 TPS—601，控制电路采用与数字电路相同的＋5V 电源，继电器采用＋12V 电源。若输出＋5V 电压，电路中接入电阻 R_1(3.9kΩ)即可。

在电路中接入电阻 R_1 时，电位器 R_{P1} 设定基准电平。当光敏晶体管输出超过 R_{P1} 设定电平时，A_1 输出低电平，VT_2 截止，电路输出 U_o 为高电平（＋5V）；反之，电路输出 U_o 为低电平(0V)。这种电路可用于对通过的物体进行计数，如图 6-15(b)所示，电路输出脉冲波形接入计数器即可。由于光敏晶体管非常小，即使通过的物体非常小，也能计数，响应速度较快，计数速度约为 1000 次/s。TPS—601 光敏晶体管有很高的灵敏度，不使用光源，物体在白色反射板前通过，也能检测通过的物体，这样使电路更加简单。电路调整时，若是直射光，光源发射光的光轴与光敏晶体管的位置如图 6-15(c)所示，图中上半部分是正确位置，下半部分的位置不正确。

电路接入继电器 K_1 时，触点 K_{1-1} 控制发光二极管 LED，显示继电器 K_1 的动作情况。触点 K_{1-2} 对外电路进行控制。

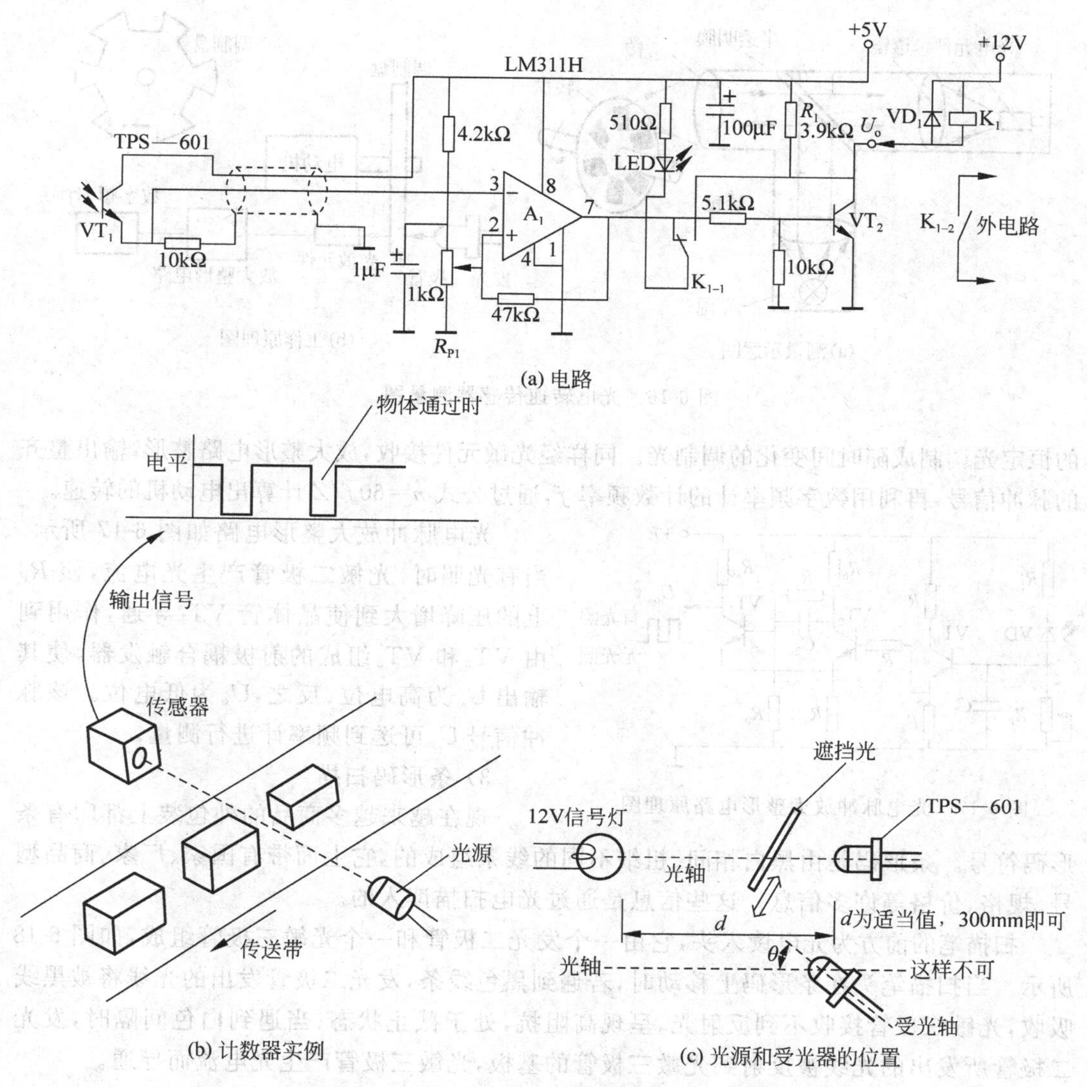

(a) 电路

(b) 计数器实例

(c) 光源和受光器的位置

图 6-15 采用光敏晶体管的光电式计数器电路

2）光电式转速测量

图 6-16 所示是光电转速传感器测量图。这种传感器是利用光电元件的开关特性来工作的。在如图 6-16(a)所示测量示意图中，在电动机的转轴上涂有等间距的 N 个黑白相间的条纹。光源发出的光经透镜、半透明膜和透镜照射到被测物体上。

当光照射到白色标志时，反射光经透镜、半透明膜和透镜入射到光电元件上，使其由不通变为导通；当光照射到黑色标志时，因为没有反射光，光电元件仍为不通。当被测物体旋转时，每对相邻黑、白标志使光电元件由导通变为不通，对应输出一个电脉冲，再经过放大整形电路(见图 6-17)，输出整齐的方波信号，再利用数字频率计的计数频率 f，通过公式 $n=60f/N$ 测出电动机的转速。图 6-16(b)所示是在电动机轴上固定一个齿数为 Z 的调制盘(相当于在电动机轴上黑白相间地涂色)。当电动机转轴转动时，将发光二极管发出

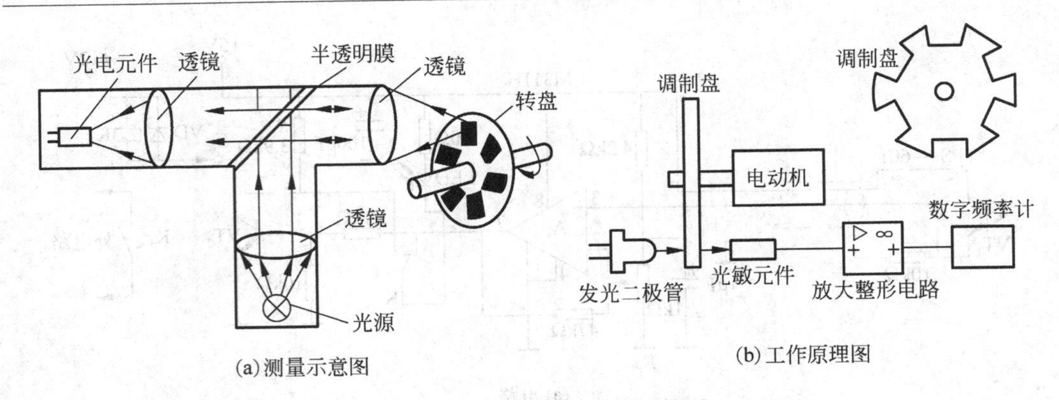

(a) 测量示意图　　(b) 工作原理图

图 6-16　光电转速传感器测量图

的恒定光调制成随时间变化的调制光。同样经光敏元件接收，放大整形电路整形，输出整齐的脉冲信号，再利用数字频率计的计数频率 f，通过公式 $n=60f/Z$ 计算出电动机的转速。

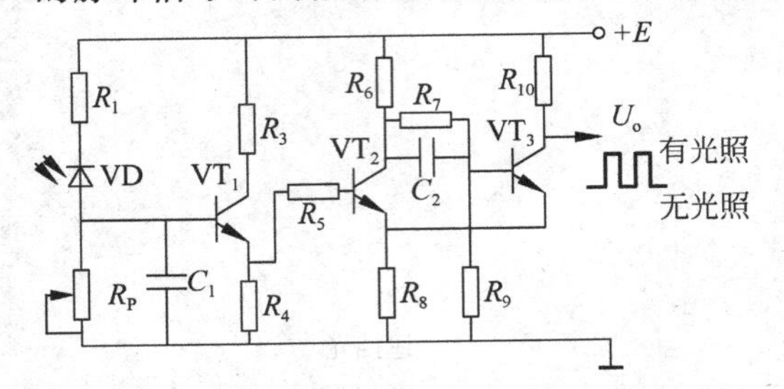

图 6-17　光电脉冲放大整形电路原理图

光电脉冲放大整形电路如图 6-17 所示。当有光照时，光敏二极管产生光电流，使 R_P 上的压降增大到使晶体管 VT_1 导通，作用到由 VT_2 和 VT_3 组成的射极耦合触发器，使其输出 U_o 为高电位；反之，U_o 为低电位。该脉冲信号 U_o 可送到频率计进行测量。

3）条形码扫描

现在越来越多商品的外包装上都印有条形码符号。条形码是由黑白相间、粗细不同的线条组成的，它上面带有国家、厂家、商品型号、规格、价格等许多信息。这些信息是通过光电扫描读入的。

扫描笔的前方为光电读入头，它由一个发光二极管和一个光敏三极管组成，如图 6-18 所示。当扫描笔头在条形码上移动时，若遇到黑色线条，发光二极管发出的光线将被黑线吸收，光敏三极管接收不到反射光，呈现高阻抗，处于截止状态；当遇到白色间隔时，发光二极管所发出的光线被反射到光敏三极管的基极，光敏三极管产生光电流而导通。

整个条形码被扫描笔扫过之后，光敏三极管将条形码变成了一个个电脉冲信号，该信号经放大、整形后形成脉冲列，脉冲列的宽窄与条形码线的宽窄及间隔成对应关系，如图 6-19

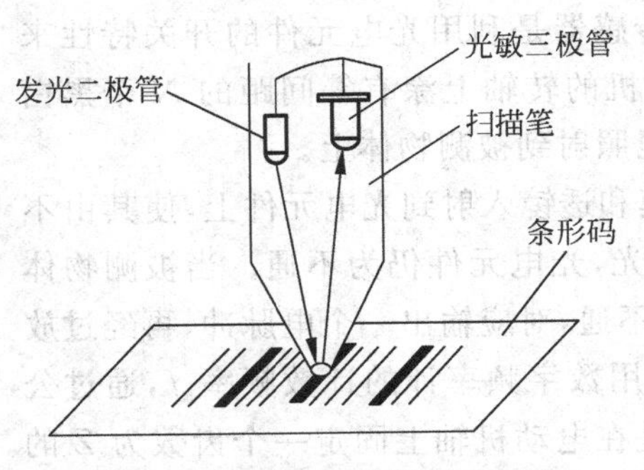

图 6-18　条形码扫描笔笔头结构

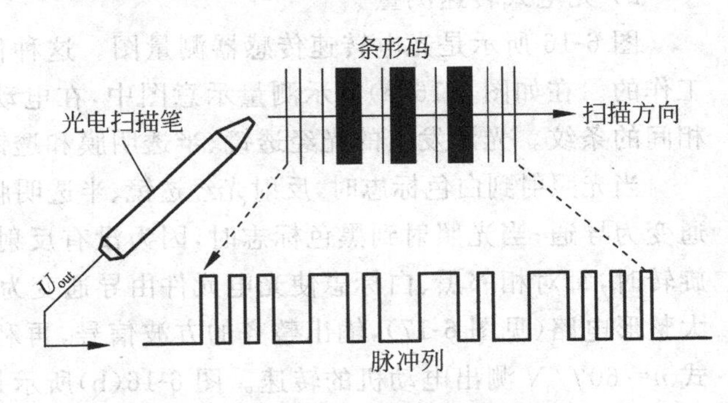

图 6-19　扫描笔输出的脉冲列

所示。脉冲列再经计算机处理后,完成对条形码信息的识读。

4) 光敏电阻调光电路

图 6-20 所示是一种典型的光控调光电路,其工作原理是:当周围光线变弱时,引起光敏电阻阻值增加,使加在电容 C 上的分压上升,使晶闸管的导通角增大,达到增大照明灯两端电压的目的;反之,若周围的光线变亮,则 R_g 的阻值下降,导致晶闸管的导通角变小,照明灯两端电压同时下降,使灯光变暗,实现对灯光照度的控制。

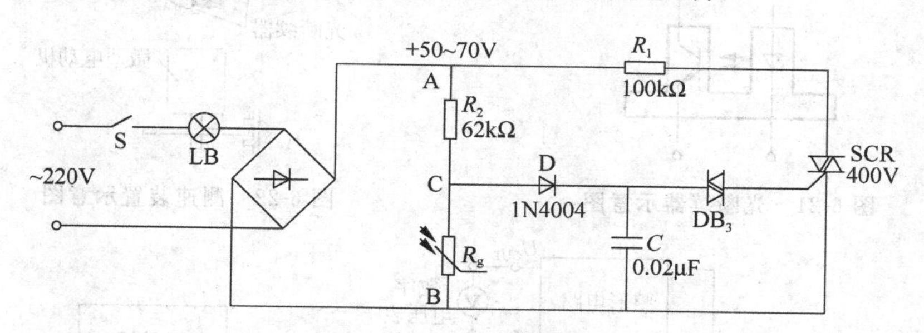

图 6-20 光控调光电路

在上述电路中,整流桥给出的必须是直流脉动电压,不能将其用电容滤波变成平滑直流电压,否则电路将无法正常工作。原因在于直流脉动电压既能给晶闸管提供过零关断的基本条件,又可使电容 C 的充电在每个半周从零开始,准确完成对晶闸管的同步移相触发。

一、光电式传感器的转速测量

1. 训练目的

(1) 了解光电式传感器的基本结构。

(2) 掌握光电式传感器转换电路的工作原理。

(3) 掌握光电式传感器测量转速的原理及方法。

2. 训练器材

光电式传感器、光电式传感器转换电路板、直流稳压电源、频率/转速表、数字电压表、位移台架。

3. 原理简介

光断续器原理如图 6-21 所示。它有一个开口的光耦合器,当开口处被遮住时,光敏三极管接收不到发光二极管的光信号,输出电压为 0,否则有电压输出。

图 6-22 所示为测速装置示意图,其中微型电动机带动转盘在两个成 90°的光断续器的开口中转动,转盘上一半为黑色,另一半透明。转动时,两个光断续器将输出不同相位的方波信号,这两个方波信号经过转换电路中的四个运放器,输出相位差分别为 0°、90°、180°、270°的方波信号,它们的频率都是相同的,其中任意一个方波信号均可输出至频率

表显示频率。方波信号经整形电路后转换为电压信号进行显示，原理如图6-23所示。

微型电动机的转速可调，其电路图如图6-24所示，调节电位器 R_P 可输出0～12V的直流电压。

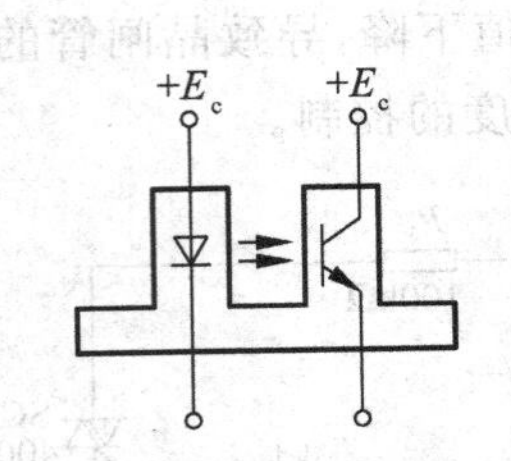

图6-21 光断续器示意图

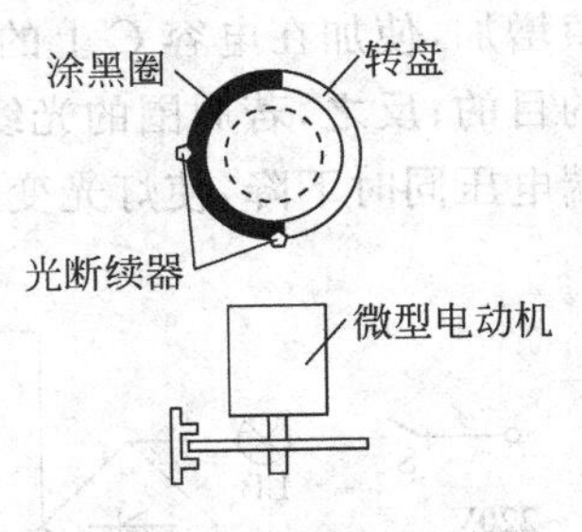

图6-22 测速装置示意图

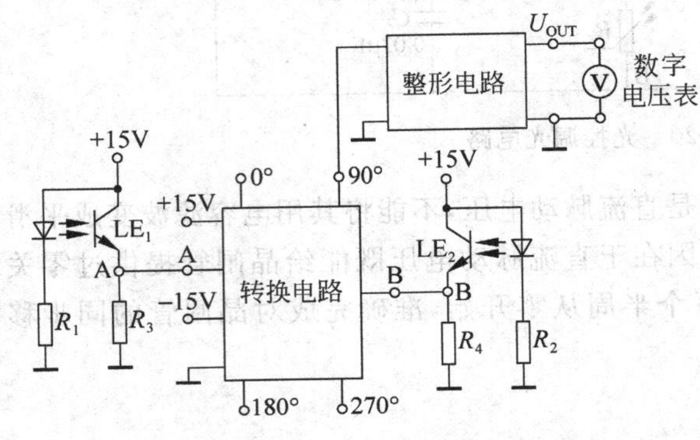

图6-23 光电传感器实验原理图

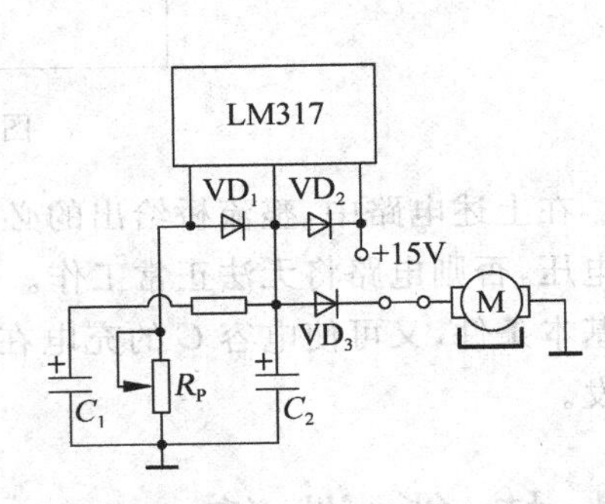

图6-24 电机调速电路图

4. 训练内容与步骤

(1) 固定好位移台架，将光电式传感器置于位移台架上，将传感器上的A、B点与转换电路板上的A、B点相连；转换电路板上的0～12V输出接到传感器上；转换电路的输出 U_{OUT} 接到数字电压表上；0°输出端接至频率表。

(2) 接通电源，调节电位器 R_P 使输出电压从最小逐渐增加到最大，观察数字电压表上显示的电压以及频率表上显示的频率的变化情况。

二、光电式传感器的旋转方向测量实验

1. 训练目的

了解旋转方向的测量方法。

2. 训练器材

光电式传感器、光电式传感器转换电路板、直流稳压电源、频率/转速表、数字电压表、位移台架、双踪示波器。

3. 原理简介

光电式传感器经过转换电路后可输出相位差分别为0°、90°、180°、270°的方波信号。如果电动机的旋转方向改变，这四个方波信号之间的相位关系随之改变，可以根据相位关

系判断电动机的旋转方向。

4. 训练内容与步骤

(1) 按照任务 6.2 中技能训练的步骤连接好实验电路。

(2) 接通电源，调节电位器 R_P 使电动机在一个合适的转速上旋转。

(3) 将双踪示波器 Y_1 探头接 0°输出端，Y_2 探头依次接 90°、180°、270°输出端，观察波形之间的相位关系，并记录波形。

(4) 改变电动机输入电压的方向，重复步骤(3)，并记录波形。

序号	评价内容	配分	扣分要求	得分
1	光电式传感器的转速测量	40	步骤操作不规范，每次扣 2 分 数据不准确，每处扣 5 分	
2	光电式传感器的旋转方向测量	40	步骤操作不规范，每次扣 2 分 数据不准确，每处扣 5 分	
3	波形绘制	20	曲线绘制不正确，扣 5 分 数据不准确，扣 5 分	
4	团队合作			
	小组评价			
	教师评价			
	时间:60min		个人成绩:	

其他光电式传感器简介

1. 色彩传感器

色彩传感器是由单晶硅和非单晶态硅制成的半导体器件。它应用于生产自动化检测装置、图像处理领域，逐渐发展到用于医疗及家用电器设备。色彩传感器在工业生产中(制造业、印刷业、涂料业及化妆品业等)主要用于色差管理、颜色识别、调整及测定。在家用电器上用于彩色电视机的色彩调整及磁带录像摄像机的白色平衡器。

色敏光电式传感器实际上是光电式传感器的一种特殊类型。它是两只结构不同的光电二极管的组合体。

2. 光电耦合器

光电耦合器是由一个发光元件和一个光电式传感器同时封装在一个外壳内组合而成的转换元件。

3. 图像传感器

图像传感器是利用光传感器的光—电转换功能，将其感光面上的光信号图像转换为与之成比例关系的电信号图像的一种功能器件。摄像机、数码相机、彩信手机上使用的固态图像传感器，为 CCD 图像传感器或 CMOS 图像传感器，是两种在单晶硅衬底上设置若干光敏单元与移位寄存器集成制造的功能化的光电转换器件。

CCD 图像传感器是指电荷耦合器件。它由一种高感光度的半导体材料制成，能把光线转变成电荷，通过模/数转换芯片转换成数字信号；数字信号经过压缩处理，通过 USB 接口传输给计算机，并借助于计算机的处理手段，根据需要来修改图像。CCD 光电耦器件的典型输入设备有数码摄像机、数码相机、平板扫描仪、指纹机等。

CMOS 图像传感器是按一定规律排列的互补型金属—氧化物—半导体场效应晶体管(MOSFET)组成的阵列。与 CCD 产品相比，CMOS 是标准工艺制程，可利用现有的半导体设备，不需额外的投资设备，且品质可随着半导体技术的提升而进步。

4. 光纤传感器

光纤传感器是近年来异军突起的一项新技术。光纤传感器具有一系列传统传感器无可比拟的优点，如灵敏度高、响应速度快、抗电磁干扰、耐腐蚀、电绝缘性好、防燃防爆，适于远距离传输，便于与计算机连接，以及与光纤传输系统组成遥测网等。

光纤传感器一般由光源、接口、光导纤维、光调制机构、光电探测器和信号处理系统等部分组成。光纤传感器按照光纤的使用方式可分为功能型传感器和非功能型传感器。

功能型传感器是利用光纤本身的特性随被测量发生变化而制成的。由于功能型传感器利用光纤作为敏感元件，所以又称为传感型光纤传感器。光纤不仅起传光作用，同时是敏感元件。它利用光纤本身的传输特性经被测物理量作用而发生变化的特点，使光波传导的属性(振幅、相位、频率及偏振)被调制。因此，这一类光纤传感器又分为光强调制型、偏振态调制型和波长调制型等几种。

非功能型传感器是利用其他敏感元件来感受被测量变化，光纤仅作为光的传输介质，因此也称为传光型光纤传感器或称混合型光纤传感器。它是将经过被测对象所调制的光信号输入光纤后，通过在输出段进行光信号处理而进行测量的。在这类传感器中，光纤仅作为传光元件，必须附加能够对光纤所传递的光进行调制的敏感元件才能组成传感元件。

项目学习总结表

<table>
<tr><td>姓名</td><td colspan="2"></td><td>班级</td><td></td></tr>
<tr><td>实践项目</td><td colspan="2"></td><td>实践时间</td><td></td></tr>
<tr><td colspan="5">实践学习内容和体会</td></tr>
<tr><td rowspan="2">小组意见</td><td colspan="4"></td></tr>
<tr><td>组长</td><td></td><td>成绩评定等级</td><td></td></tr>
<tr><td rowspan="2">指导教师意见</td><td colspan="4"></td></tr>
<tr><td>指导教师</td><td></td><td>成绩评定等级</td><td></td></tr>
<tr><td colspan="5">备注：</td></tr>
</table>

思考与练习

1. 光电效应有哪几种？与之对应的光电元件有哪些？

2. 光电式传感器可分为几类？

3. 举例说明光电式传感器主要有哪些方面的应用。

4. 什么是光敏电阻？

5. 试比较光敏电阻、光电池、光敏二极管和光敏三极管的性能差异，并简述在不同场合下应选用哪种器件。

6. 针对每种半导体光电元件，画出一种测量电路。

7. 光电式传感器由几部分组成？透射型和漫反射型光电式传感器有何区别？

8. 在造纸工业中经常需要测量纸张的“白度”以提高产品质量，请你设计一个自动检测纸张“白度”的测量仪，要求：

(1) 画出传感器结构简图。

(2) 简要说明其工作原理。

项目 7

PROJECT 7

热电式传感器

【项目分析】

本项目主要包括常用热电式传感器的认识以及常用热电式传感器的使用等内容。通过完成这些任务，可以达到如下目标。

(1) 了解热电式传感器；

(2) 熟悉热电式传感器的应用；

(3) 能正确使用常用的热电式传感器。

任务 7.1 热电偶传感器

任务分析

本任务主要介绍常用的热电偶传感器的应用。通过学习，了解生活、工业中常用的热电偶传感器的种类、结构及其工作原理，并能熟悉热电偶的应用。

相关知识

热电偶在温度的测量中应用十分广泛。它构造简单，使用方便，测温范围宽，并且有较高的精确度和稳定性。

1. 热电偶种类和结构

如图 7-1 所示为热电偶外形。

按照热电极本身的结构不同，热电偶有普通热电偶、薄膜热电偶、铠装热电偶之分,如图 7-2 所示。

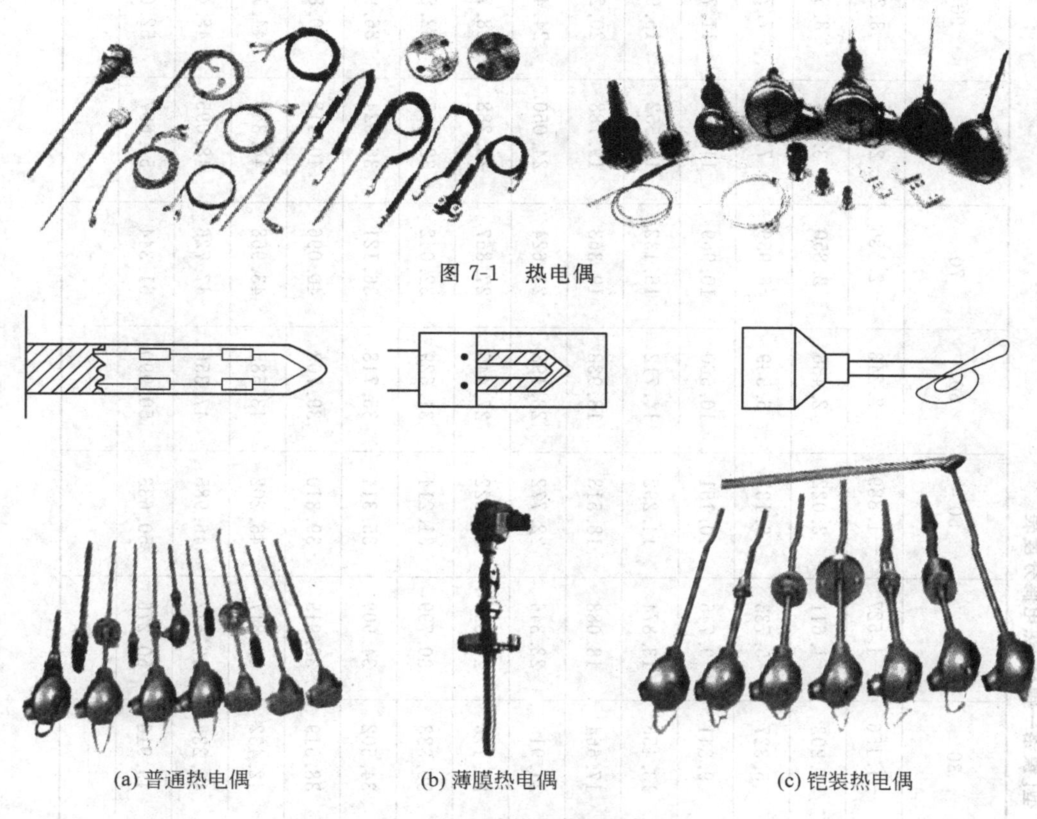

图 7-1 热电偶

(a) 普通热电偶 (b) 薄膜热电偶 (c) 铠装热电偶

图 7-2 几种热电偶的结构

普通热电偶是由两根不同金属热电极用绝缘套管绝缘,外层加保护套管而制成,主要用于气体、蒸汽、液体等的测温。

薄膜热电偶是由热电极材料经真空蒸馏等工艺在绝缘基片上形成薄膜热电极制成的。其工作端既小又薄,适于在火箭、飞机喷嘴等微小面积上测温。

铠装热电偶是由热电极、绝缘材料和金属保护套管合成一体经拉伸而制成的坚实组合体,可做得又细又长,适于狭小地点的测温。

理论上讲,任何两种不同材料的导体都可以组成热电偶,但为了准确、可靠地进行温度测量,必须对热电偶的组成材料严格选择。目前工业上常用的 4 种标准化热电偶材料为:铂铑 30—铂铑 6、铂铑 10—铂、镍铬—镍硅、镍铬—铜镍(我国通常称为镍铬—康铜)。组成热电偶的两种材料写在前面的为正极,后面的为负极。

热电偶的热电动势与温度的关系表称为分度表。表 7-1 所示为镍铬—镍硅标准化热电偶分度表。

2. 热电偶测温原理

1) 热电效应

如图 7-3 所示,两种不同材料的导体 A 和 B 组成一个闭合电路时,若两个接点的温

表 7-1 K 型[镍铬—镍硅]热电偶分度表

热电动势值/mV 分度/℃ 测量类温度/℃	0	10	20	30	40	50	60	70	80	90
−0	−0.000	−0.392	−0.777	−1.156	−1.527	−1.889	−2.243	−2.586	−2.920	−3.242
+0	0.000	0.397	0.798	1.203	1.611	2.022	2.436	2.850	3.266	3.681
100	4.095	4.508	4.919	5.327	5.733	6.137	6.539	6.939	7.338	7.737
200	8.137	8.537	8.938	9.341	9.745	10.151	10.560	10.969	11.381	11.793
300	12.207	12.623	13.039	13.456	13.874	14.292	14.712	15.132	15.552	15.974
400	16.395	16.818	17.241	17.664	18.088	18.513	18.938	19.363	19.788	20.214
500	20.640	21.066	21.493	21.919	22.346	22.772	23.198	23.624	24.050	24.476
600	24.902	25.327	25.751	26.176	26.599	27.022	27.445	27.867	28.288	28.709
700	29.128	29.547	29.965	30.383	30.799	31.214	31.629	32.042	32.455	32.866
800	33.277	33.686	34.095	34.502	34.909	35.314	35.718	36.121	36.524	36.925
900	37.325	37.724	38.122	38.519	38.915	39.310	39.703	40.096	40.418	40.897
1000	41.269	41.657	42.045	42.432	42.817	43.202	43.585	43.968	44.349	44.729
1100	45.108	45.486	45.863	46.238	46.612	46.985	47.356	47.726	48.095	48.462
1200	48.828	49.192	49.555	49.916	50.276	50.633	50.990	51.344	51.697	52.049
1300	52.398	—	—	—	—	—	—	—	—	—

注：①参考端温度为0℃。② K 为镍铬—镍硅热电偶的新分度号。

度不同，在该电路中会产生电动势。这种现象称为热电效应，该电动势称为热电动势。热电动势是由两种导体的接触电动势和单一导体的温差电动势组成。图中的两个接点，一个称为测量端，或称热端；另一个称为参考端，或称冷端。热电偶就是利用上述热电效应来测量温度的。

2）两种导体的接触电动势

假设两种金属A、B的自由电子密度分别为n_A和n_B，且$n_A>n_B$。当两种金属相接时，将产生自由电子的扩散现象。在同一瞬间，由A扩散到B中去的电子比由B扩散到A中去的多，从而使金属A失去电子带正电，金属B因得到电子带负电，在接触面形成电场。此电场阻止电子进一步扩散，达到动态平衡时，在A、B之间形成稳定的电位差，即接触电动势e_{AB}，如图7-4所示。

3）单一导体的温差电动势

对于单一导体，如果两端温度分别为T、T_0，且$T>T_0$，如图7-5所示，则导体中的自由电子在高温端具有较大的动能，因而向低温端扩散；高温端因失去了自由电子带正电，低温端获得了自由电子带负电，即在导体两端产生了电动势。这个电动势称为单一导体的温差电动势。

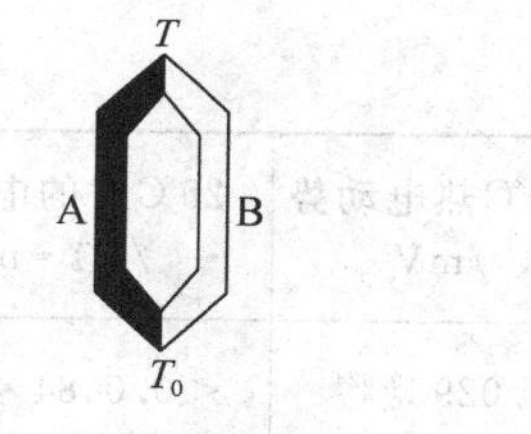

图7-3 热电效应

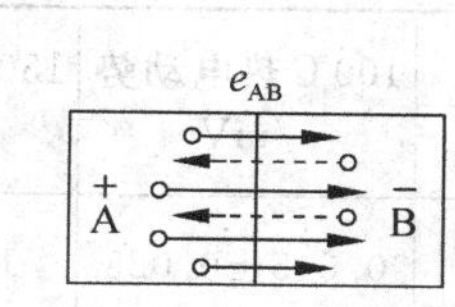

图7-4 两种导体的接触电动势

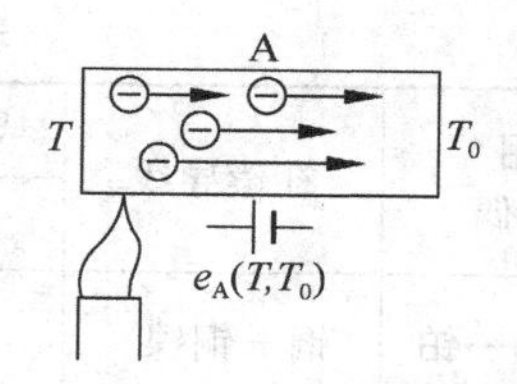

图7-5 单一导体温差电动势

综上所述，有如下结论。

（1）热电偶的两极材料相同时，无论两个接点的温度如何，回路总电动势为零。

（2）如果热电偶的两个接点温度相同，即使A、B材料不同，回路总电动势为零。

因此，热电偶必须用不同材料做电极，在T、T_0两端必须有温度差，这是热电偶产生热电势的必要条件。

4）中间导体定律

当引入第三导体C时，只要C导体两端温度相同，则回路总电动势不变。根据这一定律，将导体C作为测量仪器接入回路，就可以由总电动势求出工作端温度。

5）标准电极定律

导体C分别与热电偶的两个热电极A、B组成热电偶AC和BC。当保持三个热电偶的两端温度相同时，则热电偶AB的热电动势等于另外两个热电偶AC和BC的电动势之差，称为标准电极定律。通常用铂丝制作导体C，称为标准电极。该定律方便了热极的选配工作。

3. 热电偶的应用

在使用热电偶测温时，必须能够熟练地运用热电偶的参考端（冷端）处理方法、安装方法、测温电路、测温仪表及在表面测温时的焊接方法等实用技术。

1) 热电偶的参考端(冷端)温度处理

热电偶在工作时,必须保持冷端温度恒定,并且热电偶的分度表是以冷端温度为0℃做出的。然而在工程测量中,冷端距离热源近,且暴露于空气中,易受被测对象温度和环境温度波动的影响,使冷端温度难以恒定而产生测量误差。为了消除这种误差,可采取下列温度补偿或修正措施。

(1) 0℃(参考端)恒温法。

将热电偶的参考端放在有冰水混合的保温瓶中,可使热电偶输出的热电动势与分度值一致,测量精度高,常用于实验室中。工业现场可将参考端置于盛油的容器中,利用油的热惰性使参考端保持接近室温。

(2) 补偿导线法。

采用补偿导线将热电偶延伸到温度恒定或温度波动较小处。为了节约贵重金属,热电偶电极不能做得很长,但在0～100℃范围内,可以用与热电偶电极有相同热电特性的廉价金属制作成补偿导线来延伸热电偶。在使用补偿导线时,必须根据热电偶型号来选配;补偿导线与热电偶两个接点处的温度必须相同,极性不能接反,不能超出规定使用温度范围。常用热电偶补偿导线的特性如表7-2所示。

表7-2 常用热电偶补偿导线的特性

配用热电偶	补偿导线	导线外皮颜色		100℃热电动势/mV	150℃热电动势/mV	20℃时的电阻率/(Ω·m)
		正	负			
铂铑10—铂	铜—铜镍	红	绿	0.645±0.023	$1.029^{+0.024}_{-0.025}$	$<0.0484\times10^{-5}$
镍铬—镍硅	铜—康铜	红	蓝	4.095±0.15	6.137±0.20	$<0.634\times10^{-5}$
镍铬—康铜	镍铬—铜镍	红	黄	10.69±0.38	10.69±0.38	$<1.25\times10^{-5}$

(3) 计算修正法。

上述两种方法解决了一个问题,即设法使热电偶的冷端温度恒定。但是,冷端的温度并非一定为0℃,所以测出的热电动势还是不能正确反映热端的实际温度。为此,必须对温度进行修正。修正公式如下:

$$E_{AB}(T,T_0)=E_{AB}(T,T_C)+E_{AB}(T_C,T_0)$$

式中,$E_{AB}(T,T_0)$表示热电偶热端温度为T,冷端温度为0℃时的热电动势;$E_{AB}(T,T_C)$表示热电偶热端温度为T,冷端温度为T_C时的热电动势;$E_{AB}(T_C,T_0)$表示热电偶热端温度为T_C,冷端温度为0℃时的热电动势。

(4) 电桥补偿法。

计算修正法虽然很精确,但不适用于连续测温。为此,有些仪表的测温电路中带有补偿电桥,利用不平衡电桥产生的电动势来补偿热电偶因冷端温度不在0℃时引起的热电动势变化值,如图7-6所示。在热电偶与测温仪之间串接一个直流不平衡电桥,电桥中的R_1、R_2、R_3由电阻温度系数很小的锰铜丝制成,另一桥臂的R_{Cu}由温度系数较大的铜线绕制。电桥的4个电阻和热电偶的冷端处在同一个环境温度，但由于 R_{Cu} 的阻值随环境温度的变化而变化，使电桥产生的不平衡电压的大小和极性随环境温度的变化而变化，从而达到自动补偿的目的。

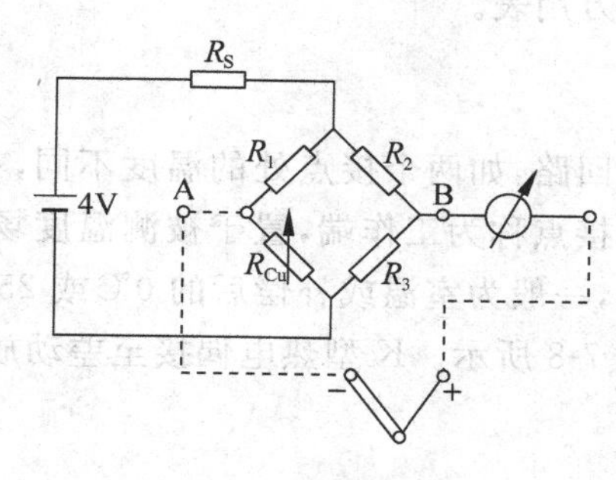

图 7-6 补偿电桥

2）热电偶的安装

关于热电偶的安装，在产品说明书中均有介绍，应仔细阅读，在此仅介绍其要领。

（1）注意插入深度：一般热电偶的插入深度，若采用金属保护管，应为直径的15～20倍；若采用非金属保护管，应为直径的10～15倍。对细管道内流体的温度测量，应尤其注意。

（2）如果被测物体很小，安装时应注意不要改变原来的热传导及对流条件。

（3）测量含有大量粉尘气体的温度，最好选用铠装型电偶。

3）热电偶的测温电路

利用热电偶测量大型设备的平均温度时，可将热电偶串联或并联使用。串联时，热电动势大，精度高，可测较小的温度信号，或者配用灵敏度较低的仪表；缺点是只要一只热电偶发生断路，则整个电路不能工作，个别热电偶的短路将导致示值偏低。并联时，总电动势为各个热电偶热电动势的平均值，可以不必更改仪表的分度；缺点是如果存在热电偶断路，仪表反映不出来。

4）热电偶表面测温

在300℃以下用热电偶测量物体表面温度，可用黏结剂将热电偶接点黏附于金属壁面。在温度较高时，常采用焊接方法把热电偶头部焊在金属壁面。图7-7示出了一般的焊接方式。

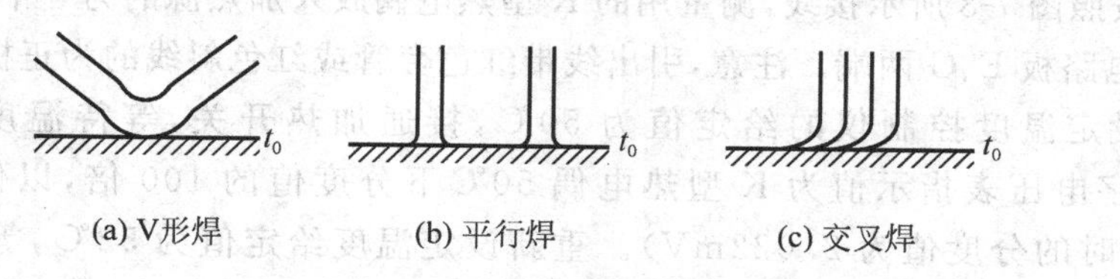

图 7-7 热电偶头部焊接方式

技能训练

1. 训练目的

了解热电偶的特性与应用。

2. 训练器材

加热源、K型热电偶(温度控制用)、K型热电偶(测量用)、温度控制单位、热电偶、热电阻转换电路、数字电压表、万用表。

3. 原理简介

当两种不同的金属组成回路,如两个接点处的温度不同,在回路中就会产生热电势,这就是热电效应。温度高的接点称为工作端,置于被测温度场;温度低的点称为冷端(或自由端),冷端的温度为恒温,一般为室温或补偿后的0℃或25℃。

热电偶实验原理图如图7-8所示。K型热电偶接至差动放大器的输入端,经放大后,输出电压由数字电压表显示。

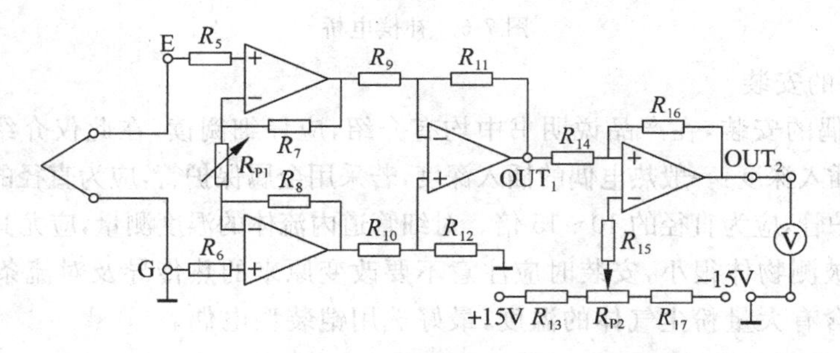

图7-8 K型热电偶温度控制实验原理图

4. 训练内容与步骤

(1) 将温度控制用的热电偶插入加热源的一个传感器安置孔中,热电偶自由端引线插入面板的热电偶插孔中,红线为正极。

(2) 将加热源的两根电源线与面板上的AC 16V电源插孔相连。

(3) 将E、G两端短接并接地。接通电源,电压量程切换至2V挡。调节R_{P2},使电压表读数为零,然后断开E、G之间的短接线。

(4) 按照图7-8所示接线,测量用的K型热电偶放入加热源的另一个插孔中,两根引出线接至电路板E、G两端。注意,引出线带红色套管或红色斜线的为正极,接至E端。

(5) 设定温度控制仪的给定值为50℃,接通加热开关,等待温度稳定时,调节R_{P1},使数字电压表指示值为K型热电偶50℃下分度值的100倍,以便读数(K型热电偶50℃时的分度值为2.022mV)。重新设定温度给定值为52℃,等待温度稳定时记录下数字电压表读数。重复以上步骤,温度给定值每次增加2℃,将实验结果记入表7-3。

表7-3 实验记录表

t/℃										
U_{o2}/mV										

任务评价

序号	评价内容	配分	扣分要求	得分
1	K型热电偶温度控制过程	70	步骤要正确、规范,出错一处,扣5分	
2	K型热电偶的非线性误差数据分析	30	数据不准,每处扣3分	
3	团队合作			
	小组评价			
	教师评价			
时间:30min		个人成绩:		

知识拓展

1. 热电效应的发现

Thomas Johann Seebeck(1780—1831)托马斯·约翰·塞贝克(也有译做“西伯克”)1770年生于塔林(当时隶属于东普鲁士,现为爱沙尼亚首都)。塞贝克的父亲是一个具有瑞典血统的德国人,也许正因为如此,他鼓励儿子在他曾经学习过的柏林大学和哥廷根大学学习医学。1802年,塞贝克获得医学学位。由于他所选择的研究方向是实验医学中的物理学,而且一生中多半时间从事物理学方面的教育和研究工作,所以人们通常认为他是一个物理学家。毕业后,塞贝克进入耶拿大学,在那里结识了歌德。德国浪漫主义运动以及歌德反对牛顿关于光与色的理论的思想,使塞贝克深受影响,此后他长期与歌德一起从事光色效应方面的理论研究。塞贝克的研究重点是太阳光谱,他在1806年揭示了热量和化学对太阳光谱中不同颜色的影响,1808年首次获得了氨与氧化汞的化合物。1812年,正当塞贝克从事应力玻璃中的光偏振现象时,他不晓得另外两个科学家布鲁斯特和比奥已经抢先在这一领域里有了发现。1818年前后,塞贝克返回柏林大学,独立开展研究活动,主要内容是电流通过导体时对钢铁的磁化。当时,阿雷格和大卫才发现电流对钢铁的磁化效应,塞贝克对不同金属进行了大量的实验,发现磁化的炽热的铁的不规则反应,也就是我们现在所说的磁滞现象。在此期间,塞贝克还研究过光致发光、太阳光谱不同波段的热效应、化学效应、偏振,以及电流的磁特性等。1820年年初,塞贝克通过实验方法研究了电流与热的关系。1821年,塞贝克将两种不同的金属导线连接在一起,构成一个电流回路。他将两条导线首尾相连形成一个结点,他突然发现,如果把其中的一个结加热到很高的温度而另一个结保持低温,电路周围存在磁场。他实在不敢相信,热量施加于两种金属构成的一个结时会有电流产生。这只能用热磁电流或热磁现象来解释他的发现。在接下来的两年时间里(1822—1823),塞贝克将他的持续观察报告给普鲁士科学学会，把这一发现描述为“温差导致的金属磁化”。塞贝克对验仪器加热其中一端时，指针转动，说明导线产生了磁场。塞贝克确实已经发现了热电效应，但他做出了错误的解释：导线周围产生磁场的原因，是温度梯度导致金属在一定方向上被磁化，而非形成了电流。科学学会认为，这种现象是因为温度梯度导致了电流，继而在导线周围产生了磁场。对于这样的解释，塞贝克十分恼火，他反驳说，科学家们的眼睛让奥斯特（电磁学的先驱）的经验给蒙住了，所以他们只会用“磁场由电流产生”的理论去解释，而想不到还有别的解释。但是，塞贝克自己难以解释这样一个事实：如果将电路切断，温度梯度并未在导线周围产生磁场。所以，多数人都认可热电效应的观点，后来也就这样被确定下来了。

热电效应发现后的1830年，人们就为它找到了应用场所。利用热电效应，可制成温差电偶（即热电偶）来测量温度。只要选用适当的金属作为热电偶材料，就可轻易测量到－180～＋2000℃的温度。如此宽泛的测量范围，令酒精或水银温度计望尘莫及。现在，通过采用铂和铂合金制作的热电偶温度计，甚至可以测量高达＋2800℃的温度。

2. 热电偶传感器的主要特点

(1) 装配简单，热电偶更换方便；

(2) 压簧式感温元件，抗震性能好；

(3) 测量精度高；

(4) 测量范围大（－200～1300℃，特殊情况下－270～2800℃）；

(5) 热响应时间快；

(6) 机械强度高，耐压性能好；

(7) 使用寿命长。

3. 热电偶与热电阻传感器的区别

热电偶是一种测温度的传感器，与热电阻一样都是温度传感器。它和热电阻的区别主要表现在以下几个方面。

1) 信号的性质

热电阻本身是电阻，温度变化，使热电阻产生正的或者是负的阻值变化；而热电偶产生感应电压的变化，它随温度的改变而改变。

2) 两种传感器检测的温度范围

热电阻一般检测0～150℃温度范围，最高测量范围可达600℃（当然可以检测负温度）。热电偶可检测0～1000℃的温度范围（甚至更高）。所以，前者用于低温检测，后者用于高温检测。

3) 材料方面

热电阻是一种金属材料，是具有温度敏感变化的金属材料。热电偶是双金属材料，即两种不同的金属，由于温度的变化，在两个不同金属丝的两端产生电势差。

4) 价格方面

热电偶有J、T、N、K、S等型号，有比热电阻贵的，也有比热电阻便宜的。但是算上补偿导线，从综合造价来说，热电偶就高了。热电阻是电阻信号，热电偶是电压信号。

5）工作原理

热电阻测温是根据导体（或半导体）的电阻随温度变化的性质来测量的，测量范围为0～500℃。常用的有铂电阻（Pt 100、Pt 10）、铜电阻。热电偶是基于热电效应来测量温度的，常用的有铂铑—铂（分度号S，测量范围为0～1300℃）、镍铬—镍硅（分度号K，测量范围为0～900℃）、镍铬—康铜（分度号E，测量范围为0～600℃）、铂铑30—铂铑6（分度号B，测量范围为0～1600℃）。

任务7.2 金属热电阻的应用

本任务主要介绍常用的热电阻传感器的应用。通过学习，了解生活、工业中常用的热电阻压电传感器，并能根据工程要求正确选择、安装和使用。

金属热电阻是中低温区最常用的一种温度检测器。它的主要特点是测量精度高，性能稳定。金属热电阻传感器一般称作热电阻传感器，是利用金属导体的电阻值随温度的变化而变化的原理进行测温的。最基本的热电阻传感器由热电阻、连接导线及显示仪表组成，如图7-9所示。热电阻广泛用来测量－220～850℃范围内的温度，少数情况下，低温可测量至1K（－272℃），高温可测量至1000℃。金属热电阻的主要材料是铂和铜。

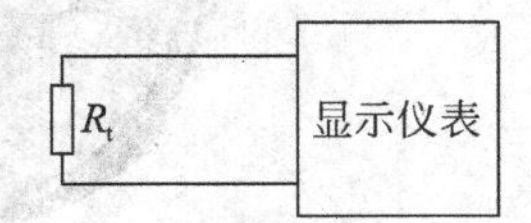

图7-9 金属热电阻传感器测量示意图

1. 热电阻的温度特性

热电阻的温度特性是指热电阻R随温度变化而变化的特性，即R_t-t之间的函数关系。

1）铂热电阻的温度特性

铂热电阻的特点是测温精度高，稳定性好，所以在温度传感器中得到广泛应用。铂热电阻的应用范围为－220～850℃。

铂热电阻的电阻—温度特性方程，在0℃以下温度范围为

$$R_t = R_0[1 + At + Bt^2 + Ct^3(t - 100)]$$

在0℃以上温度范围为

$$R_t = R_0(1 + At + Bt^2)$$

式中，R_t和R_0分别是t℃和0℃时的铂热电阻值；A、B、C为常数。

可见，R_t与温度不成正比关系。我国规定工业用铂热电阻有$R_0 = 10\Omega$和$R_0 = 100\Omega$两种，它们的分度号分别为Pt 10和Pt 100，Pt 100更常用。分度号为Pt 10的铂金属热电阻在0℃时电阻值为10Ω，分度号为Pt 100的铂金属热电阻在0℃时电阻值为100Ω。不同

分度号有不同分度表。实际测量中，测得热电阻的阻值 R_t，从分度表查出对应的温度值。

2）铜热电阻的温度特性

铂是贵重金属，在测量精度要求不高，温度范围在－50～150℃时普遍采用铜热电阻。铜热电阻与温度间的关系为

$$R_t = R_0(1 + \alpha_1 t + \alpha_2 t^2 + \alpha_3 t^3)$$

式中，R_t 和 R_0 分别是 t℃和 0℃时的铜热电阻值；α_1、α_2、α_3 是常数。

分度号 Cu 50的铜热电阻的 R_0 为 50Ω，分度号 Cu 100的铜热电阻的 R_0 为 100Ω。

铜的价格低廉，电阻—温度特性线性较好，但电阻率仅为铂的几分之一。铜热电阻所用的电阻丝细而长，机械性能较差，热惯性较大，在温度高于 100℃以上或侵蚀性介质中使用时，易氧化，稳定性较差。因此，铜热电阻只能用于低温及无侵蚀性的介质中。铜热电阻在工业中的应用已逐渐减少。

2. 热电阻的外形与结构

热电阻的外形如图 7-10 所示。

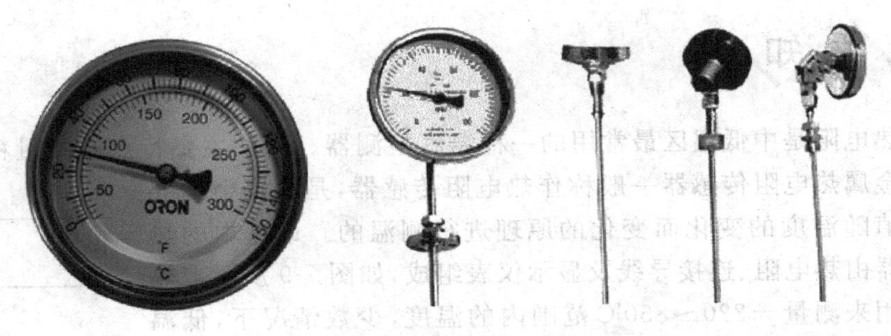

图 7-10　双金属温度计的结构

热电阻传感器由电阻体、绝缘管、保护套管、引线和接线盒等组成，如图 7-11 所示。热电阻传感器外接引线如果较长，引线电阻的变化会使测量结果有较大误差。为减小误差，可采用三线式电桥连接法测量电路或四线电阻测量电路，具体可参考有关资料。

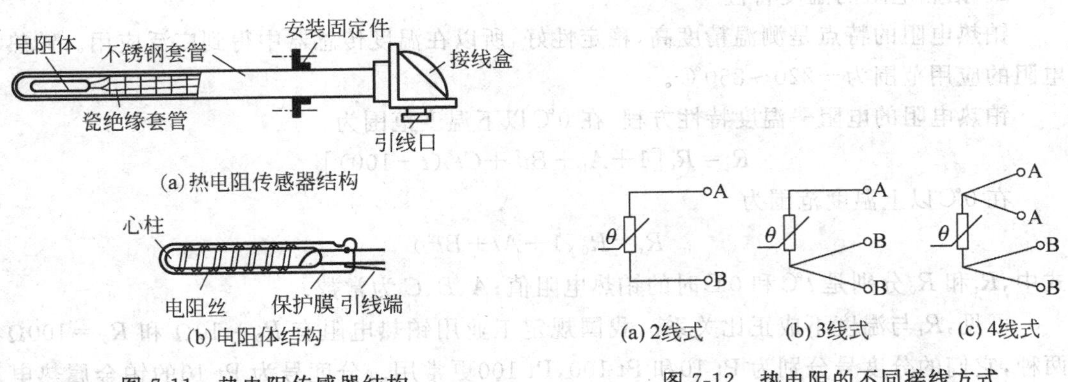

图 7-11　热电阻传感器结构

图 7-12　热电阻的不同接线方式

3. 基本应用电路

1）热电阻的接线方式

热电阻的端子接线方式有2线式、3线式和4线式三种，如图7-12所示。2线式适用于印制电路板上，测量电路距传感器不太远的情况。在距离较远时，为消除引线电阻受环境温度影响造成的测量误差，需要采用3线式或4线式接法。

2）热电阻的测温方法

热电阻的测温方法有恒压法和恒流法两种。恒压法就是保持热电阻两端的电压恒定，测量电流变化的方法。恒流法就是保持流经热电阻的电流恒定，测量其两端电压的方法。恒压法电路简单，并且组成桥路就可进行温漂补偿，使用广泛。但恒压法中电流与铂热电阻的阻值变化成反比，当用于很宽的测温范围时，要特别注意线性化问题。恒流法的电流与铂热电阻的阻值变化成正比，线性化方法简便，但要获得准确的恒流源，电路比较复杂。

3）热电阻测温电路实例

图7-13所示为2线式的铂热电阻接线实例。这是一种用来检测印制电路板上功率晶体管周围温度的恒温器电路，温度超过60℃时，A输出低电平，控制有关电路进行温度调节。电路中，R_T采用100Ω的铂热电阻，R_T与R_1串联接到恒压源(+12V)，R_T中流经约1mA的电流。这种接法虽属于恒压法，但由于R_1比R_T大很多，R_T阻值变化引起的测量电流变化不大，因此能够获得近似恒流法的线性输出。

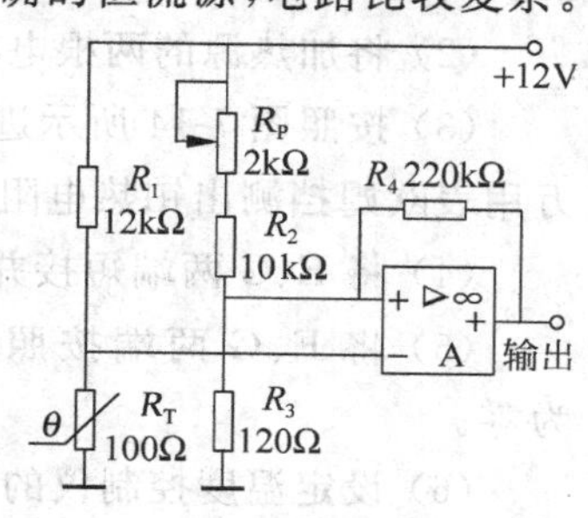

图7-13 热电阻2线式接法

1. 训练目的

了解铂热电阻的特性与应用。

2. 训练器材

Pt 100热电阻、温度控制单元、加热源、K型热电偶、热电阻转换电路、数字电压表、万用表。

3. 原理简介

利用导体电阻随温度变化的特性，可以通过测量电路将电阻的变化转换为电压输出，达到测量温度的目的。热电阻用于温度测量时，要求其材料电阻温度系数大、稳定性好、电阻率高，电阻与温度之间最好呈线性关系。常用的有铂热电阻和铜热电阻，铂热电阻的阻值与温度的关系为

$$R_t = R_0(1 + At + Bt^2)$$

式中，R_t为温度t下的阻值；R_0为0℃下的阻值。铂热电阻一般采用3线连接，其中一端接两根引线，主要是为消除引线电阻对测量结果的影响。

铂热电阻实验原理图如图7-14所示。铂热电阻与R_1、R_2、R_4组成直流电桥，经差动放大器放大后，输出电压由数字电压表显示。

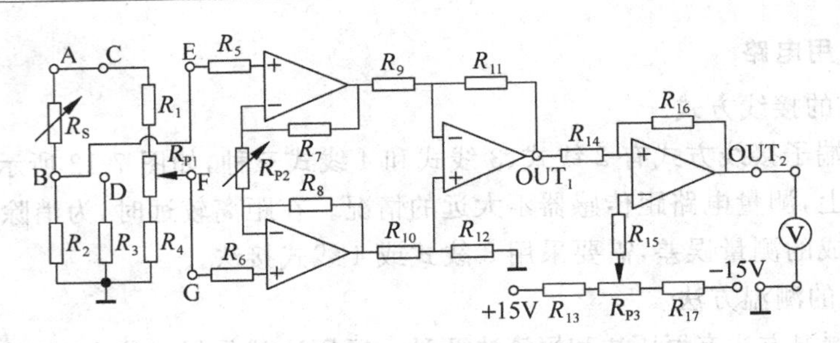

图 7-14　铂热电阻温度控制实验原理图

4. 训练内容与步骤

(1) 将温度控制用的热电偶插入加热源的一个传感器安置孔中，热电偶自由端引线插入面板的热电偶插孔中，红线为正极。

(2) 将加热源的两根电源线与面板上的 AC 16V 电源插孔相连。

(3) 按照图 7-14 所示进行接线。铂热电阻的三根引线接至 R_t 输入的 A、B 两端，用万用表欧姆挡测出铂热电阻三根引线中短接的两根引线，将其接到 B 端。

(4) 将 E、G 两端短接并接地。接通电源，调节 R_{P3} 使 OUT$_2$ 读数为零。

(5) 将 E、G 两端按照图 7-14 接至桥路输出。调节 R_{P1} 使电桥平衡，OUT$_2$ 读数为零。

(6) 设定温度控制仪的给定值为 50℃，将铂热电阻插入加热源另一个插孔中。接通加热开关，等待温度稳定时记录下数字电压表读数。重新设定温度给定值为 52℃，等待温度稳定时记录下数字电压表读数。重复以上步骤，温度给定值每次增加 2℃，将实验结果记入表 7-4 中。

表 7-4　实验记录表

t/℃											
U_{o2}/mV											

任务评价

序号	评价内容	配分	扣分要求	得分
1	铂热电阻温度控制过程	70	步骤要正确、规范，出错一处，扣 5 分	
2	数据测量与分析	30	数据不准，每处扣 3 分	
3	团队合作			
	小组评价			
	教师评价			
	时间：30min		个人成绩：	

1. 热电偶和热电阻的区别

(1) 热电偶与热电阻均属于温度测量中的接触式测温,尽管其作用相同,都是测量物体的温度,但是它们的原理与特点不尽相同。

(2) 热电阻虽然在工业中应用也比较广泛,但是其测温范围使它的应用受到一定的限制。热电阻的测温原理是基于导体或半导体的电阻值随着温度的变化而变化的特性。其优点很多,也可以远传电信号,灵敏度高,稳定性强,互换性以及准确性都比较好,但是需要电源激励,不能够瞬时测量温度的变化。工业用热电阻一般采用 Pt 100、Pt 10、Cu 50、Cu 100。铂热电阻的测温范围一般为−200～800℃,铜热电阻为−40～140℃。热电阻和热电偶一样要区分类型,但是它不需要补偿导线,而且比热电偶便宜。

2. 热电阻的类型

(1) 普通型热电阻:从热电阻的测温原理可知,被测温度的变化是直接通过热电阻阻值的变化来测量的,因此,热电阻体的引出线等各种导线电阻的变化会给温度测量带来影响。

(2) 铠装热电阻:铠装热电阻是由感温元件(电阻体)、引线、绝缘材料、不锈钢套管组合而成的坚实体,它的外径一般为 $\phi2 \sim \phi8$mm,最小可达 $\phi0.25$mm。与普通型热电阻相比,它有下列优点:①体积小,内部无空气隙,热惯性小,测量滞后小;②机械性能好,耐振,抗冲击;③能弯曲,便于安装;④使用寿命长。

(3) 端面热电阻:端面热电阻感温元件由特殊处理的电阻丝材绕制,紧贴在温度计端面。它与一般轴向热电阻相比,能更正确和快速地反映被测端面的实际温度,适用于测量轴瓦和其他机件的端面温度。

(4) 隔爆型热电阻:隔爆型热电阻通过特殊结构的接线盒,把其外壳内部爆炸性混合气体因受到火花或电弧等影响而发生的爆炸局限在接线盒内,在生产现场不会引起爆炸。

任务 7.3 热敏电阻的应用

本任务主要介绍常用的热敏电阻传感器的应用。通过学习,了解生活、工业中常用的热敏电阻传感器,并能根据工程要求正确选择、安装和使用。

相关知识

半导体热敏电阻简称热敏电阻,是一种新型的半导体测温元件,热敏电阻是利用某些金属氧化物或单晶锗、硅等材料,按特定工艺制成的感温元件。热敏电阻是开发早、种类多、发展较成熟的敏感元器件。热敏电阻由半导体陶瓷材料组成。利用半导体材料的各种物理、化学和生物特性制成的半导体传感器，所采用的半导体材料多数是硅以及Ⅲ-Ⅴ族和Ⅱ-Ⅵ族元素化合物。半导体传感器种类繁多，具有类似于人眼、耳、鼻、舌、皮肤等多种感觉功能。其优点是灵敏度高、响应速度快、体积小、重量轻、便于检测转换一体化。半导体传感器的主要应用领域是工业自动化、遥感测量、工业机器人、家用电器、环境污染监测、医疗保健、医药工程和生物工程等。

常用的半导体传感器有热敏电阻传感器、湿敏电阻传感器、气敏电阻传感器及磁敏传感器等。

1. 热敏电阻的组成材料及特点

1）组成材料

热敏电阻是一种电阻值随温度变化而发生变化的半导体热敏元件，常用热敏电阻是由金属氧化物半导体材料（如 Mn_3O_4、CuO 等）、半导体单晶锗和硅以及热敏玻璃、热敏塑料等材料，按特定工艺制成的感温元件。

2）热敏电阻的特点

与金属热电阻相比，热敏电阻具有以下特点。

(1) 灵敏度高，通常可达(1%～6%)/℃，电阻温度系数大。

(2) 体积小，能测量其他温度计无法测量的空隙、体腔内孔等处的温度。

(3) 使用方便，热敏电阻阻值范围广（10^2～10^3 Ω），热惯性小，且无须冷端补偿引线。

(4) 热敏电阻的温度与电阻值之间呈非线性转换关系，其稳定性以及互换性差。

2. 热敏电阻的外形、符号及分类

热敏电阻为满足各种使用需要，通常封装加工成各种形状的探头，常见的结构外形有圆片形、柱形、珠形等。其实物外形如图 7-15 所示。

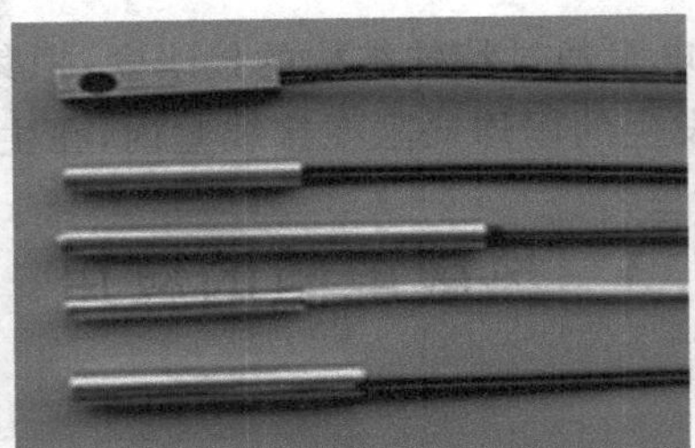

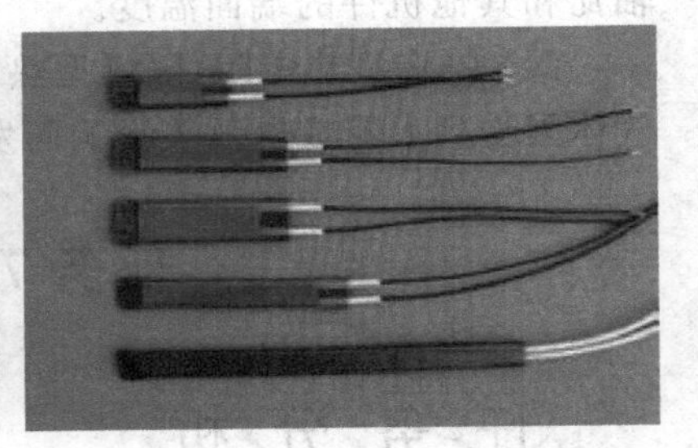

图 7-15 热敏电阻传感器的实物外形

热敏电阻的外形及符号如图 7-16 所示。按照温度系数不同，分为正温度系数热敏电阻器（PTC）、负温度系数热敏电阻器（NTC），以及临界温度热敏电阻（CTR）。热敏电阻器的典型特点是对温度敏感，不同的温度下表现出不同的电阻值。

3. 热敏电阻的(R_t-t)特性

热敏电阻器的典型特点是对温度敏感，不同的温度下表现出不同的电阻值。正温度系数热敏电阻器（PTC）在温度越高时电阻值越大，负温度系数热敏电阻器（NTC）在温度越高时电阻值越低。热敏电阻将长期处于不动作状态，热敏电阻的散热功率与发热功率

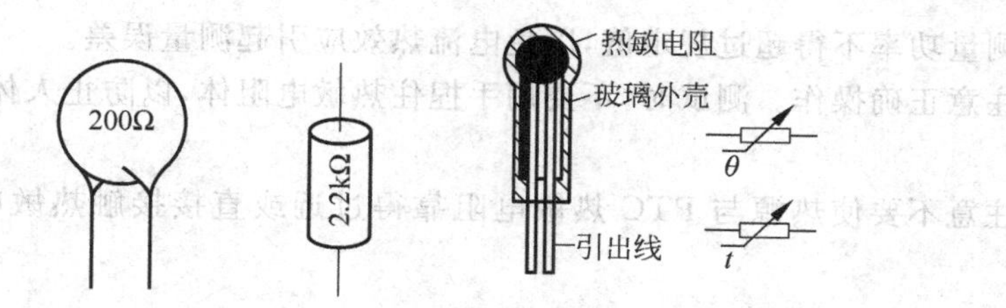

图 7-16 热敏电阻的外形及符号

接近，因而可能动作，也可能不动作。当热敏电阻在环境温度相同时，动作时间随着电流的增加而急剧缩短；当热敏电阻在环境温度相对较高时，具有更短的动作时间和较小的维持电流及动作电流。

图 7-17 列出了不同种类热敏电阻的 R_t-t 特性曲线。曲线 1 和曲线 2 为负温度系数（NTC 型）曲线，曲线 3 和曲线 4 为正温度系数（PTC 型）曲线。由图中可以看出，2、3 特性曲线变化比较均匀，所以符合 2、3 特性曲线的热敏电阻，更适用于温度的测量；而符合 1、4 特性曲线的热敏电阻因特性变化陡峭，更适用于组成温控开关电路。

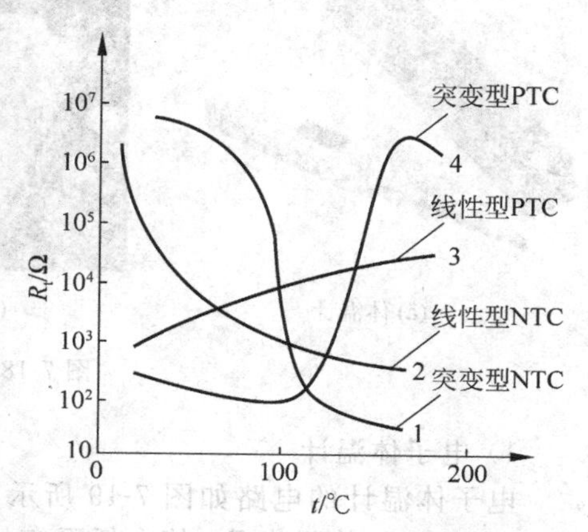

图 7-17 各种热敏电阻 R_t-t 特性曲线

由热敏电阻 R_t-t 特性曲线还可得出如下结论。

(1) 热敏电阻的温度系数值远大于金属热电阻，所以灵敏度很高。

(2) 同温度情况下，热敏电阻阻值远大于金属热电阻。所以连接导线电阻的影响极小，适用于远距离测量。

(3) 热敏电阻 R_t-t 曲线非线性十分严重，所以其测量温度范围远小于金属热电阻。

4. 热敏电阻的检测

检测时，用万用表欧姆挡（视标称电阻值确定挡位，一般为 $R\times1$ 挡），具体分两步操作：首先，常温检测（室内温度接近 25℃），用鳄鱼夹代替表笔分别夹住 PTC 热敏电阻的两引脚测出其实际阻值，并与标称阻值相对比，二者相差在±2Ω 内即为正常。实际阻值若与标称阻值相差过大，说明其性能不良或已损坏。其次，加温检测，在常温测试正常的基础上，可进行第二步测试——加温检测。将一个热源（例如电烙铁）靠近热敏电阻对其加热，观察万用表示数，此时如看到万用表示数随温度的升高而改变，表明电阻值在逐渐改变（负温度系数热敏电阻器 NTC 阻值小，正温度系数热敏电阻器 PTC 阻值变大）。当阻值改变到一定数值时，显示数据逐渐稳定，说明热敏电阻正常；若阻值无变化，说明其性能变劣，不能继续使用。

测试时应注意以下几点。

(1) R_t是生产厂家在环境温度为 25℃时所测得的，所以用万用表测量 R_t时，应在环境温度接近 25℃时进行，以保证测试的可信度。

(2) 测量功率不得超过规定值，以免电流热效应引起测量误差。

(3) 注意正确操作。测试时，不要用手捏住热敏电阻体，以防止人体温度对测试产生影响。

(4) 注意不要使热源与 PTC 热敏电阻靠得过近或直接接触热敏电阻，以防止将其烫坏。

5. 热敏电阻的应用

热敏电阻用途十分广泛，几乎在每一个领域都有使用，如家用电器、医疗设备、制造工业、运输、通信、保护报警和科研等。图 7-18 所示是热敏电阻的典型应用。

(a) 体温计　　(b) CPU测温　　(c) 热水器温度控制

图 7-18　热敏电阻的应用

1) 电子体温计

电子体温计的电路如图 7-19 所示。热敏电阻 R_T 和 R_1、R_2、R_3 及 R_P 在温度为 20℃ 时，选择 R_1、R_3 并调节 R_P，使电桥平衡。当温度升高时，热敏电阻 R_T 的阻值变小，电桥处于不平衡状态。电桥输出的不平衡电压由运算放大器放大，放大后的不平衡电压引起接在运算放大器反馈电路中的微安表的相应偏转。

热敏电阻器选用的阻值在 500～5000Ω。

2) 热敏电阻在汽车水箱温度测量中的应用

图 7-20 所示为汽车水箱水温监测电路。其中，R_t 为负温度系数热敏电阻，用于温度显示的表头为电磁式表头。由于汽车水箱水温测量范围小，要求精度不高，所以电路十分

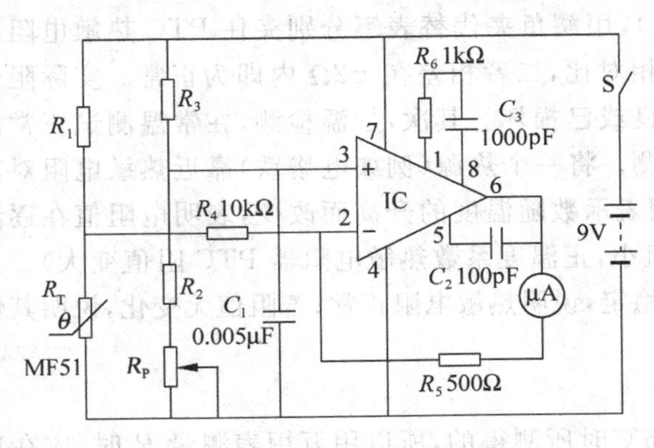

图 7-19　电子体温计电路图

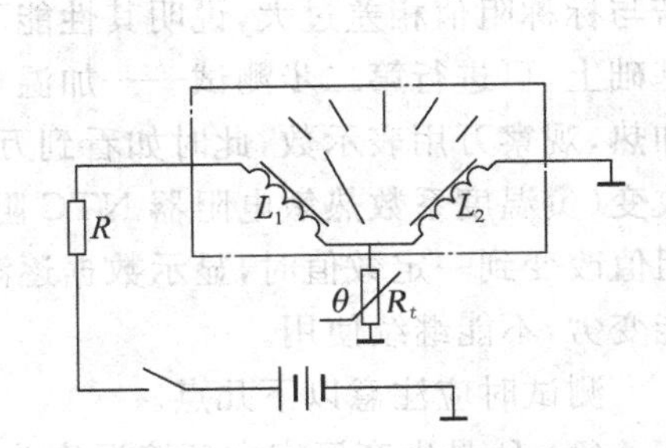

7-20　汽车水箱水温监测温电路

简单。测温电路的连接为

电源 → 开关 → 限流电阻 → 表头线圈L_1 → 热敏电阻R_t / 表头线圈L_2 → 接地（搭铁）

1. 实训器材

万用表、NTC 热敏电阻以及 PTC 热敏电阻若干。

2. 实训内容

（1）识别以下 8 种热敏电阻并填写表 7-5。

表 7-5 热敏电阻的识别

序号	类　型	阻　值
1		
2		
3		
4		
5		
6		
7		
8		

（2）按图 7-21 所示连接电路，分析电热水器控温器电路的控制过程并完成表 7-6。

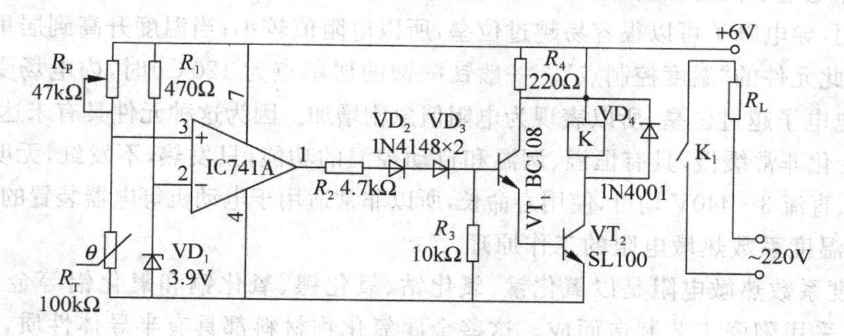

图 7-21 电热水器控温器电路

表 7-6 电热水器控温器电路分析

工作状态 \ 器件	VT_1	VT_2
继电器吸合		
继电器断开		

图 7-21 所示电路是电热水器温度控制器电路。电路主要由热敏电阻 R_T、比较器、驱动电路及加热器 R_L 等组成。通过电路可自动控制加热器的开闭，使水温保持在 90℃。热敏电阻在 25℃时的阻值为 100kΩ，温度系数为 1K/℃。在比较器的反相输入端加有 3.9V 的基准电压，在比较器的同相输入端加有 R_P 和热敏电阻 R_T 的分压电压。

任务评价

序号	评价内容	配分	扣分要求	得分
1	热敏电阻识别	50	错一个，扣 5 分	
2	电热水器温控电路测量	50	三极管状态判别错一个，扣 5 分	
3	团队合作			
	小组评价			
	教师评价			
	时间：30min	个人成绩：		

1. 半导体热敏电阻的工作原理

1）正温度系数热敏电阻的工作原理

这种热敏电阻以钛酸钡（$BaTiO_3$）为基本材料，掺入适量的稀土元素，利用陶瓷工艺高温烧结而成。纯钛酸钡是一种绝缘材料，但掺入适量的稀土元素如镧（La）和铌（Nb）等以后，变成了半导体材料，称为半导体化钛酸钡。它是一种多晶体材料，晶粒之间存在着晶粒界面。对于导电电子而言，晶粒间界面相当于一个位垒。当温度低时，由于半导体化钛酸钡内电场的作用，导电电子可以很容易越过位垒，所以电阻值较小；当温度升高到居里点温度（即临界温度，此元件的"温度控制点"。一般钛酸钡的居里点为 120℃）时，内电场受到破坏，不能帮助导电电子越过位垒，所以表现为电阻值急剧增加。因为这种元件具有未达居里点前电阻随温度变化非常缓慢，具有恒温、调温和自动控温的功能，只发热，不发红，无明火，不易燃烧，电压交、直流 3～440V 均可，使用寿命长，所以非常适用于电动机等电器装置的过热探测。

2）负温度系数热敏电阻的工作原理

负温度系数热敏电阻是以氧化锰、氧化钴、氧化镍、氧化铜和氧化铝等金属氧化物为主要原料，采用陶瓷工艺制造而成。这些金属氧化物材料都具有半导体性质，完全类似于锗、硅晶体材料，体内的载流子（电子和空穴）数目少，电阻较高；温度升高后，体内载流子数目增加，电阻值降低。负温度系数热敏电阻类型很多，使用区分低温（－60～300℃）、中温（300～600℃）、高温（>600℃）三种，有灵敏度高、稳定性好、响应快、寿命长、价格低等优点，广泛应用于需要定点测温的温度自动控制电路，如冰箱、空调、温室等的温控系统。热敏电阻与简单的放大电路结合，可检测千分之一度的温度变化，所以它和电子仪表组成测温计，能完成高精度的温度测量。普通用途热敏电阻的工作温度为－55～＋315℃，特殊低温热敏电阻的工作温度低于－55℃，可达－273℃。

2. 热敏电阻的型号

热敏电阻是按部颁标准SJ1155-82来制定型号的，由四部分组成。

(1) 第一部分：主称，用字母“M”表示敏感元件。

(2) 第二部分：类别，用字母“Z”表示正温度系数热敏电阻器，或者用字母“F”表示负温度系数热敏电阻器。

(3) 第三部分：用途或特征，用一位数字(0～9)表示。一般情况下，“1”表示普通用途，“2”表示稳压用途(负温度系数热敏电阻器)，“3”表示微波测量用途(负温度系数热敏电阻器)，“4”表示旁热式(负温度系数热敏电阻器)，“5”表示测温用途，“6”表示控温用途，“7”表示消磁用途(正温度系数热敏电阻器)，“8”表示线性型(负温度系数热敏电阻器)，“9”表示恒温型(正温度系数热敏电阻器)，“0”表示特殊型(负温度系数热敏电阻器)。

(4) 第四部分：序号，也由数字表示，代表规格、性能。厂家出于区别本系列产品的特殊需要，在序号后加“派生序号”，由字母、数字和“－”号组合而成。

3. 热敏电阻器的主要参数

各种热敏电阻器的工作条件一定要在其出厂参数允许范围之内。热敏电阻的主要参数有十余项：标称电阻值、使用环境温度(最高工作温度)、测量功率、额定功率、标称电压(最大工作电压)、工作电流、温度系数、材料常数、时间常数等。其中，标称电阻值是在25℃零功率时的电阻值，实际上总有一定误差，应在±10%之内。普通热敏电阻的工作温度范围较大，可根据需要在－55～＋315℃选择。值得注意的是，不同型号热敏电阻的最高工作温度差异很大，如MF11片状负温度系数热敏电阻器为＋125℃，而MF53-1仅为＋70℃。

项目学习总结表

<table>
<tr><td>姓名</td><td colspan="2"></td><td>班级</td><td></td></tr>
<tr><td>实践项目</td><td colspan="2"></td><td>实践时间</td><td></td></tr>
<tr><td colspan="5">实践学习内容和体会</td></tr>
<tr><td colspan="5"></td></tr>
<tr><td rowspan="2">小组意见</td><td colspan="4"></td></tr>
<tr><td>组长</td><td></td><td>成绩评定等级</td><td></td></tr>
<tr><td rowspan="2">指导教师意见</td><td colspan="4"></td></tr>
<tr><td>指导教师</td><td></td><td>成绩评定等级</td><td></td></tr>
<tr><td colspan="5">备注：</td></tr>
</table>

思考与练习

1. 热电偶传感器有哪些种类？
2. 什么是热电效应？
3. 热电偶的参考端有哪几种温度处理方式？
4. 热电阻测温有哪两种方法？
5. 热电阻的端子有几种接线方式？
6. 热电偶和热电阻传感器有何区别？
7. 热敏电阻有哪些特点？
8. 热敏电阻按温度系数可分为哪几类？
9. 什么是热敏电阻的(R_t—t)特性？
10. 热敏电阻传感器有哪些方面的应用？如何检测热敏电阻？

霍尔式传感器

【项目分析】

本项目主要包括常用霍尔式传感器的认识、常用霍尔式传感器的使用等内容。通过完成这些任务，可以达到如下目标。

(1) 了解霍尔式传感器；

(2) 熟悉霍尔式传感器的应用；

(3) 能正确使用常用的霍尔式传感器。

任务8.1 认识霍尔式传感器

任务分析

本任务主要介绍霍尔式传感器的工作原理、结构、基本参数，以及霍尔式传感器的连接方式和输出电路。通过学习，了解常用霍尔传感器的基本结构、工作原理及应用特点，初步具备识别各类霍尔式传感器的能力。

相关知识

霍尔式传感器是基于霍尔效应的一种传感器。它具有结构简单、形小体轻、无触点(亿次通断)、频率响应范围宽(从直流到微波)、动态范围大(输出量的变化可达 1000：1)、使用寿命长等优点。

1879 年美国物理学家霍尔首先在金属材料中发现了霍尔效应，但由于金属材料的霍尔效应太弱而没有得到应用。随着半导体技术的发展,人们开始用半导体材料制成霍尔元件,由于其霍尔效应显著而得到应用和发展。霍尔传感器广泛应用于电磁、压力、加速度、振动等方面的测量。图 8-1 所示为常见的几种霍尔传感器。

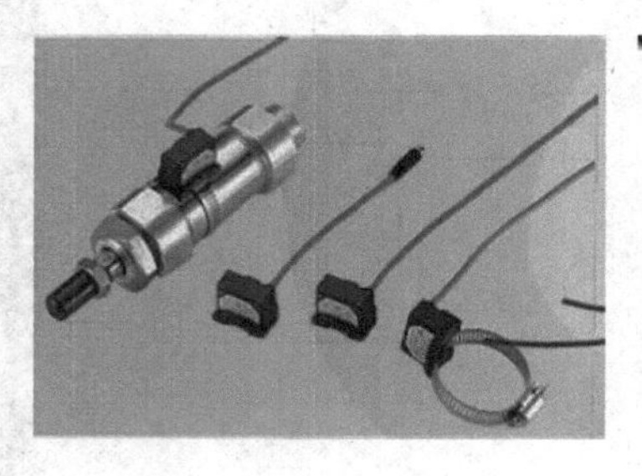

图 8-1 常见霍尔传感器

1. 霍尔效应

置于磁场中的静止载流导体,当其电流方向与磁场方向不一致时,载流导体上平行于电流和磁场方向上的面之间产生电动势。如图 8-2 所示,在垂直于外磁场 B 的方向上放置一块导电板,导电板通过电流 I,方向如图中所示。导电板中的电流是金属中自由电子在电场作用下的定向运动。此时,每个电子受洛伦兹力 f_m 的作用,f_m 的大小为

$$f_m = eBv \tag{8-1}$$

式中,e 为电子电荷;v 为电子运动平均速度;B 为磁场的磁感应强度。

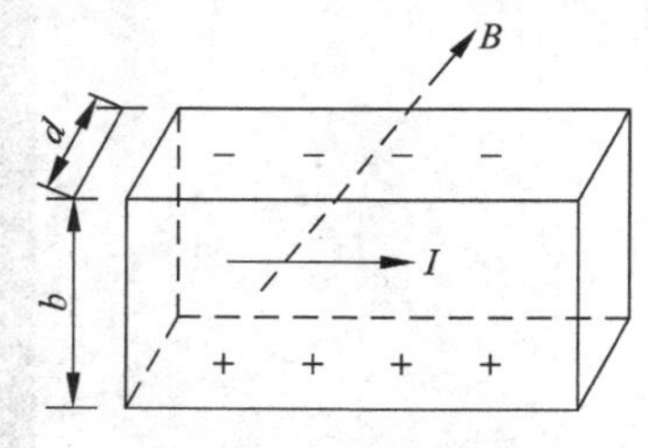

图 8-2 电阻应变式传感器的结构

f_m 的方向在图 8-2 中是向上的,此时电子除了沿电流反方向作定向运动外,还在 f_m 的作用下向上漂浮,使金属导电板上底面积累电子,而下底面积累正电荷,从而形成附加内电场 E_H,称为霍尔电场,该电场强度为

$$E_H = \frac{U_H}{b} \tag{8-2}$$

式中,U_H 为电位差。霍尔电场的出现,使定向运动的电子除了受洛伦兹力作用外,还受到霍尔电场的作用力,其大小为 eE_H,此力阻止电荷继续积累。随着上、下底面积累电荷的增加,霍尔电场增加,电子受到的电场力也增加,当电子所受洛伦兹力与霍尔电场作用力大小相等、方向相反时,即

$$eE_H = evB \tag{8-3}$$

则

$$E_H = vB \tag{8-4}$$

此时电荷不再向两个底面积累,达到平衡状态。

若金属导电板单位体积内的电子数为 n,电子定向运动平均速度为 v,则激励电流 $I = nevbd$,得到

$$v = \frac{I}{bdne} \tag{8-5}$$

将式(8-5)代入式(8-4),得

$$E_H = \frac{IB}{bdne} \tag{8-6}$$

将式(8-6)代入式(8-2),得

$$U_H = \frac{IB}{ned} \tag{8-7}$$

式中,令 $R_H = 1/(ne)$,称为霍尔常数,其大小取决于导体载流子密度,则

$$U_H = R_H \frac{IB}{d} = K_H IB \tag{8-8}$$

式中,$K_H = R_H/d$ 称为霍尔片的灵敏度。由式(8-8)可见,霍尔电势正比于激励电流及磁感应强度,其灵敏度与霍尔常数 R_H 成正比,而与霍尔片厚度 d 成正比。为了提高灵敏度,霍尔元件常制成薄片形状。

对霍尔片材料的要求,希望有较大的霍尔常数 R_H,霍尔元件激励极间电阻 $R = \rho L/(bd)$,同时 $R = U_1/I = E_1 L/I = vL/(\mu nebd)$。其中,$U_1$ 为加在霍尔元件两端的激励电压,E_1 为霍尔元件激励极间内电场,v 为电子移动的平均速度,则

$$\frac{\rho L}{bd} = \frac{L}{\mu nebd} \tag{8-9}$$

解得

$$R_H = \mu\rho \tag{8-10}$$

从式(8-10)可知,霍尔常数等于霍尔片材料的电阻率 ρ 与电子迁移率 μ 的乘积,若要霍尔效应强,则 R_H 值大,因此要求霍尔片材料有较大的电阻率和载流子迁移率。一般金属材料的载流子迁移率很高,但电阻率很小;而绝缘材料电阻率极高,但载流子迁移率极低,故只有半导体材料适于制造霍尔片。目前常用的霍尔元件材料有锗、硅、砷化铟、锑化铟等半导体材料。其中,N型锗容易加工制造,其霍尔系数、温度性能和线性度都较好;N型硅的线性度最好,其霍尔系数、温度性能同N型锗相近;锑化铟对温度最敏感,尤其在低温范围内温度系数大,但在室温时其霍尔系数较大;砷化铟的霍尔系数较小,温度系数也较小,输出特性线性度好。

2. 霍尔元件的基本参数

1) 输入电阻 R_i

霍尔元件两个激励电流端的直流电阻称为输入电阻,其数值从几欧到几百欧,视不同型号的元件而定。温度升高,输入电阻变小,使输入电流变大,最终引起霍尔电势变化。为了减小这种影响,最好采用恒流源作为激励源。

2) 输出电阻 R_o

两个霍尔电动势输出端之间的电阻称为输出电阻,它的数值与输入电阻,属同一数量级,也随温度变化而变化。选择适当的负载电阻 R_L 与之相配,可以使温度引起霍尔电势的漂移减至最小。

3) 最大激励电流

由于霍尔电势随激励电流增大而增大,故在应用中总希望选用较大的激励电流,但激励电流增大,霍尔元件的功耗增大,元件的温度升高,将引起霍尔电势的温漂增大,因此每

种型号的元件均规定了相应的最大激励电流，其数值从几毫安到几百毫安。

4）最大磁感应强度 B_M

磁感应强度为 B_M 时，霍尔电势的非线性误差将明显增大。B_M 一般为零点几特。

5）不等位电势

在额定激励电流下，当外加磁场为零时，霍尔输出端之间的开路电压为不等位电势，它是由于 4 个电极的几何尺寸不对称引起的，使用时多采用电桥法来补偿不等位电势引起的误差。

6）霍尔电势温度系数

在一定磁场强度和激励电流的作用下，温度每变化 1℃时霍尔电势变化的百分数称为霍尔电势温度系数。它与霍尔元件的材料有关。

7）内阻温度系数 β

内阻温度系数 β 指元件内阻 R_i 和 R_o 随温度变化而有所变化的变化率。内阻温度系数约为 10^{-3}/℃数量级。β 值越小越好。

8）工作温度范围

在 U_H 的公式中，若电子浓度为 n，当元件温度过低或过高时，n 将大幅度变大或变小，使元件不能正常工作。锑化铟的正常工作范围是 0～40℃，锗为－40～75℃，硅为－60～150℃，砷化镓为－60～200℃。

9）寄生直流电势 U_{OD}

在外加磁场为零、霍尔元件用交流激励时，霍尔电极输出端除出现交流不等位电势以外，如果还有直流电势，此直流电势称为寄生直流电势 U_{OD}。

产生交流不等位电势的原因与直流不等位电势相同。产生 U_{OD} 的原因主要是器件本身的 4 个电极没有形成欧姆接触，有整流效应。

10）磁非线性度 NL

在一定控制电流下，U_H 与 B 形成线性的关系式具有近似性，再加上结构设计和工艺制备方面的原因，实际上对线性有一定程度的偏离。磁非线性度 NL 定义为

$$NL = \frac{U_H(B) - U'_H(B)}{U_H(B)} \times 100\%$$

U_H(B)和 U'_H(B)分别为在一定磁感应强度 B 下，霍尔电势的测量值和计算值。一般 NL 为 10^{-3} 数量级。NL 越小越好。

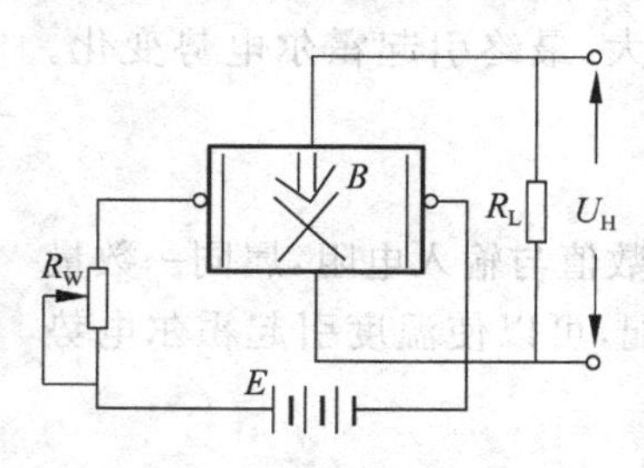

图 8-3 霍尔元件的基本测量电路

3. 霍尔式传感器的连接方式和输出电路

1）基本测量电路

霍尔元件的基本测量电路如图 8-3 所示，控制电流 I 由电源 E 供给，电位器 R_W 调节控制电流 I 的大小。霍尔元件输出接负载电阻 R_L。R_L 可以是放大器的输入电阻或测量仪表的内阻。由于霍尔元件必须在磁场与控制电流作用下，才会产生霍尔电势，所以在测量中，可以把 I 和 B 的乘积，或者 I，或者 B 作为输入信号，则霍尔元件的输出电势

分别正比于 I 或 B。

2）连接方式

除了霍尔元件基本电路形式之外，如果为了获得较大的霍尔输出电势，可以采用几片叠加的连接方式，如图 8-4 所示。

图 8-4(a)所示为直流供电情况。控制电流端并联，由 R_{W1}、R_{W2} 调节两个元件的输出霍尔电势，A、B 为输出端，则它的输出电势为单块的 2 倍。

图 8-4(b)所示为交流供电情况。控制电流端串联，各元件输出端接输出变压器 B 的初级绕组，变压器的次级便有霍尔电势信号叠加值输出。

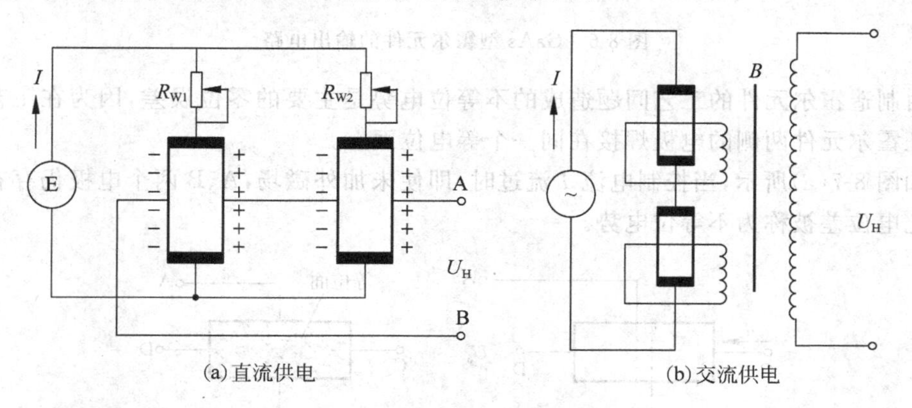

图 8-4　霍尔元件输出的叠加连接方式

3）霍尔电势的输出电路

霍尔器件是一种四端器件，本身不带放大器。霍尔电势一般在毫伏量级，在实际使用中必须加差分放大器。霍尔元件大体分为线性测量和开关状态两种使用方式。

因此，输出电路有如图 8-5 所示两种结构。下面以中国科学院半导体研究所生产的 GaAs 霍尔元件为例，给出两种参考电路，分别如图 8-6(a)和图 8-6(b)所示。

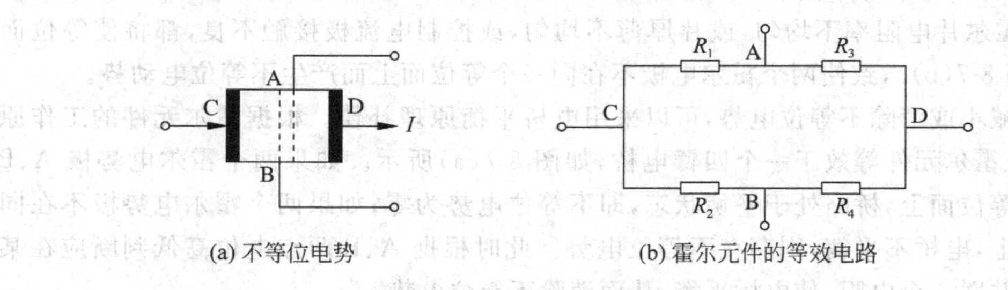

图 8-5　霍尔元件的输出电路

4. 霍尔元件的测量误差和补偿方法

霍尔元件在实际应用时，存在多种因素影响其测量精度。造成测量误差的主要因素有两类：一类是半导体固有特性；另一类为半导体制造工艺的缺陷。其表现为零位误差和温度引起的误差。

1）零位误差及补偿方法

零位误差是霍尔元件在加控制电流或不加外磁场时而出现的霍尔电势，称为零位误

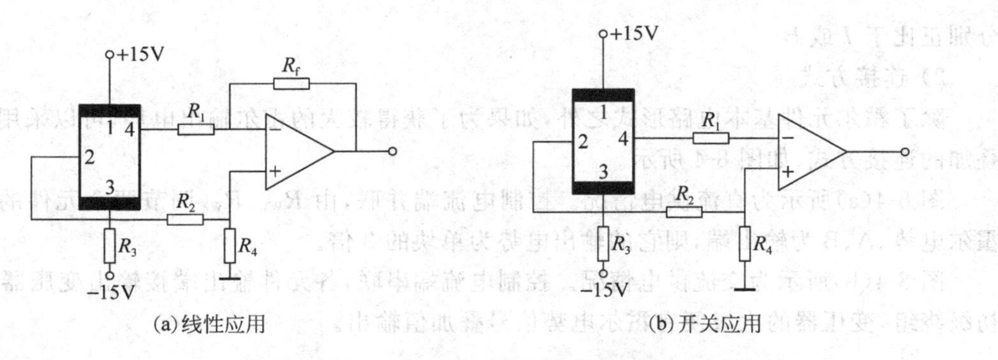

(a)线性应用　　(b)开关应用

图 8-6　GaAs 型霍尔元件的输出电路

差。由制造霍尔元件的工艺问题造成的不等位电势是主要的零位误差，因为在工艺上难以保证霍尔元件两侧的电极焊接在同一个等电位面上。

如图 8-7(a)所示，当控制电流 I 流过时，即使未加外磁场，A、B 两个电极仍存在电位差。此电位差被称为不等位电势。

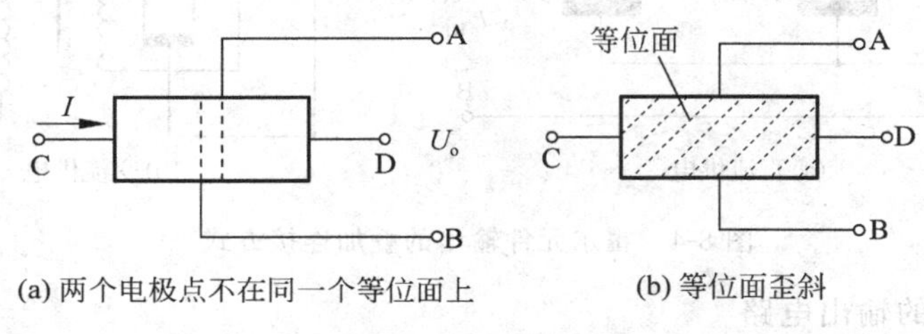

(a) 两个电极点不在同一个等位面上　　(b) 等位面歪斜

图 8-7　霍尔元件的不等位电势和等效电路

U_o产生的原因如下所述。

(1) 制造工艺不可能保证将两个霍尔电极对称地焊在霍尔片的两侧，致使两个电极点不能完全位于同一个等位面上，如图 8-7(a)所示。

(2) 霍尔片电阻率不均匀，或片厚薄不均匀，或控制电流极接触不良，都将使等位面歪斜(见图 8-7(b))，致使两个霍尔电极不在同一个等位面上而产生不等位电动势。

为了减小或消除不等位电势，可以采用电桥平衡原理补偿。根据霍尔元件的工作原理，可以把霍尔元件等效于一个四臂电桥，如图 8-7(a)所示。如果两个霍尔电势极 A、B 处在同一等位面上，桥路处于平衡状态，即不等位电势为零；如果两个霍尔电势极不在同一等位面上，电桥不平衡，则存在不等位电势。此时根据 A、B 两点电位高低判断应在某一桥臂上并联一个电阻，使电桥平衡，从而消除不等位电势。

图 8-8 给出了几种常用的补偿方法。为了消除不等位电势，可在阻值较大的桥臂上并联电阻，如图 8-8(a)所示；或在两个桥臂上同时并联如图 8-8(b)和(c)所示的电阻。显然，图 8-8(c)的调整比较方便。

2) 温度误差及其补偿

由于半导体材料的电阻率、迁移率和载流子浓度等都随温度变化而变化，因此会导致霍尔元件的内阻、霍尔电势等也随温度变化而变化。这种变化程度随不同半导体材料有所不同，而且温度高到一定程度，产生的变化相当大。温度误差是霍尔元件测量中不可忽

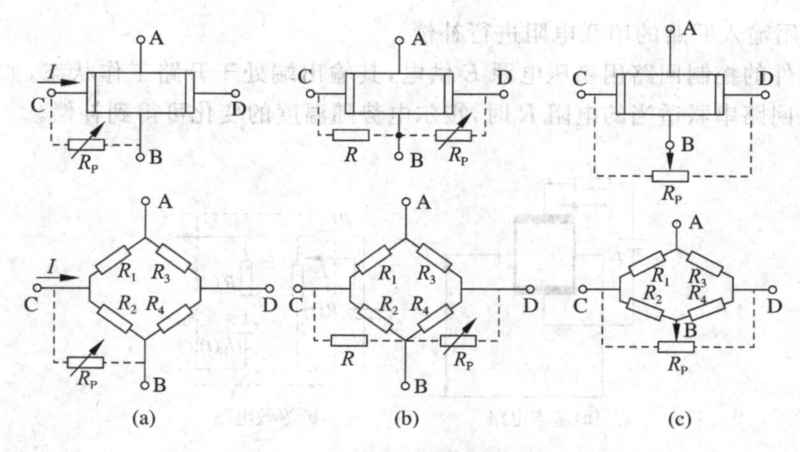

图 8-8 电桥平衡补偿原理图

视的误差。针对温度变化导致内阻(输入、输出电阻)的变化,可以采用对输入或输出电路的电阻进行补偿。

(1) 利用输出回路并联电阻进行补偿。

在输入控制电流恒定的情况下,如果输出电阻随温度增加而增大,霍尔电势增加;若在输出端并联一个补偿电阻 R_L,则通过霍尔元件的电流减小,而通过的 R_L 电流增大。只要适当选择补偿电阻 R_L,就可达到补偿的目的,如图 8-9 所示。下面介绍如何选择适当的补偿电阻。

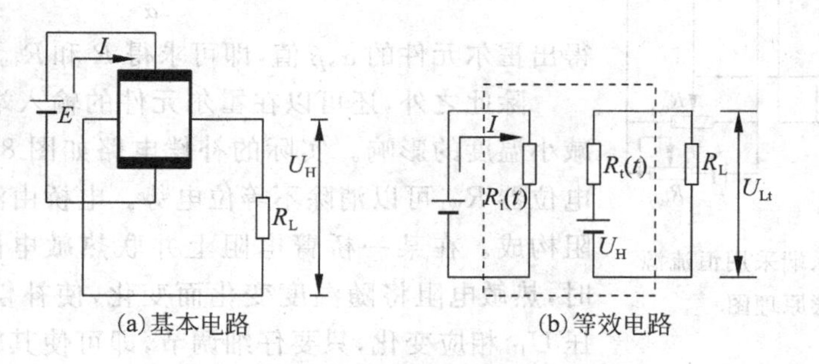

图 8-9 输出回路并联电阻补偿原理图

在温度影响下,元件的输出电阻从 R_{t0} 变到 R_t。输出电阻 R_t 和电势应为

$$R_t = R_{t0}(1+\beta t)$$

$$U_{Ht} = U_{Ht0}(1+\alpha t)$$

式中,α 和 β 为温度 t 时霍尔元件的输出电势 U_{Ht} 和电阻 R_t 的温度系数。此时 R_L 的电压为

$$U_{Lt} = U_{Ht0}\frac{R_L(1+\alpha t)}{R_{t0}(1+\beta t)+R_L}$$

补偿电阻 R_L 上,电压随温度变化最小的极值条件为 $\frac{dU_{Lt}}{dt}=0$,即 $\frac{R_L}{R_{t0}}=\frac{\beta-\alpha}{\alpha}$。

因此,当知道霍尔元件的 α、β 及 R_{t0} 时,便可以计算出能实现温度补偿的电阻 R_L 的值。

(2) 利用输入回路的串联电阻进行补偿。

霍尔元件的控制回路用稳压电源 E 供电，其输出端处于开路工作状态，如图 8-10 所示。当输入回路串联适当的电阻 R 时，霍尔电势随温度的变化可得到补偿。

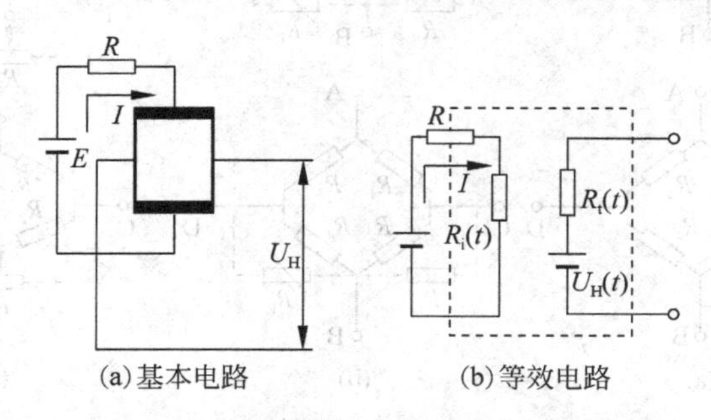

图 8-10 输入回路串联电阻补偿原理图

当温度增加时，霍尔电势的增加值为 $\Delta U_H = U_{Ht0}\alpha t$。另一方面，元件的输入电阻随温度的增加值为 $\Delta R_i = R_{it0}\beta t$。用稳压源供电时，控制电流的减小量为 $\Delta I = \dfrac{I_{t0}\beta_{it0}\beta t}{R+R_{it0}(1+\beta t)}$，它使霍尔电势的减小量为 $\Delta U'_H = U_{Ht0}\dfrac{R_{it0}\beta t(1+\beta t)}{R+R_{it0}(1+\beta t)}$。要想得到全补偿，应有 $\Delta U'_H = \Delta U_H$，则

$$R = \frac{(\beta-\alpha)R_{it0}(1+\beta t)}{\alpha}$$

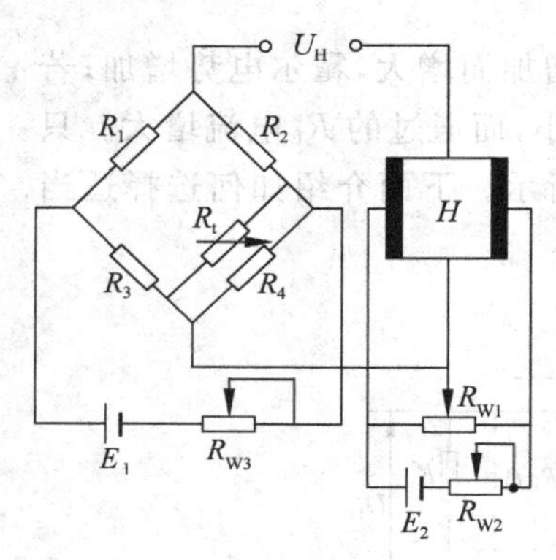

图 8-11 输入端采用恒流源补偿原理图

得出霍尔元件的 α、β 值，即可求得 R 和 R_{it0} 的关系。

除此之外，还可以在霍尔元件的输入端采用恒流源来减小温度的影响。实际的补偿电路如图 8-11 所示。调节电位器 R_{W1} 可以消除不等位电势。电桥由温度系数低的电阻构成。在某一桥臂电阻上并联热敏电阻，当温度变化时，热敏电阻将随温度变化而变化，使补偿电桥的输出电压 U_H 相应变化，只要仔细调节，即可使其输出电压 U_H 与温度基本无关。

(3) 采用温度补偿元件。

利用热敏元件补偿是最常采用的补偿方法，如图 8-12 所示。

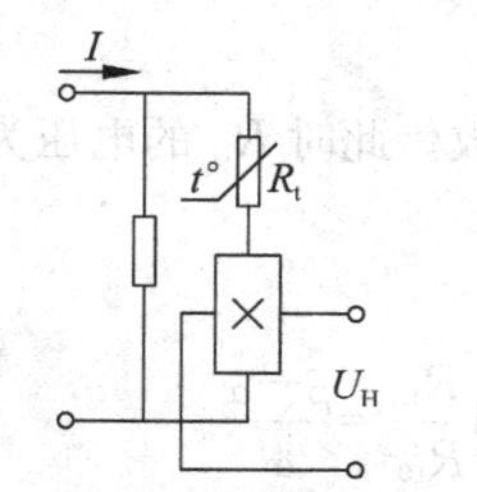

(a) 输入回路串接热敏电阻

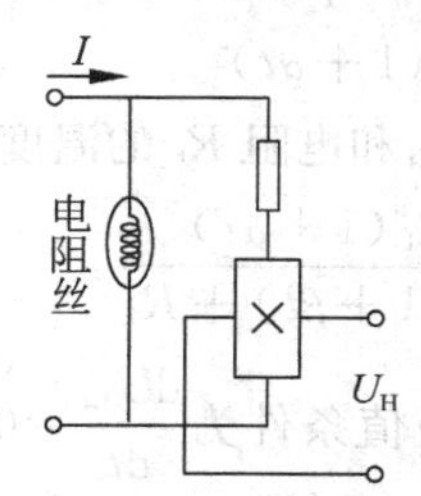

(b) 输入回路并接电阻丝

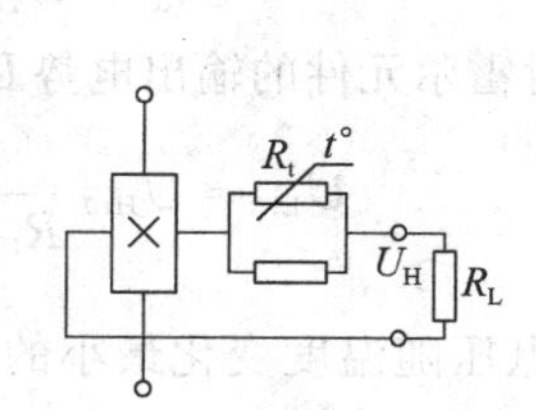

(c) 输出端串接热敏电阻

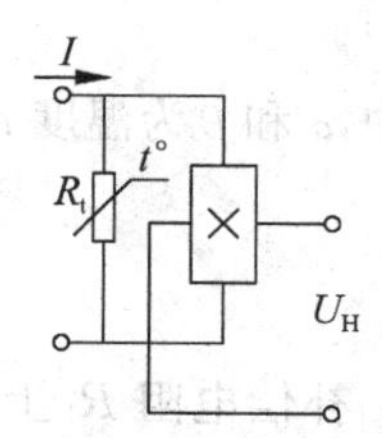

(d) 输入端并接热敏电阻

图 8-12 采用热敏元件的温度补偿原理图

1. 训练目的

了解霍尔传感器在转速测量系统中的应用；掌握霍尔式转速测量系统的调试方法和过程。

2. 训练器材

霍尔式传感器、+5V 及 2～24V 直流电源、转动源与频率/转速表。

3. 原理简介

利用霍尔效应表达式 $U_H = K_H IB$。当被测圆盘装上 N 只磁性体时，转盘每转一周，磁场变化 N 次；每转一周，霍尔电势就同频率相应变化，输出电势通过放大、整形和计数电路，就可以测出被测旋转物的转速。

4. 训练内容及步骤

(1) 如图 8-13 所示，将霍尔式传感器安装于传感器支架上，使霍尔组件正对着转盘上的磁钢。

(2) 将+5V 电源接到电源板上"霍尔"输出的电源端，"霍尔"输出接到频率/转速表(切换到测转速位置)。"2～24V"直流稳压电源接到"转动源"的"转动电源"输入端。

(3) 合上主控台电源，调节 2～24V 输出，可以观察到转动源转速的变化；也可通过通信接口的第一通道 CH_1，用上位机软件观测霍尔组件输出的脉冲波形。

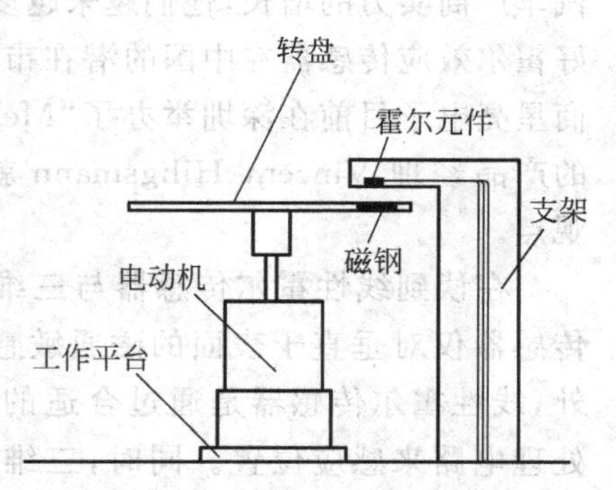

图 8-13 霍尔式传感器测速实验安装图

任务评价

序号	评价内容	配分	扣分要求	得分
1	元器件的安装	20	安装错误，每处扣 5 分	
2	霍尔式转速测量装置的调试过程	80	步骤操作不规范，每次扣 5 分	
3	团队合作			
	小组评价			
	教师评价			
	时间：60min	个人成绩：		

霍尔传感器发展趋势

在各类自动化生产线中，使用的无触点开关具有环保、耐用、抗振、易安装等特点，这些是接触型传感器无法匹敌的优点，向无接触传感方向发展将是大势所趋。在无接触型传感器中，凭借着高可靠性等优势，霍尔效应传感器(Hall Effect Sensor)在自动化领域赢得广泛的应用空间。如在汽车的应用中，霍尔传感器应用在检测齿轮齿速、油门位置、尾气再循环阀位置、电动机与传动的速度和位置，用于防锁闸和牵引系统的车轮速度传感器、脚踏板、坐椅安全带、刹车与离合器的位置、车锁、车窗及油耗等诸多方面。

另一方面，近年来，中国汽车电子市场逐渐兴起。赛迪顾问的数据显示，2005 年中国汽车电子市场规模同比增长 36%，达到了 624 亿元人民币的规模；特别是随着中国本土汽车厂商实力的增长，他们越来越多地将目标投向对质量要求苛刻的欧美市场。正是看好霍尔效应传感器在中国的潜在市场空间，总部设在比利时的 Melexis 公司联合其代理商星亮电子目前在深圳举办了“Melexis Triaxis and Linear 霍尔传感器研讨会”，该公司的产品经理 Vincent Hiligsmann 就霍尔传感器技术的现状及发展趋势阐述了自己的观点。

在谈到线性霍尔传感器与三维霍尔传感器之间的差异时，Vincent 表示，线性霍尔传感器仅对垂直于表面的磁通敏感，而三维霍尔传感器对平行于表面的磁通敏感。此外，线性霍尔传感器是通过合适的磁电路来感应位置，三维霍尔传感器则是通过数字处理电路来感应位置。同时，三维霍尔传感器具备自我补偿温漂，不会出现类似于线性传感器那样由温度变化以及磁场变化而引起的误差。Vincent Hiligsmann 还指出，Melexis Triaxis 霍尔传感器的 MCU 以及 DSP 均采用 Melexi 独有架构，不仅在成本控制上更具优势，而且拥有独立算法；同时，Melexis 将为设计人员提供相应的源程序，且无须相关培训。

对于工程师所关切的 EMC 问题，Vincent Hiligsmann 指出，从欧洲霍尔器件的技术发展来看，过去 5 年中，霍尔器件的研发瓶颈已得到有效突破。例如，Melexis Triaxis 霍尔传感器与 5 个 EMC 器件协同工作，已经基本解决了干扰问题，感应精度显著提高。Vincent Hiligsmann 强调，目前研发工程师所面临的最为棘手的问题不再是 EMC，未来 5 年，霍尔器件如何在长时间高温下保持较高的可靠性将成为从业工程师研究的重大课题。他指出，当霍尔传感器长期处于较高的工作环境温度时，芯片内部绑定(bonding)将可能出现松动、断裂等现象，从而影响传感器正常工作。

此外，Vincent Hiligsmann 还表示，鉴于目前霍尔传感器的成本较高，因此其应用领域基本锁定在如汽车领域等高端市场，而对于需求量较大，但对成本控制非常严格的消费电子市场，Melexis 持有较为谨慎的态度。但 Vincent Hiligsmann 个人认为，霍尔传感器走进游戏机手柄、电动玩具等消费电子应用将是大势所趋，因此，霍尔器件供应商还将面临成本控制的难题。

任务8.2　霍尔式传感器的应用

本任务主要介绍常见的霍尔式传感器的应用。通过学习，了解生活、工业中常用的霍尔式传感器，并能根据工程要求正确选择、安装和使用。

相关知识

霍尔传感器是由霍尔元件与弹性敏感元件或水磁体结合而形成。它有灵敏度高、体积小、质量轻、无触点、频率低(可以检测到微波)、动态特性好、可靠性高、寿命长及价格低等优点。因此，在磁场、电流及各种非电量测量、信息处理、自动化技术等方面得到了广泛的应用。

1. 霍尔传感器的应用类型

归纳起来，霍尔传感器主要有以下3个方面的应用类型。

(1) 利用霍尔电势正比于磁感强度的特性来测量磁场及与之有关的电量和非电量。例如，磁场计、方位计、电流计、微小位移计、角度计、转速计、加速度计、函数发生器、同步传动装置、无刷直流电机和无触点开关(接近开关)等。

(2) 利用霍尔电势正比于激励电流的特性，可制作回转器、隔离器和电流控制装置等。

(3) 利用霍尔电势正比于激励电流与磁感应强度乘积的规律，制成乘算器、除算器、开方器和功率计等，也可以作混频、调制、斩波和解调等用途。

2. 霍尔式传感器的选用原则

1) 灵敏度的选择

通常，在传感器的线性范围内，希望传感器的灵敏度越高越好。因为只有灵敏度高时，与被测量变化对应的输出信号的值才比较大，有利于信号处理。但要注意的是，传感器的灵敏度高，与被测量无关的外界噪声将容易混入，也会被放大系统放大，影响测量精度。

2) 频率响应特性

传感器的频率响应特性决定了被测量的频率范围，必须在允许的频率范围内保持不失真的测量条件。实际上，传感器的响应总有一定的延迟，希望延迟时间越短越好。

3) 线性范围

传感器的线性范围是指输出与输入成正比的范围。从理论上讲，在此范围内，灵敏度保持定值。传感器的线性范围越宽，则其量程越大，并且能保证一定的测量精度。在选择传感器时，当传感器的种类确定以后，首先要看其量程是否满足要求。

4) 稳定性

传感器使用一段时间后，其性能保持不变化的能力称为稳定性。影响传感器长期稳定性的因素除传感器本身的结构外，主要是传感器的使用环境。因此，要使传感器具有良好的稳定性，传感器必须有较强的环境适应能力。

5）精度

传感器的精度越高，其价格越昂贵，因此，传感器的精度只要满足整个测量系统的精度要求就可以，不必选得过高。这样就可以在满足同一测量目的的诸多传感器中选择比较便宜和简单的传感器。

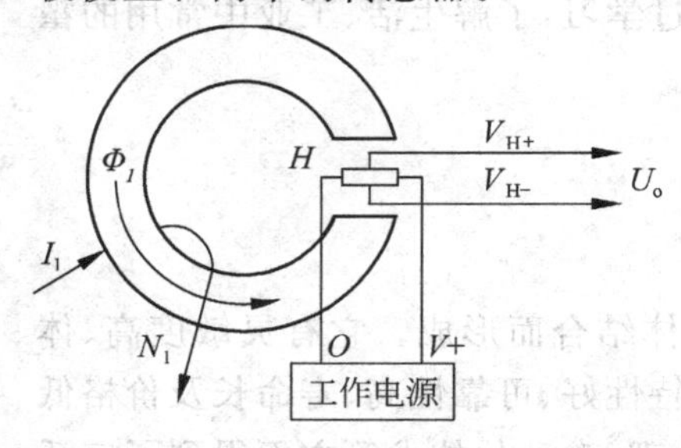

图 8-14 霍尔直流检测原理

3. 霍尔传感器应用

1）霍尔直流检测原理

如图 8-14 所示，由于磁路与霍尔器件的输出具有良好的线性关系，因此霍尔器件输出的电压信号 U_o 可以间接反映出被测电流 I_1 的大小。

我们把 U_o 定标为当被测电流 I_1 为额定值时，U_o 等于 50mV 或 100mV，用以制成霍尔直接检测（无放大）电流传感器。

2）霍尔磁补偿原理

如图 8-15 所示，原边主回路有一个被测电流 I_1，将产生磁通 Φ_1，被副边补偿线圈通过的电流 I_2 所产生的磁通 Φ_2 补偿后保持磁平衡状态，霍尔器件则始终处于检测零磁通的作用，所以称之为霍尔磁补偿电流传感器。这种先进的原理模式优于直检原理模式，其突出的优点是响应时间快和测量精度高，特别适用于弱小电流的检测。霍尔磁补偿原理如图 8-15 所示。

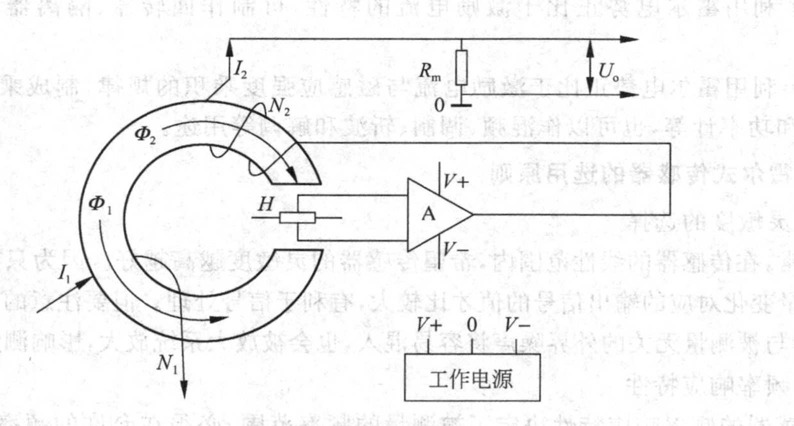

图 8-15 霍尔磁补偿原理

从图 8-15 知道：$\Phi_1=\Phi_2$，$I_1N_1=I_2N_2$，$I_2=N_1/N_2\cdot I_1$。

当补偿电流 I_2 流过测量电阻 R_M 时，在 R_M 两端转换成电压，作为传感器测量电压 U_o，即 $U_o=I_2R_M$。

按照霍尔磁补偿原理，可以制成额定输入 0.01～500A 系列规格的电流传感器。

由于磁补偿式电流传感器必须在磁环上绕成千上万匝的补偿线圈，因而成本增加；其次，工作电流消耗相应增加；但它具有直检式不可比拟的较高精度和快速响应等优点。

3）磁补偿式电压传感器

为了测量毫安级的小电流，根据 $\Phi_1 = I_1 N_1$，增加 N_1 的匝数，同样可以获得高磁通 Φ_1。采用这种方法制成的小电流传感器不但可以测毫安级电流，而且可以测电压。

与电流传感器所不同的是在测量电压时，电压传感器的原边多匝绕组通过串联一个限流电阻 R_1，然后并联在被测电压 U_1 上，得到与被测电压 U_1 成比例的电流 I_1，如图 8-16 所示。

副边原理同电流传感器一样。当补偿电流 I_2 流过测量电阻 R_M 时，在 R_M 两端转换成电压作为传感器的测量电压 U_o，即 $U_o = I_2 R_M$。

4）霍尔式无触点汽车电子点火装置

采用霍尔式无触点电子点火装置能较好地克服汽车合金触点点火时间不准确、触点易烧坏、高速时动力不足等缺点。汽车点火器如图 8-17 所示。

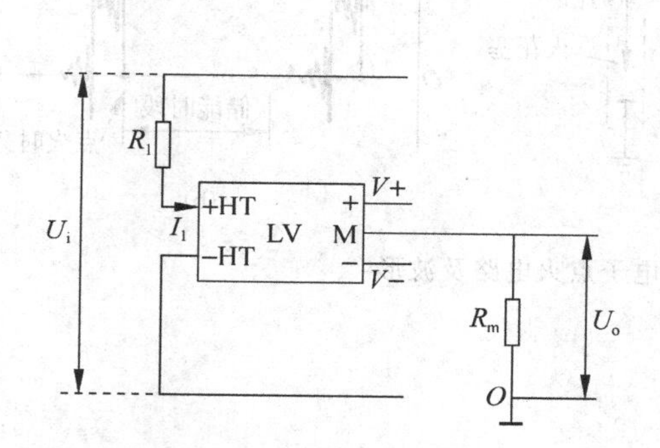

图 8-16 霍尔电压传感器原理

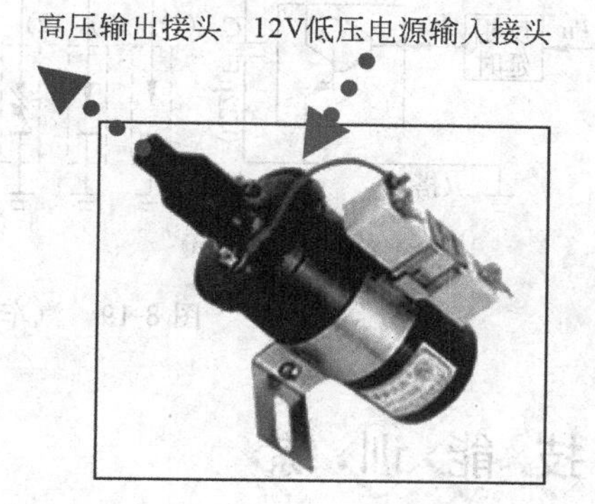

图 8-17 汽车点火器

如图 8-18 所示，当叶片遮挡在霍尔 IC 面前时，PNP 型霍尔 IC 的输出为低电平，晶体管功率开关处于导通状态，点火线圈低压侧有较大电流通过，并以磁场能量的形式存储在点火线圈的铁芯中。

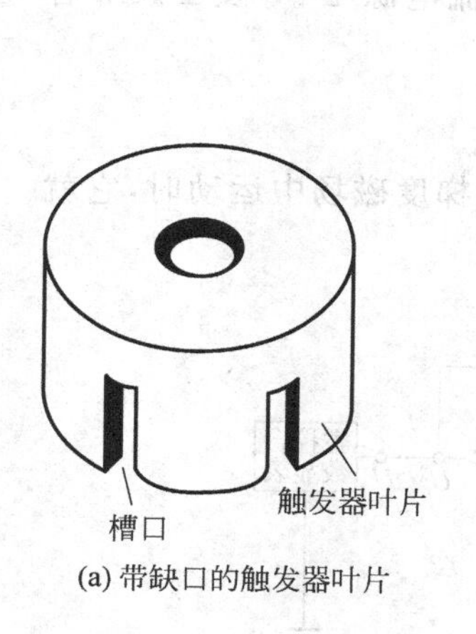

(a) 带缺口的触发器叶片

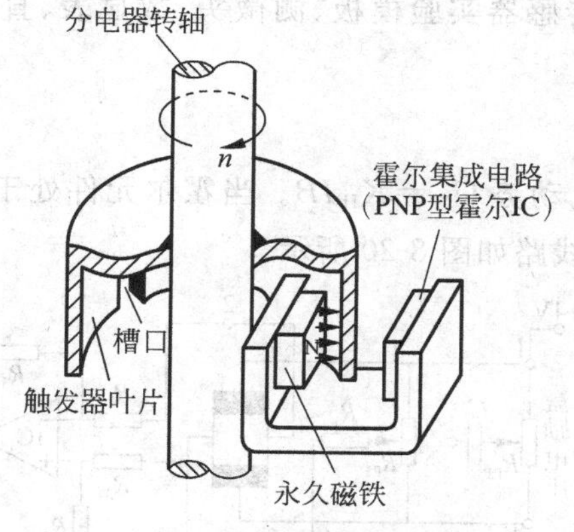

(b) 触发器叶片与永久磁铁及霍尔集成电路之间的安装关系

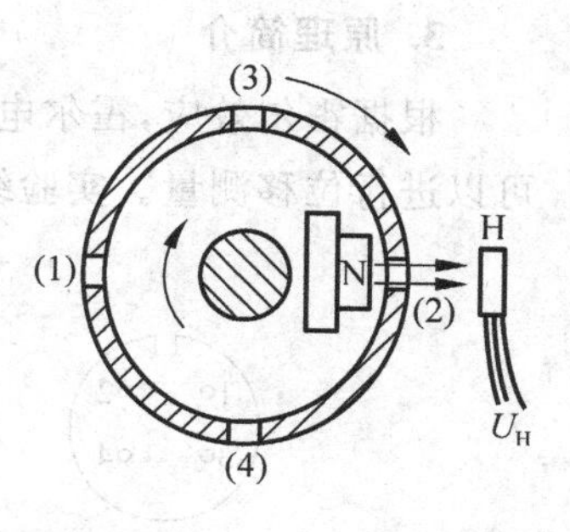

(c) 叶片位置与点火时的关系

图 8-18 桑塔纳汽车霍尔式分电器示意图

当叶片槽口转到霍尔 IC 面前时，霍尔 IC 输出跳变为高电平，经反相变为低电平，达林顿管截止，切断点火线圈的低压侧电流，如图 8-19 所示。由于没有续流元件，所以存储在点火线圈铁芯中的磁场能量在高压侧感应出 30～50kV 的高电压。

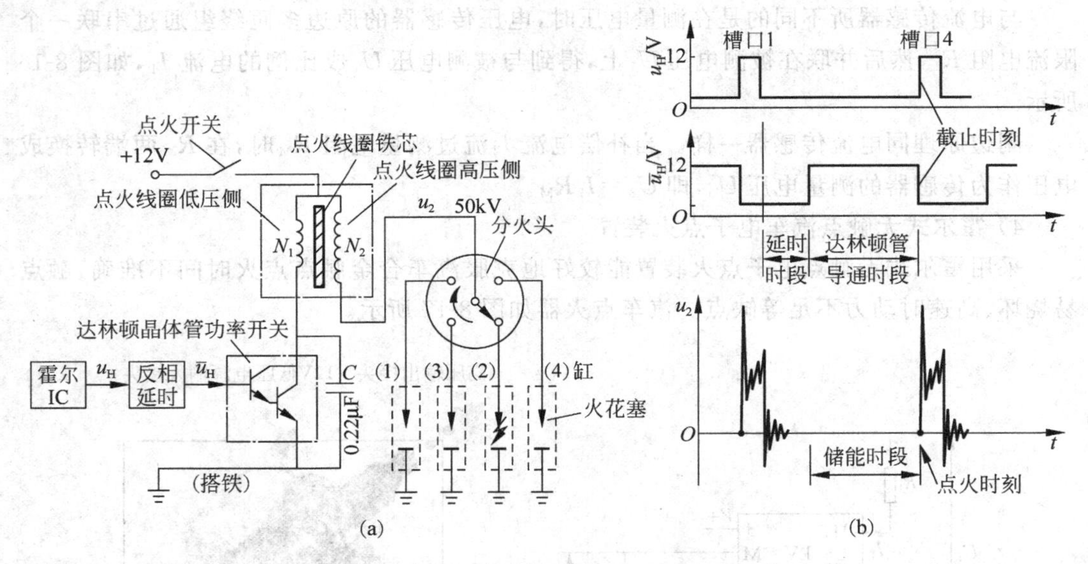

图 8-19 汽车电子点火电路及波形

技能训练

1. 训练目的

了解霍尔传感器在位移测量中的应用；掌握霍尔位移测量和系统的使用方法。

2. 训练器材

霍尔式传感器、霍尔传感器实验模板、测微头、数显表、直流电源±4V 及±15V 各一组。

3. 原理简介

根据霍尔效应，霍尔电动势 $U_H = K_H IB$。当霍尔元件处于梯度磁场中运动时，它就可以进行位移测量。实验线路如图 8-20 所示。

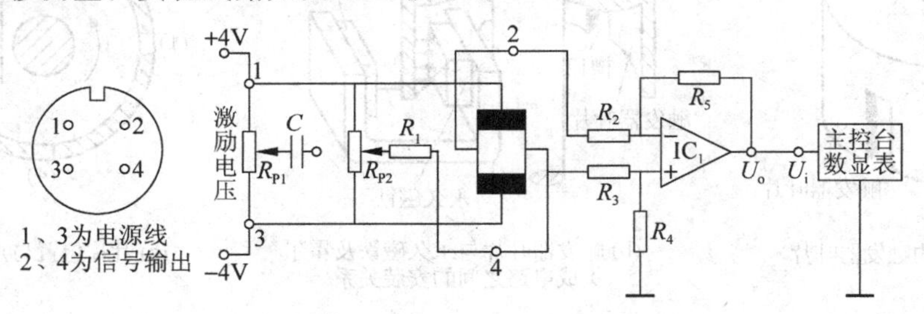

图 8-20 实验电路图

4. 训练内容及步骤

（1）将霍尔式传感器按图 8-21 所示安装。

（2）霍尔式传感器与实验模板按图 8-20 所示连接。1、3 为电源±4V，2、4 为输出。

（3）开启电源，调节测微头，使霍尔片在磁钢中间位置；再调节 R_{W2}，使数显表指示为零。

（4）旋转测微头向轴向方向推进，每转动 0.2mm，记下一个读数，直到读数不变，将读数填入表 8-1。

表 8-1　霍尔式传感器位移 X 与输出电压 U 数据记录表

X/mm										
U/mV										

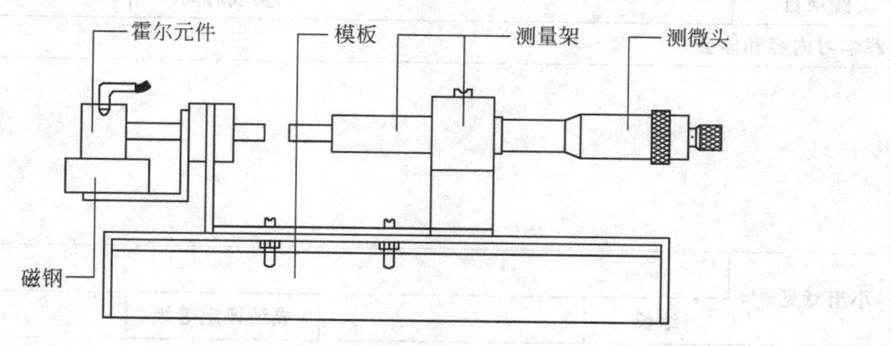

(a) 安装示意图

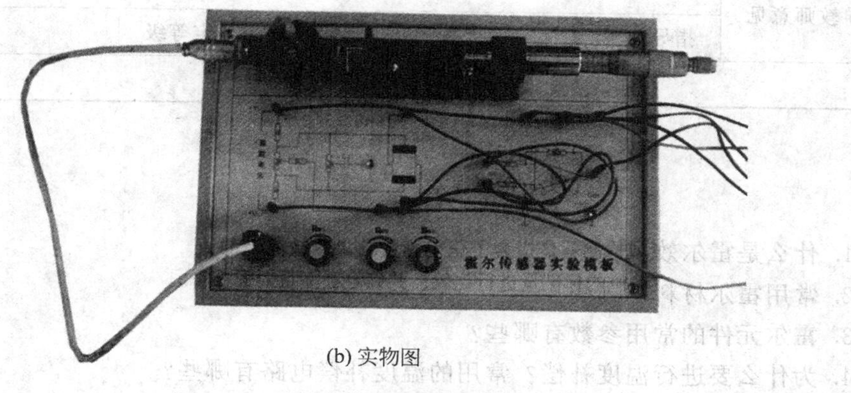

(b) 实物图

图 8-21　霍尔式传感器位移测量安装图

任务评价

序号	评价内容	配分	扣分要求	得分
1	原理认识	20	原理不熟悉，每处扣 5 分	
2	霍尔式位移测量装置的安装调试	80	步骤操作不规范，每次扣 5 分	

续表

序号	评价内容	配分	扣分要求	得分
3	团队合作			
	小组评价			
	教师评价			
时间：60min		个人成绩：		

项目学习总结表

姓名		班级		
实践项目		实践时间		
实践学习内容和体会				
小组意见				
	组长		成绩评定等级	
指导教师意见				
	指导教师		成绩评定等级	
备注：				

思考与练习

1. 什么是霍尔效应？霍尔式传感器有哪些特点？
2. 常用霍尔材料有哪些？
3. 霍尔元件的常用参数有哪些？
4. 为什么要进行温度补偿？常用的温度补偿电路有哪些？

数字式位置传感器

【项目分析】

本项目主要包括光栅传感器的使用、磁栅传感器的使用、编码器的使用三个任务。通过完成这些任务，可以达到如下目标。

(1) 了解光栅、磁栅、编码器的基本原理；

(2) 熟悉光栅、磁栅、编码器的结构；

(3) 会安装光栅、磁栅、编码器。

随着科学技术的进步和生产的发展，对测量提出了大尺寸、数字化、高精度、高效益和高可靠性等一系列要求，为满足这些要求，近年来出现了新的测量元件——数字传感器。目前，数字传感器在机床业的数控技术、自动化技术以及计量技术中已被日益广泛地采用。

所谓数字传感器，就是将被测量(一般是位移量)转化为数字信号，并进行精确检测和控制的传感器。数字式传感器分为以编码方式产生数字信号的代码型和将输出的连续信号经过简单的整形、微分电路处理后输出离散脉冲信号的计数型两类。

代码型传感器又称编码器，其工作原理是把一定量的输入量转换为一个二进制的代码输出。二进制代码中表示 1 和 0 的高、低电平可以用光电元件或机械接触式元件输出，通常用来检测执行元件的位置和速度，如绝对式光电脉冲编码器、接触式编码盘等。

计数型数字式传感器又称脉冲数字型传感器。它可以是任何一种脉冲发生器，所发出的脉冲数与输入量成正比，加上计数器就可以对输入量进行计数，可用来检测输送带上通过的产品个数，也可用来检测执行机构的位移量。这时，执行机构每移动一定距离或转动一定角度，传感器就会发出一个脉冲信号，如增量式光电脉冲编码器和光栅传感器等。

任务 9.1　光栅传感器的使用

任务分析

本任务主要介绍光栅检测装置。通过学习本任务内容，了解光栅测量装置的基本结构、工作原理，并能根据工程要求正确选择、安装和使用。

相关知识

光栅式传感器实际上是光电式传感器的一个特殊应用，它是根据莫尔条纹原理制成的一种脉冲输出数字式传感器。

1. 光栅测量装置概述

光栅分为物理光栅和计量光栅。物理光栅主要是利用光的衍射现象，常用光谱分析和光波波长测定。在计量工作中应用的光栅称为计量光栅。数字式位置传感器中使用的是计量光栅。图 9-1 所示为常见的各种光栅传感器。

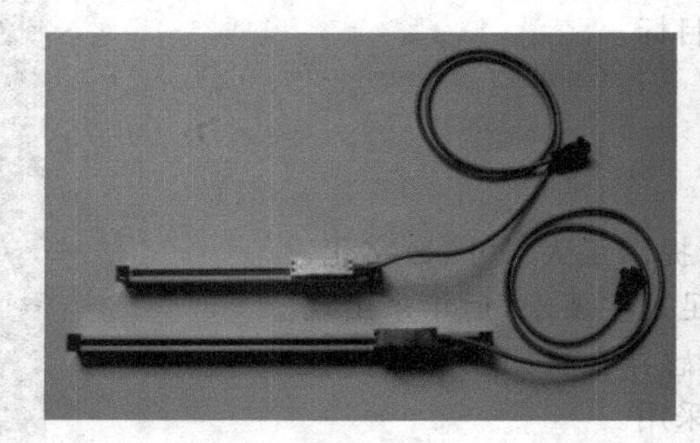
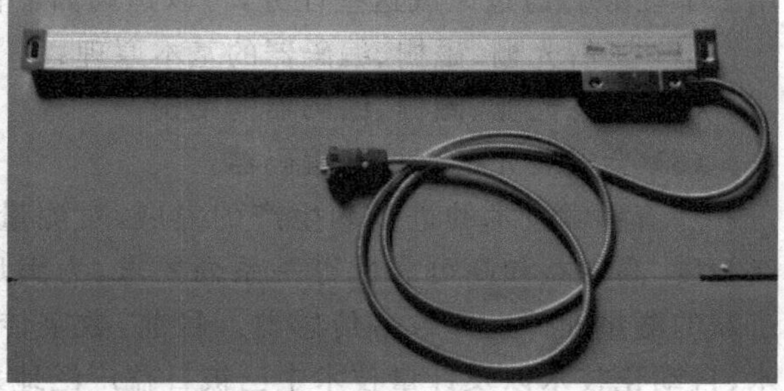
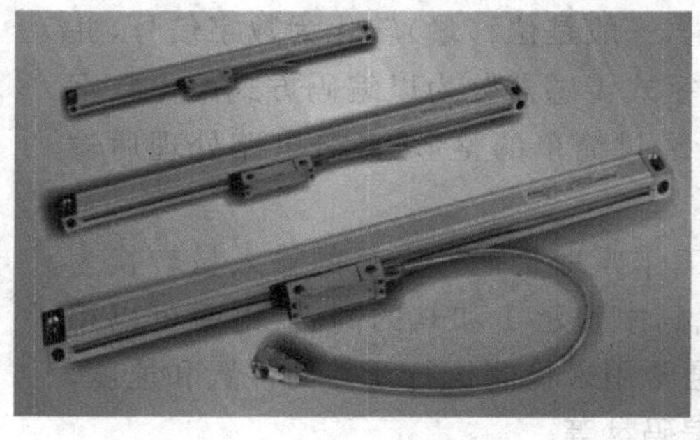

图 9-1　光栅传感器

1）计量光栅的组成和种类

计量光栅的结构如图 9-2 所示，由光源、透镜、光栅副(标尺光栅和指示光栅)、光电元件和驱动电路组成。光源一般采用白炽灯。白炽灯发出的光线经过透镜后变成平行光束，照射在光栅副上。光电元件输出信号。光电元件可以是光敏二极管，也可以是光电池。由于光电元件输出的电压信号比较微弱，因此，必须首先将该电压信号放大，以避免在传输过程中被多种干扰信号所淹没、覆盖而造成失真。驱动电路的作用就是实现对光电元件输出的信号进行功率放大和电压放大。

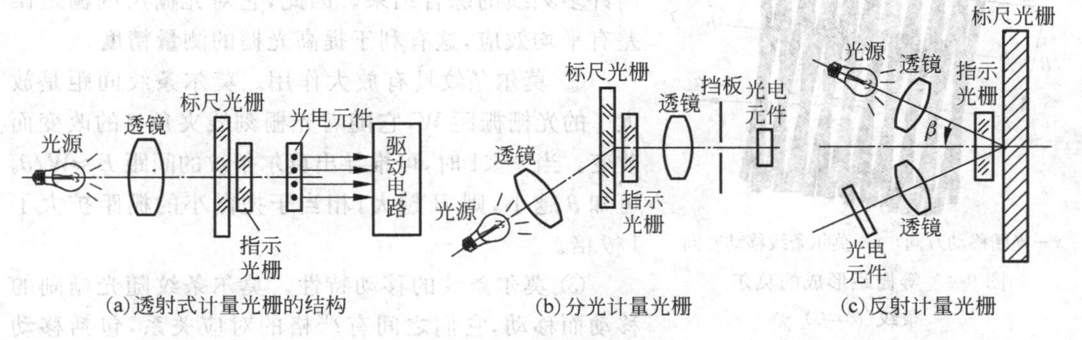

图 9-2 计量光栅的结构

光栅副主要由标尺光栅（工业中又称“尺身”）和指示光栅（工业中又称“读数头”）两部分组成，如图 9-3 所示。其中，长的一块为标尺光栅，短的一块为指示光栅。两块光栅上均匀地刻有相互平行、透光和不透光相间的线纹，这些线纹与两块光栅相对运动的方向垂直。从光栅图上对光栅尺线纹的局部放大部分来看，白的部分 b 为透光线纹宽度，黑的部分 a 为不透光线纹宽度。设栅距为 W，则 $W=a+b$，W 越小，分辨力越高。一般光栅尺的透光线纹和不透光线纹宽度是相等的，即 $a=b$。常见长光栅的线纹宽度为 25、50、100、125、250（线/mm）。

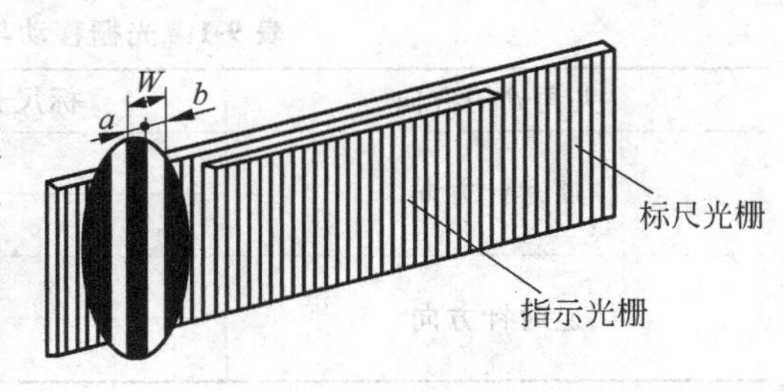

图 9-3 光栅副

计量光栅按其形状和用途可以分成长光栅和圆光栅两类。长光栅用于直线位移测量，又称直线光栅；圆光栅用于角度测量。

从光栅的光线走向来看，计量光栅可分为透射式光栅和反射式光栅两大类。透射式光栅一般用光学玻璃作为基体，在其上均匀地刻划了等间距、等宽度的条纹，形成连续的透光区和不透光区。反射式光栅用不锈钢作为基体，在其上用化学方法制作出黑白相间的条纹，形成强反光区和不反光区。

使用时，在长光栅中，标尺光栅固定不动，而指示光栅安装在运动部件上，所以两者之间形成相对运动。在圆光栅中，指示光栅固定不动，而标尺光栅随被测物的转轴转动。

2）光栅传感器的原理

（1）莫尔条纹。光栅是利用莫尔条纹现象来测量的。所谓莫尔（Moire），法文的原意是水面上产生的波纹。如图 9-4 所示为两块相同栅距的光栅合在一起时，其栅线之间倾斜一个很小的夹角 θ，于是在近乎垂直于栅线的方向上出现了明暗相间的条纹，这就是莫尔条纹。它是由一系列四棱形图案组成的。图 9-4 中，相邻两条亮带（或暗带）之间的距离称为莫尔条纹的纹距 B。

莫尔条纹有如下几个重要特性。

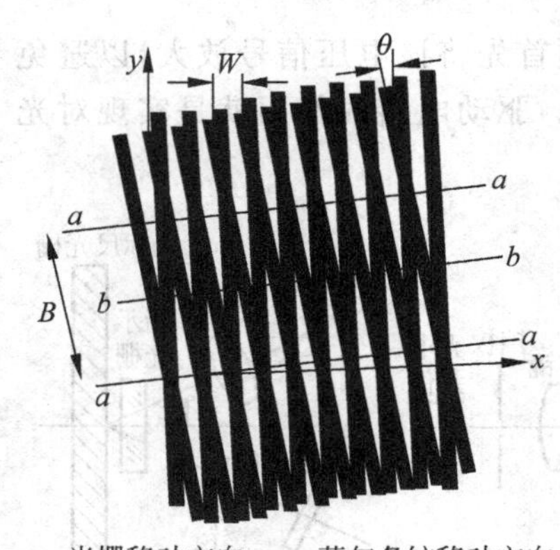

x—光栅移动方向；y—莫尔条纹移动方向

图 9-4 等栅距形成的莫尔条纹($\theta\neq0$)

① 莫尔条纹有平均误差的作用，消除光栅刻线的不均匀误差。由于光栅尺的刻线非常密集，光电元件接收到的莫尔条纹所对应的明暗信号是一个区域内许多刻线的综合结果。因此，它对光栅尺的栅距误差有平均效应，这有利于提高光栅的测量精度。

② 莫尔条纹具有放大作用。莫尔条纹间距是放大了的光栅栅距 W，它随着光栅刻线夹角 θ 的改变而改变。当 $\theta\ll1$ 时，可推导出莫尔条纹的间距 $B\approx W/\theta$。可知 θ 越小，则 B 越大，相当于把微小的栅距扩大了 $1/\theta$ 倍。

③ 莫尔条纹的移动特性。莫尔条纹随光栅副的移动而移动，它们之间有严格的对应关系，包括移动方向和位移量。即两块光栅相对移动时，莫尔条纹沿垂直于光栅运动的方向移动，并且光栅每移动一个栅距 W，莫尔条纹就准确地移动一个纹距 B。只要测出莫尔条纹的数目，就可知道光栅移动了多少栅距。表 9-1 所示为莫尔条纹移动方向与光栅相对移动方向及光栅线纹夹角的关系。

表 9-1 光栅移动与莫尔条纹移动关系表

夹角 θ 的方向	标尺光栅移动方向	莫尔条纹移动方向
顺时针方向	向左	向上
	向右	向下
逆时针方向	向左	向下
	向右	向上

④ 光强与位置的关系。两块光栅相对移动时，从固定点观察到莫尔条纹光强的变化近似为余弦波形。光栅移动一个栅距 W，光强变化一个周期 2π，这种正弦波形的光强变化照射到光电元件上，即可转换成关于位置的正弦变化的电信号。

(2) 辨向原理。在实际应用中，被测物体的移动方向往往不是固定的。无论标尺光栅向前或向后移动，在一个固定点观察时，莫尔条纹都是作明暗交替变化。因此，只根据一条莫尔条纹信号，无法判别光栅移动方向，也就不能正确测量往复移动时的位移。为了辨向，需要两个一定相位差的莫尔条纹信号。

图 9-5 所示为辨向的工作原理和逻辑电路。在相隔 1/4 条纹间距的位置上安装两个光电元件，得到两个相位差 $\pi/2$ 的电信号 u_{o1} 和 u_{o2}，整形后得到两个方波信号 u'_{o1} 和 u'_{o2}。从图 9-5 中波形的对应关系可以看出，在光栅按 A 所示方向移动时，u'_{o1} 经微分电路后产生的脉冲(如图 9-5 中实线所示)正好发生在 u'_{o1} 的"1"电平时，与门 Y_1 输出一个计数脉冲；而 u'_{o1} 经反相微分后产生的脉冲(如图 9-5 中虚线所示)与 u'_{o2} 的"0"电平相遇，与门 Y_2 被阻塞，没有脉冲输出。在光栅按 B 所示方向移动时，u'_{o1} 的微分脉冲发生在 u'_{o2} 为"0"电平时，与门 Y_1 无脉冲输出；而 u'_{o1} 反相微分所产生的脉冲发生在 u'_{o2} 的"1"电平，与门 Y_2 输出一个计数脉冲。因此，u'_{o2} 的电平状态可作为与门的控制信号，控制 u'_{o1} 所产生的脉冲输

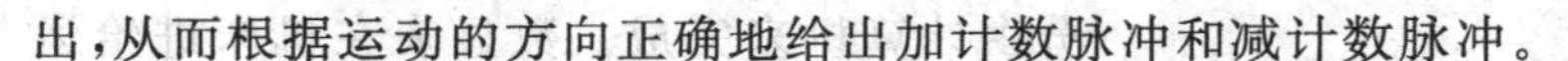
出，从而根据运动的方向正确地给出加计数脉冲和减计数脉冲。

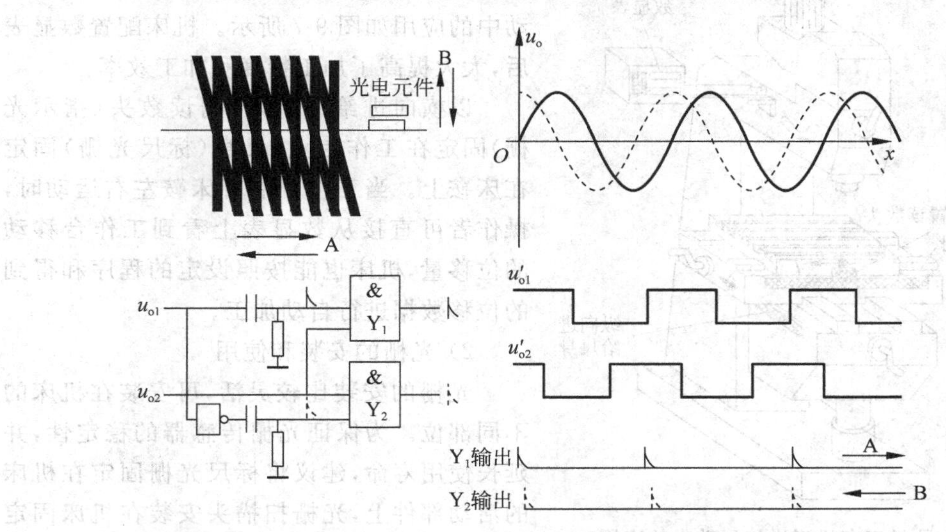

图 9-5　辨向的工作原理和逻辑电路

(3) 细分技术。为了提高光栅检测系统的测量精度，可以采用增加刻线密度的方法，但这种方法会受到制造工艺的限制，故常采用细分技术。细分技术包括倍频细分法和电桥细分法等。

由前面的介绍可知，当光栅相对移动一个栅距 W 时，莫尔条纹移过一个间距 B，与门输出一个计数脉冲，其分辨率为 W。为了提高分辨率，测量比栅距更小的位移量，必须对电路进行处理，可采用细分技术。所谓细分，就是在莫尔条纹信号变化一个周期内发出若干个脉冲，以减小脉冲当量，如一个周期内发出 n 个脉冲，即可使测量精度提高到 n 倍，而每个脉冲相当于原来栅距的 $1/n$。由于细分后计数脉冲频率提高了 n 倍，因此也称为 n 倍频。如果仅采用 2 套光敏元件，则细分数为 4；如果采用 4 套光敏元件，则细分数为 16。

2. 光栅的应用

1）光栅数显表及其在机床进给运动中的应用

光栅数显表能显示经技术处理后的位移数据，并给数控加工系统提供位移信号，其外形及组成框图如图 9-6 所示。在光栅数显表中，放大、整形采用传统的集成电路，辨向、细

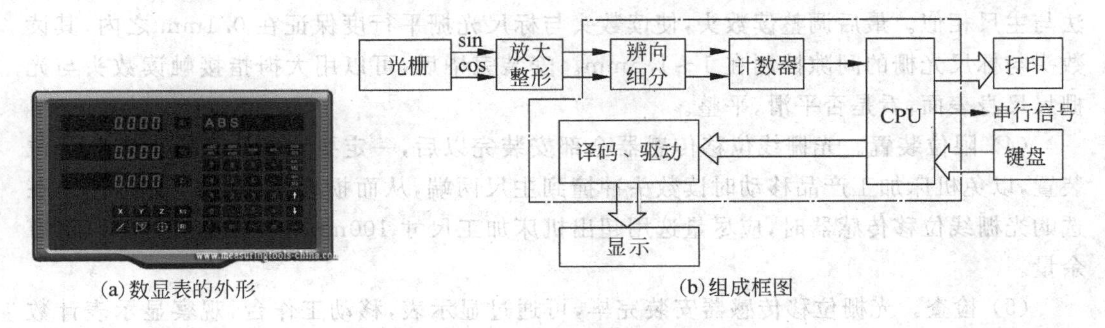

(a) 数显表的外形　　(b) 组成框图

图 9-6　光栅数显表

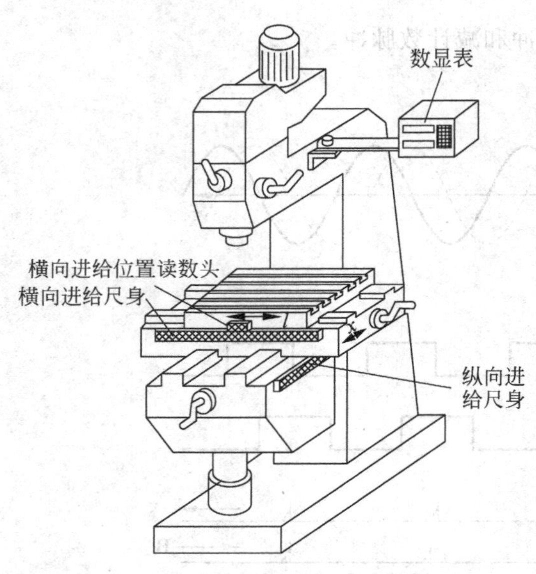

图 9-7　数显表在机床进给运动中的应用

分由计算机来完成。数显表在机床进给运动中的应用如图 9-7 所示。机床配置数显表后,大大提高了加工精度和加工效率。

以横向进给为例,光栅读数头(指示光栅)固定在工作台上,尺身(标尺光栅)固定在床鞍上。当工作台沿着床鞍左右运动时,操作者可直接从数显表上看到工作台移动的位移量,机床也能按照设定的程序和得到的位移数据进行自动加工。

2) 光栅的安装和使用

光栅的安装比较灵活,可安装在机床的不同部位。为保证光栅传感器的稳定性,并延长使用寿命,建议将标尺光栅固定在机床的活动部件上,光栅扫描头安装在机床固定部件上。合理的安装方式还要考虑到切屑、切削冷却液等的溅落方向,要防止它们侵入光栅内部。

(1) 基座安装。

① 应加一根与光栅尺尺身长度相等的基座(基座应长出光栅尺 50mm 左右)。

② 基座应保证其平面平行度≤0.1mm/1000mm。

③ 读数头基座应与尺身基座等高。读数头的基座与尺身的基座总共误差不得超过−0.2～+0.2mm。安装时,调整读数头位置,达到读数头与光栅尺尺身的平行度为0.1mm 左右,读数头与光栅尺尺身之间的间距为 1～1.5mm。

(2) 标尺光栅安装。

① 在装标尺光栅时,如安装超过 1.5m 以上的光栅,不能像桥梁式那样只安装两端头,尚需要在整个主尺尺身中间有支撑。

② 在有基座的情况下安装好以后,最好用一个卡子卡住尺身中点(或几点)。

③ 不能安装卡子时,最好用玻璃胶粘住光栅尺身,使基尺与主尺固定好。

(3) 读数头安装。在安装读数头时,如果发现安装条件非常有限,可以考虑使用附件,如角铝、直板。首先应保证读数头的基面达到安装要求,然后再安装读数头,其安装方法与主尺相似。最后调整读数头,使读数头与标尺光栅平行度保证在 0.1mm 之内,其读数头与标尺光栅的间隙控制在 1～1.5mm。安装完毕后,可以用大拇指接触读数头与光栅尺尺身表面,看是否平滑、平整。

(4) 限位装置。光栅线位移传感器全部安装完以后,一定要在机床导轨上安装限位装置,以免机床加工产品移动时读数头冲撞到主尺两端,从而损坏光栅尺。另外,用户在选购光栅线位移传感器时,应尽量选用超出机床加工尺寸 100mm 左右的光栅尺,以留有余量。

(5) 检查。光栅位移传感器安装完毕,可通过显示表,移动工作台,观察显示表计数是否正常。

光栅尺使用注意事项如下所述。

① 光栅尺位移传感器与数显表插头座插拔时,应先关闭电源。

② 尽可能外加保护罩,并及时清理溅落在尺上的切屑和油液,严格防止任何异物进入光栅尺传感器壳体内部。

③ 定期检查各安装连接螺钉是否松动。

④ 为延长防尘密封条的寿命,可在密封条上均匀涂一薄层硅油。注意勿溅落在玻璃光栅刻划面上。

⑤ 为保证光栅尺位移传感器使用的可靠性,可每隔一定时间用乙醇混合液(乙醇和水各占50%)清洗、擦拭光栅尺面及指示光栅面,保持玻璃光栅尺面清洁。

⑥ 光栅尺位移传感器严禁剧烈震动及摔打,以免破坏光栅尺,如光栅尺断裂,光栅尺传感器将失效。

⑦ 不要自行拆开光栅尺位移传感器,更不能任意改动主栅尺与副栅尺的相对间距,否则一方面可能破坏光栅尺传感器的精度,另一方面还可能造成主栅尺与副栅尺的相对摩擦,损坏铬层,损坏栅线,造成光栅尺报废。

⑧ 应注意防止油污及水污染光栅尺面,以免破坏光栅尺线条纹分布,引起测量误差。

⑨ 光栅尺位移传感器应尽量避免在有严重腐蚀作用的环境中工作,以免腐蚀光栅铬层及光栅尺表面,破坏光栅尺质量。

1. 训练目的

了解光栅尺的工作原理和使用方法。

2. 训练器材

光栅尺(带有A、B、Z相)、示波器、数显表、千分表与5V/24V直流电源。

3. 原理简介

目前使用的光栅尺的输出信号一般有两种形式,一种是相位角相差90°的2路方波信号,另一种是相位依次相差90°的4路正弦信号。对于输出正弦波信号的光栅尺,经过整形,可变为方波信号输出。

输出方波的光栅尺有A相、B相和Z相三个电信号。A相信号为主信号,B相为副信号,两个信号周期相同,相位差90°。Z相信号可以作为基准点信号,用以确定位移零点(即两块光栅上有两个透光孔,只有光从两孔中透过时,才输出一个脉冲Z),以消除累积误差。由于增量式光栅无零位,但实际中经常需要零位,其解决方案为增加一个零位光栅。

4. 训练内容与步骤

(1) 关掉电源。

(2) 将光栅尺电源线接到5V电源上(正、负极不可接反)。

(3) 把光栅尺的A、B相接到数显表的输入端。

(4) 将光栅尺的 Z 相接到示波器的输入端。

(5) 接通电源,先通过示波器找到 Z 相脉冲,将读数头左移,观察数显表的读数情况;再通过示波器找到 Z 相脉冲,将读数头右移,观察数显表的读数情况。记录以上现象。

(6) 将光栅尺的 A、B 相接到脉冲计数器的输入端,并接入示波器的两个输入口,观察 A、B 两相的相位角并记录。

(7) 在光栅尺上选取一个参考位置,来回移动工作点至该选取的位置,观察数显表与千分表的数据是否一致。

(8) 将千分表(或百分表)与数显表同时调至零(或记忆起始数据),往返多次后回到初始位置,观察数显表与千分表的数据是否一致。

(9) 分析 A、B 相脉冲与读数头运动之间的关系,画出波形关系。

任务评价

序号	评价内容	配分	扣分要求	得分
1	光栅尺的安装	50	步骤操作不规范,每次扣 5 分	
2	光栅尺的测试	50	步骤操作不规范,每次扣 2 分 数据不准确,每处扣 5 分	
3	团队合作			
	小组评价			
	教师评价			
时间:60min		个人成绩:		

任务 9.2 磁栅传感器的使用

本任务主要介绍磁栅检测装置。通过学习本任务的内容,了解各种常用磁栅测量装置的基本结构、工作过程及应用特点,并能根据工程要求正确选择、安装和使用。

磁栅传感器是一种新型的数字式传感器,与其他类型的检测元件相比,磁栅传感器成本较低且便于安装和使用,测量范围宽(从几十毫米到数十米),不需要接长,抗干扰能力强。当需要时,可将原来的磁信号(磁栅)抹去,重新录制,还可以安装在机床上后再录制磁信号,这对于消除安装误差和机床本身的几何误差,提高测量精度都是十分有利的;但其分辨力比光栅低,易磨损,使用时应避免强磁场的退磁作用。

1. 磁栅测量装置的概述

1）磁栅的组成及类型

磁栅传感器的组成如图 9-8 所示，它由磁性标尺(简称磁尺、磁栅)、磁头和检测电路组成。

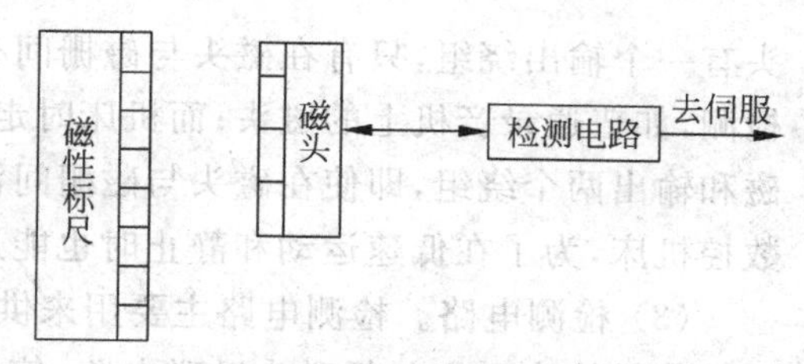

图 9-8 磁栅传感器的组成

(1) 磁尺。磁尺是检测位移的基准尺，是一种有磁化信息的标尺。它用非导磁性材料做尺基，在尺基的上面镀一层均匀的磁性薄膜，然后录上一定波长的磁信号。磁信号的波长又称节距，用 W 表示，目前常用的磁信号节距为 0.05mm、0.1mm 和 0.2mm。

录制磁信息时，要使标尺固定，磁头根据来自激光波长的基准信号，以一定的速度在其长度方向上边运行边流过一定频率的相等电流，这样，就在标尺上录上了相等节距的磁化信息而形成磁栅。磁栅录制后的磁化结构相当于一个个小磁铁按 NS,SN,NS,……的状态排列起来，如图 9-9 所示。因此，在磁栅上的磁场强度周期性变化，磁信号的极性首尾相接，在 N 与 N 重叠处为正的最强，在 S 与 S 重叠处为负的最强。

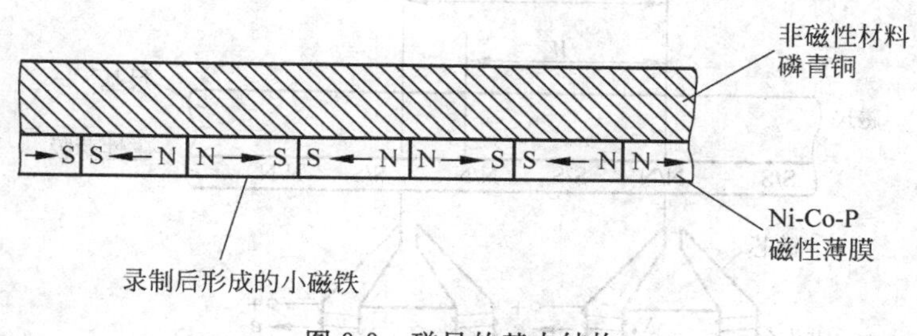

图 9-9 磁尺的基本结构

磁尺按基体形状分为带形磁尺、线形磁尺(又称同轴型)和圆形磁尺，如图 9-10 所示。当量程较大或安装面不好安排时，用带形磁尺，它的外形如图 9-10(a)所示；线形磁尺外形如图 9-10(b)所示，其结构特别小巧，可用于结构紧凑的场合或小型测量装置中；圆形磁尺的外形如图 9-10(c)所示，主要用于测量角位移。

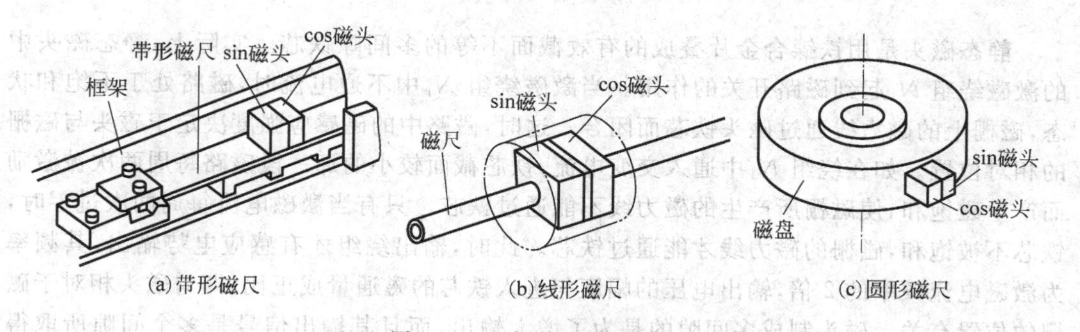

图 9-10 磁栅传感器的类型

(2) 磁头。磁头是进行磁—电转换的变换器，用来读取磁尺上的记录信号。它能把反映空间位置的磁信号转换为电信号输送到检测电路中去。按读取方式的不同，磁头可分为动态磁头(又名速度响应式磁头)和静态磁头(又名磁通响应式磁头)两大类。动态磁头有一个输出绕组，只有在磁头与磁栅间有相对运动时，才有信号输出，且只能在恒速下检测，如普通录音机上的磁头；而机床时走时停，速度不均匀，故不能使用。静态磁头有激磁和输出两个绕组，即使在磁头与磁栅间没有相对运动，也有信号输出，应用广泛。对于数控机床，为了在低速运动和静止时也能进行位置检测，必须采用静态磁头。

(3) 检测电路。检测电路主要用来供给磁头激励电压和把磁头检测到的信号转换为脉冲信号输出。它包括磁头励磁电路、信号放大电路、滤波及辨向电路、细分内插电路、显示电路及控制电路等。

2) 工作过程

图 9-11 所示为静态磁头的工作原理示意图。由图可知，每个静态磁头由可饱和铁心、两个串联的激磁绕组 N_1 和两个串联的输出绕组 N_2 组成。当绕组 N_1 通入激磁电流时，磁通的一部分通过铁芯，在 N_2 绕组中产生电势信号。如果铁芯空隙中同时受到磁栅剩余磁通的影响，那么由于磁栅剩余磁通极性的变化，N_2 中产生的电势振幅受到调制。

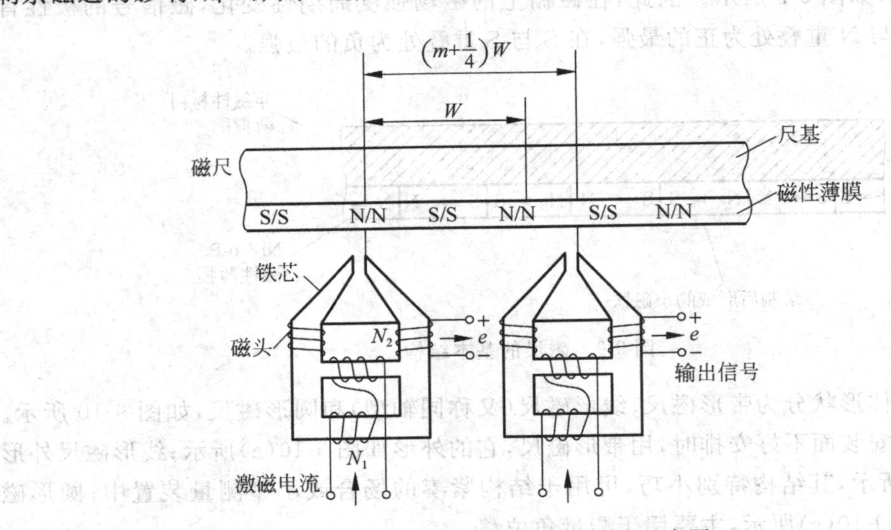

图 9-11 静态磁头工作原理示意图

静态磁头是用铁镍合金片叠成的有效截面不等的多间隙铁芯。实际上，静态磁头中的激磁绕组 N_1 起到磁路开关的作用。当激磁绕组 N_1 中不通电流时，磁路处于不饱和状态，磁栅上的磁力线通过磁头铁芯而闭合。这时，磁路中的磁感应强度决定于磁头与磁栅的相对位置。如在绕组 N_1 中通入交变电流，铁芯截面较小的那一段磁路每周两次被激励而产生磁饱和，使磁栅所产生的磁力线不能通过铁芯。只有当激磁电流每周两次过零时，铁芯不被饱和，磁栅的磁力线才能通过铁芯。此时，输出绕组才有感应电势输出，其频率为激磁电流频率的 2 倍，输出电压的幅度与进入铁芯的磁通量成正比，即与磁头相对于磁栅的位置有关。磁头制成多间隙的是为了增大输出，而且其输出信号是多个间隙所取得信号的平均值，因此可以提高输出精度。

为了辨别方向，静态磁头总是成对使用，其间距为 $(m+1/4)W$，其中 m 为正整数，W 为磁栅栅条的间距。为了保证距离的准确性，通常两个磁头做成一体，两个磁头输出信号的载频相位差为 90°。磁头在磁栅上的移动方向正是通过这两个磁头输出信号的超前和滞后来辨别的。

2. 磁栅的应用

磁栅传感器有以下两个方面的应用。

(1) 可以作为高精度测量长度和角度的测量仪器。由于可以采用激光定位录磁，而不需要采用感光、腐蚀等工艺，因而可以得到较高的精度。目前可以做到系统精度为±0.01mm/m，分辨率可达1～5μm。

(2) 可以用于自动化控制系统中的检测元件(线位移)。例如在三坐标测量机、程控数控机床及高精度重、中型机床控制系统中的测量装置，均得到了应用。

1) 磁栅数显表

磁头、磁尺与专用磁栅数显表配合，可用于检测机械位移量，其行程可达数十米。图9-12所示为ZCB-101磁栅数显表的原理框图。目前磁栅数显表已采用微型计算机来实现图9-12所示框图中的功能。这样，硬件的数量大大减少，而功能优于普通数显表。微型计算机数显表具有位移显示功能，直径/半径、公制/英制转换及显示功能、数据预置功能、断电记忆功能、超限报警功能、非线性误差修正功能、故障自检功能等。它能同时测量x、y、z三个方向的位移，通过计算机软件程序对三个坐标轴的数据进行处理，分别显示三个坐标轴的位移数据。当用户的坐标轴数大于1时，其经济效益指标明显优于普通数显表。

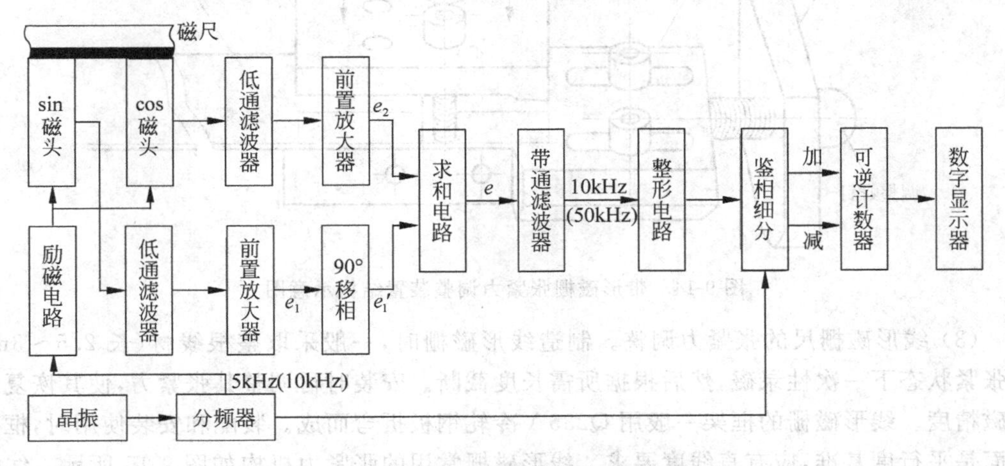

图9-12 ZCB-101磁栅数显表的原理框图

2) 磁栅传感器的组装

(1) 组装磁栅尺的安装平行度要求。图9-13所示是磁栅传感器安装示意图。图中，A、B为磁栅标尺的安装面，C为磁头安装面，尺寸b为B面和C面的距离。上述各面安装尺寸公差如表9-2所示。

表9-2 磁栅传感器安装尺寸公差 单位:mm

A、B面对机床导轨平行度	≤0.01	B面与C面的平行度	≤0.05
C面对机床导轨的平行度	≤0.1	B、C面的间隙	b±0.1

有的厂家规定在两个校正标记间的平行度控制在0.08mm以内时，才用螺钉将磁栅

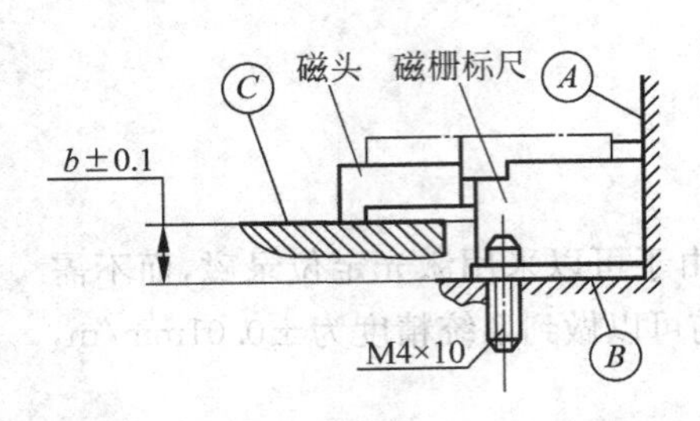

图 9-13 磁栅传感器安装示意图

标尺固定。

安装磁头时，先移动机床运动部件，使准备好的滑块安装托板位于滑块下方，然后装好滑块。当尺寸 b 不能保证时，可使用垫片。滑块紧固好以后，可卸下夹紧块。最后用橡胶塞可靠地堵住螺孔，防止金属粉末、切削油或灰尘进入孔内。

(2) 带形磁栅尺的张紧力调整及磁头压入深度。通常，有效长度大于 3000mm 的带形磁栅尺均是在安装现场拼接校准好以后，再张紧固定已录好磁的磁带。因此，带形磁栅必须通过在安装现场调整磁栅尺的张紧力，来校正累积误差。如图 9-14 所示，通过旋转调整螺钉，张紧滑块使其移动，来改变磁带所受的张紧力。

磁头压入深度的选取原则应是：在磁头的输出信号满足使用要求的前提下尽量小一些，一般取为 0.3～0.5mm。当磁栅的有效长度小于 300mm 时，磁头的压入深度一般取 0.3mm。随着有效长度的增大，其压入深度可略微取大一些。

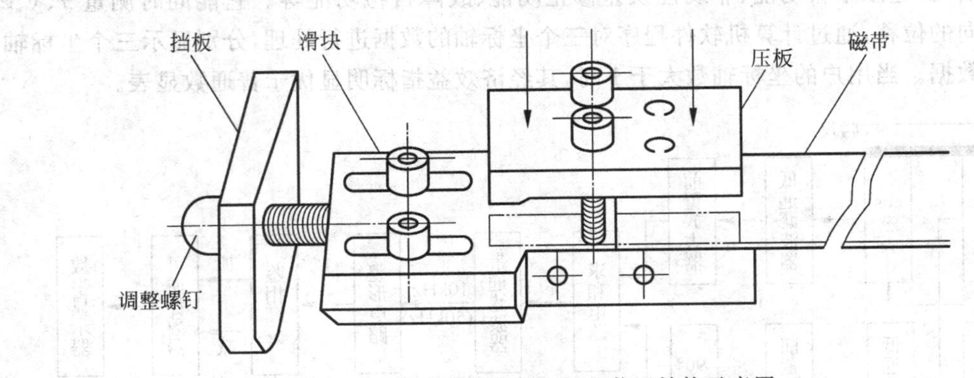

图 9-14 带形磁栅张紧力调整装置结构示意图

(3) 线形磁栅尺的张紧力调整。制造线形磁栅时，一般采取整根线材(长 2.5～3m)在张紧状态下一次性录磁，然后根据所需长度截断。安装时再调整其张紧力，使其恢复到录磁精度。线形磁栅的框架一般用 Q235A 冷轧钢板折弯而成。装配和安装使用时，框架表面是平行度基准，应有直线度要求。线形磁栅常用的张紧力机构如图 9-15 所示。线材

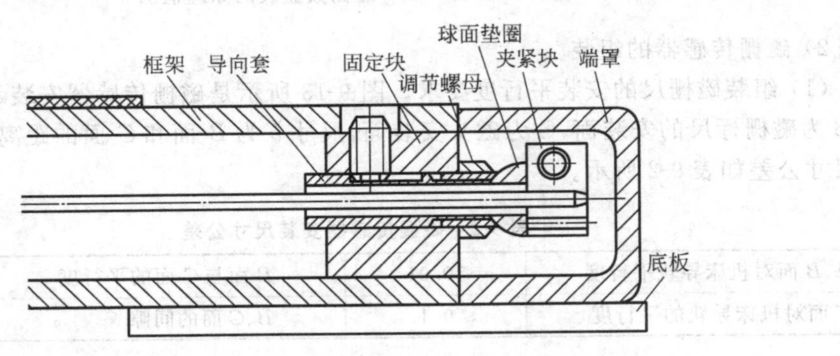

图 9-15 线形磁栅常用的张紧力机构

由夹紧块夹紧。调节螺母，可使导向套通过球面垫圈带动夹紧块左右移动，从而改变线材的张紧状态。在精度校正后，应随即用黏结剂封固张紧机构。

两端固定块起着固定线材并使其定位的作用，一般选用 H62 铜制成。固定块与框架之间由螺钉紧固。固定块中心孔的位置就是线形磁栅尺的位置，其工艺是在框架与固定块组合后，再加工固定块的中心孔。

1. 训练目的

认识各种类型的磁栅，了解磁栅的基本结构。

2. 训练器材

磁栅、示波器、数显表和计算机等。

3. 训练内容与步骤

(1) 根据实物，认识常用磁栅的基本结构。
(2) 在磨床测长系统中认识磁栅传感器，并指出它的基本结构。
(3) 通过网络，分组查询磁栅的相关资料，如主要参数、使用方法及应用实例。
(4) 完成磁栅传感器的安装及张紧力调整。

任务评价

序号	评价内容	配分	扣分要求	得分
1	磁栅传感器的基本结构识别	30	每错一处，扣5分	
2	磁栅传感器的相关资料查询	30	每少一处，扣10分	
3	磁栅传感器的安装	40	步骤操作不规范，每次扣5分	
4	团队合作			
	小组评价			
	教师评价			
	时间：120min	个人成绩：		

任务9.3 光电编码器的使用

本任务主要介绍光电编码器的使用。通过学习，了解光电编码器的基本结构、工作原理，并能根据工程要求正确选择、安装和使用。

1. 光电编码器概述

编码器是将直线运动和转角运动变换为数字信号进行测量的一种传感器，包括码尺和码盘。码尺用于测量直线位移。码盘即角编码器，它不仅可以直接测量角位移，而且可以间接测量直线位移，因此应用广泛。

角编码器是一种旋转式位置传感器，它的转轴通常随被测轴一起转动，能将被测轴的角位移转换成二进制编码或一串脉冲。角编码器有两个基本类型：绝对式编码器和增量式编码器。根据内部结构和检测方式，又分为接触式、光电式和电磁式。光电编码器具有广泛的应用。光电编码器是用光电方法将转角和位移转换为各种代码形式的数字脉冲传感器。

1）绝对式光电编码器

绝对式光电编码器是按角度直接进行编码的转换器，它可直接将被测角的绝对位置转换为二进制（或 BCD 码、格雷码）的数字编码输出，其精度达 1%。绝对式光电编码器的特点是：即便中途断电，重新上电后也能读出当前位置的数据；若要求的分辨力越高和量程越大，二进制的位数就越多，结果越复杂。

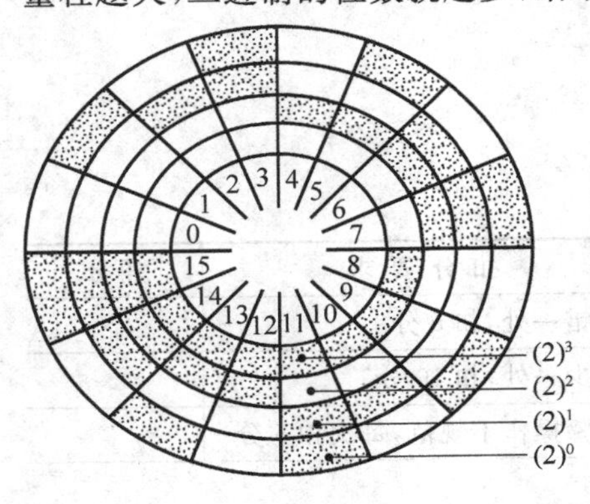

9-16 4 位自然二进制编码器的编码盘

绝对式光电编码器的编码盘由透明区及不透明区组成，这些透明区及不透明区按一定编码构成，编码盘上码道（把组成编码的各圈称为码道）的条数就是数码的位数。图 9-16 所示为一个 4 位自然二进制编码器的编码盘。盘中黑白区即为不透光区和透光区。其中，黑色区域为不透光区，用“0”表示；白色区域为透光区域，用“1”表示。码盘分为 4 个码道，在任意角度上均有 4 个码道上的 1 或 0 组成的 4 位二进制编码与之对应。这样，不论码盘处于哪个位置，都有与之对应的唯一的一个二进制编码显示其绝对角度值。不难看出，码道的圈数就是二进制的位数，且高位在内，低位在外。

对于一个 n 位的二进制码盘，就有 n 圈码道，且圆周均分为 2^n 等份。即共用 2^n 个数据来表示其不同位置，能分辨的角度 α 为 $360°/2^n$，分辨率为 $1/2^n$。显然，码盘的 n 位数即码道越多，二进制编码的位数越多，所能分辨的角度 α 越小，测量精度就越高。

自然二进制码虽然简单，但存在使用上的问题，这是由于图案转换点处位置不分明而引起的粗大误差。例如，由位置 7 向位置 8 过渡时，光束要通过编码盘 0001 和 1000 的交界处（或称渡越区）。因为编码的制造工艺和光电元件的安装位置不准，或发光故障，有可能使读数头的最内圈（高位）定位位置上的光电元件比其余的超前或落后一点，从而引起读数的粗大误差，可能会出现 8～15 的任一个十进制数。这种误差是绝对不能允许的。

对于自然二进制编码盘，相邻两个扇区的图案变化时在使用中易产生较大误差，为了避免这种误差，可采用格雷码图案的编码盘。表 9-3 给出了格雷码和自然二进制码的比较。由此可以看出，格雷码具有代码从任何值转换到相邻值时字节各位数中仅有 1 位发生状态变化的特点。自然二进制码则不同，代码经常有 2 或 3 位，甚至 4 位数值同时变化的情况。这样，采用格雷码的方法即使发生前述错移，由于它在进位时相邻界面图案的转换仅仅发生一个最小量化单位（最小分辨率）的改变，因而不会产生粗大误差。这种编码方法是实际中常采用的。格雷编码盘如图 9-17 所示，它把误差控制在最小单位内，提高了可靠性。

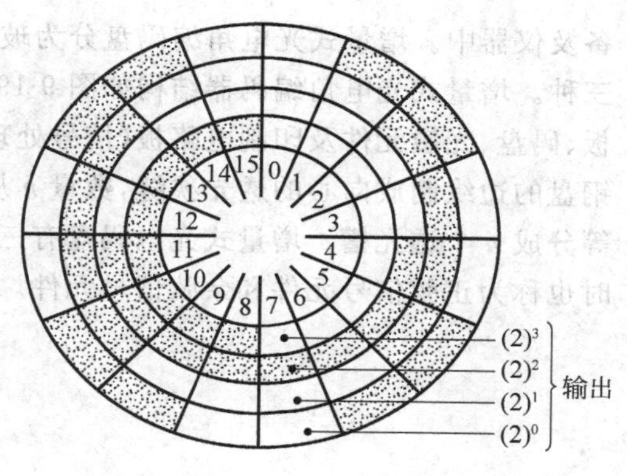

图 9-17 格雷编码盘

表 9-3 自然二进制码和格雷码的比较

D 十进制	B 二进制	R 格雷码	D 十进制	B 二进制	R 格雷码
0	0000	0000	8	1000	1100
1	0001	0001	9	1001	1101
2	0010	0011	10	1010	1111
3	0011	0010	11	1011	1110
4	0100	0110	12	1100	1010
5	0101	0111	13	1101	1011
6	0110	0101	14	1110	1001
7	0111	0100	15	1111	1000

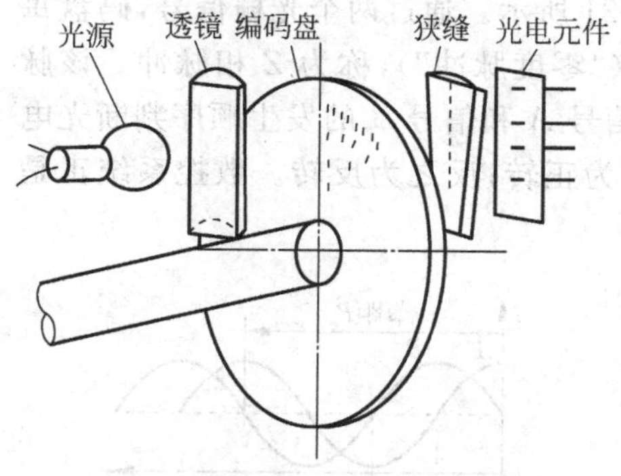

图 9-18 绝对式光电编码器的原理示意图

绝对式光电编码器对应每一条码道有一个光电元件，当码道处于不同角度时，经光电转换的输出就呈现出不同的数码，如图 9-18 所示。光源一般有白炽灯、激光器、发光二极管，目前广泛采用红外发光二极管。由于红外光不可见，因此安装调试较为不便。光电元件一般有光敏二极管、光敏晶体管、光电池等。其中，光电池响应速度慢（大于 10μs），但受光面积大，有误差均衡作用；光敏晶体管（达 2μs）性能优于光电池；光敏二极管响应速度快（0.02～0.1μs）。光敏元件的个数要与编码的位数一致，目前多采用光敏元件组件，如 4 码道可采用 4 个光电池组件。

绝对式光电编码器的优点是没有触点磨损，因而允许转速高，最外层缝隙宽度可做得更小，所以精度也很高；其缺点是结构复杂，价格高，光源寿命短。

2）增量式光电编码器

增量式光电编码盘也称光电码盘，它结构简单，广泛用于各种数控机床、工业控制设备及仪器中。增量式光电角编码盘分为玻璃光栅盘式、金属光栅盘式和脉冲测速电机式三种。增量式光电角编码器结构如图 9-19 所示，由 LED(带聚光镜的发光二极管)、光栏板、码盘、光敏元件及印制电路板(信号处理电路)组成。光电码盘与转轴连在一起。不锈钢盘的边缘制成向心的透光狭缝，数量 n 从几百条到几千条不等。这样，整个码盘的圆周等分成 n 个透光槽。增量式光电码盘有三个光敏元件 A、B、C，其中 A、B 为光敏元件，有时也称为正弦信号元件和余弦信号元件。

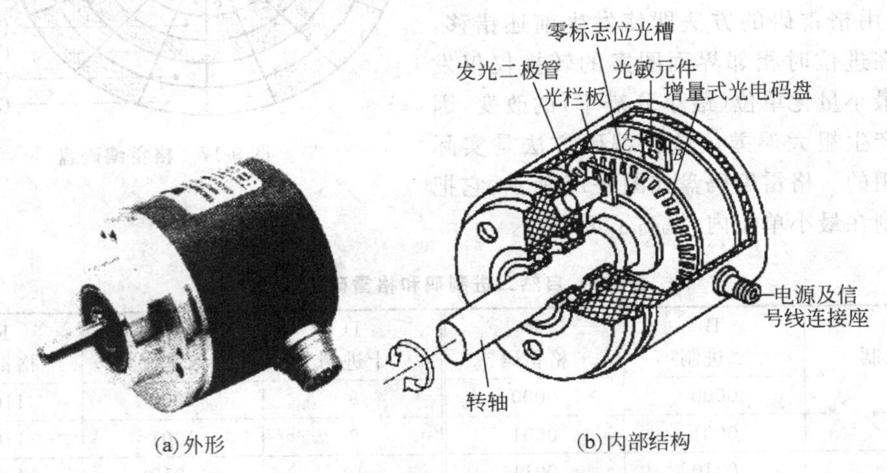

图 9-19 增量式光电编码器结构示意图

图 9-20 所示为增量式光电编码器工作原理示意图。编码器光源产生的光经光学系统形成一束平行光投射在码盘上，当光电码盘随工作轴一起转动时，每转过一个缝隙就发生一次光线的明暗变化，由光敏元件接收。光敏元件把接收的这些明暗相间的光信号转换为交替变化的电信号。该信号为两组近似于正弦波的电流信号 A 和 B，A 信号和 B 信号相位相差 90°，经过放大和整形，变成方波，如图 9-21 所示。通过两个光栅信号，码盘每转一圈，光敏元件 C 就产生一个脉冲的"一转脉冲"("零度脉冲")，称为 Z 相脉冲。该脉冲是用来产生机床的基准点。由图 9-21，可以根据信号 A 和信号 B 的发生顺序判断光电式编码器轴的旋转方向。若 A 信号超前 B 信号，则为正转；反之为反转。数控系统正是利用这一原理来判断旋转方向的。

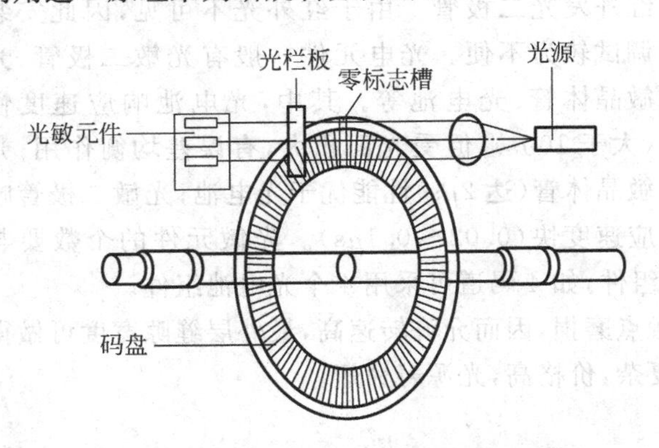

图 9-20 增量式光电编码器工作原理示意图

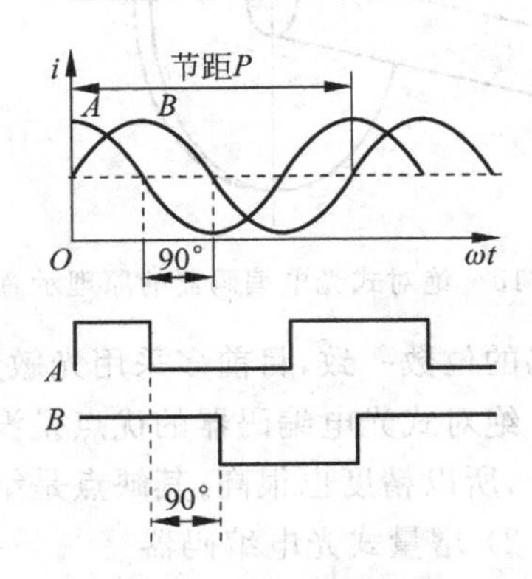

图 9-21 光电式编码器的输出波形

在数控机床上，为了提高光电式编码器输出信号传输时的抗干扰能力，要利用特定的电路把输出信号 A、B、Z 进行差分处理，从而得到差分信号 $\overline{A}$、A、$\overline{B}$、B、$\overline{Z}$、Z，它们的波形如图 9-22 所示，其特点是两两反相。

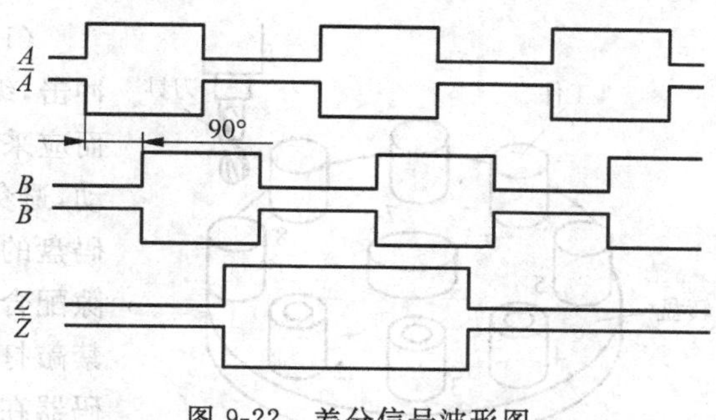

图 9-22　差分信号波形图

增量式光电编码器的测量精度取决于它所能分辨的最小角度，这与码盘圆周内的狭缝数有关，其分辨角 $\alpha=360°/$狭缝数。增量式光电编码器除了可以测量角位移外，还可以通过测量光电脉冲的频率，测得转速。如果通过机械装置，将直线位移转换成角位移，还可以用来测量直线位移。

用增量式光电角编码器测量的缺点是：一旦中途断电，将无法得知运动部件的绝对位置。

2. 光电编码器的应用

1）用光电式角编码器控制机床的纵向进给速度

如图 9-23 所示，将光电式角编码器安装在机床的主轴上检测其转速，经脉冲分配器和数控逻辑运算，输出进给速度指令控制丝杆进给电动机，达到控制机床的纵向进给速度的目的。但半闭环控制的精度受光电式角编码器的分辨力和进给丝杆的累积误差影响较大。

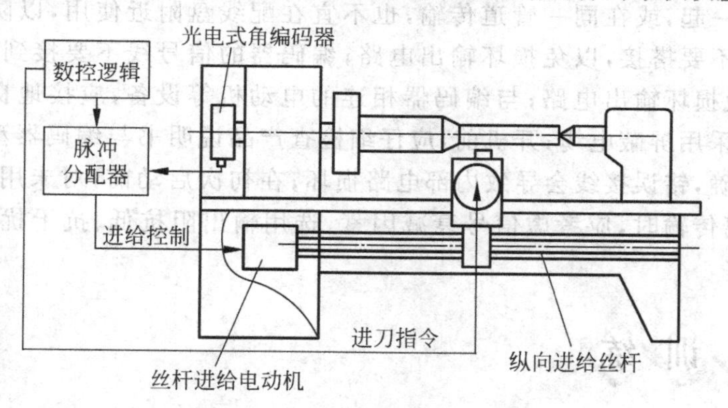

图 9-23　机床纵向进给速度控制原理图

2）用光电编码器控制转盘工位加工

在转盘工位加工装置中，用绝对式编码器实现加工工件的定位。由于绝对式编码器每一转角位置均有一个固定的编码输出，因此若编码器与转盘同轴相连，则转盘上每一工位安装的被加工工件均可以有一个编码相对应，如图 9-24 所示。当转盘上某一工位转到加工点时，该工位对应的编码由编码器输出。如要使处于工位 5 上的工件转到加工点等待钻孔加工，计算机就控制电动机通过传动机构带动转盘旋转，与此同时，绝对式电磁编码器输出的编码不断变化。若输出某个特定码，表示转盘已将工位转到加工点，于是电动机停转。

3）光电编码器的安装、使用注意事项

编码器由精密器件构成，当受到较大冲击时，可能被损坏，使用时应充分注意。

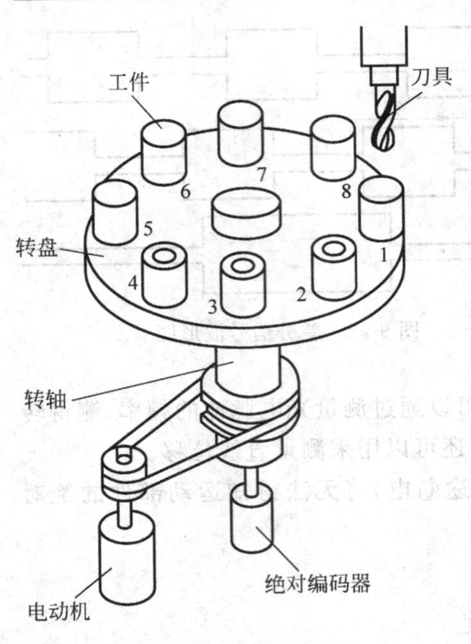

图 9-24　转盘工位编码

(1) 安装方面。安装时,不要给轴施加直接的冲击,编码器实心轴与外部连接应避免钢性连接,而应采用弹性联轴器、尼龙齿轮或同步带连接传动,避免因用户轴的窜动、跳动造成编码器轴系和码盘的损坏;安装编码器空心轴与电功机轴是间隙配合,不能过紧或过松,定位间也不得过紧,严禁敲打装入,以免损坏轴系和码盘;有锁紧环的编码器在装入电功机轴前,严禁锁紧,以防止轴壁永久变形;长期使用时,要检查板弹簧相对编码器是否松动,固定编码器的螺钉是否松动。在轴上装连接器时,不要硬压入,安装不良也有可能给轴加上比允许荷重还重的负荷,或造成拔芯现象。

(2) 环境方面。编码器是精密仪器,使用时要注意周围有无振源及干扰源;不是防漏结构的编码器不要溅上水、油等,必要时要加上防护罩;要注意环境温度、湿度是否在仪器使用要求范围之内;要避免在强电磁波环境中使用。

(3) 电气方面。接地线应尽量粗,线径一般应大于 3mm;不要将编码器的输出线与动力线等绕在一起,或在同一管道传输,也不宜在配线盘附近使用,以防干扰;编码器的输出线彼此不要搭接,以免损坏输出电路;编码器的信号线不要接到直流电源或交流电流上,以免损坏输出电路;与编码器相连的电动机等设备,应接地良好,不要有静电;配线时,应采用屏蔽电缆;开机前,应仔细检查产品说明书与编码器型号是否相符;接线务必要正确,错误接线会导致内部电路损坏;在初次启动前,对未用电缆要进行绝缘处理;长距离传输时,应考虑信号衰减因素,选用输出阻抗低、抗干扰能力强的输出方式。

1. 训练目的

(1) 了解光电编码器的结构。

(2) 掌握光电编码器的工作原理和使用方法。

2. 训练器材

增量式光电编码器(带有 A、B、Z 相)、示波器、脉冲计数器及 5V/24V 直流电源。

3. 原理简介

装在传动装置输出轴上的光电码盘随传动装置一道转动,当传动装置的输出轴转过某一个角度或转过某圈时,码盘必然转过相同的角度或是相同的圈数。由于码盘是一种能够比较精确测量被测物体角位移的测量装置,因此,当传动装置的轴每转过一个角度或转过某圈时，码盘都能自动跟踪检测并记录下来。如果在测试系统中加上必要的计数装置等，可以很方便地将传动装置的转动情况一一记录。

4. 训练内容与步骤

(1) 将电源开关关掉，使直流电源的输入断电。

(2) 将编码器电源线接到5V电源上(正、负极不可接反)。

(3) 将编码器的A、B相接到脉冲计数器的输入端(按说明书的指示连接)。

(4) 将编码器的Z相接到示波器的输入端。

(5) 接通电源，旋动编码器的转轴，观察脉冲计数器的读数，发现沿顺时针方向时读数增加(减少)，沿逆时针方向时读数减少(增加)。转轴每转动一周，在示波器上可以观察到一次电压为5V的矩形脉冲，其脉宽与转速成反比。

(6) 缓慢旋动编码器的转轴，通过示波器找到Z相脉冲，然后打开脉冲计数器，记录编码器旋转一周(两个Z相脉冲之间)A或B相脉冲个数。

(7) 将编码器的A、B相接到脉冲计数器的输入端并接入示波器的两个输入口，观察A、B两相的相位角并记录。

(8) 分析Z相脉冲与A、B相脉冲个数之间的关系。

(9) 分析A、B相脉冲与转向之间的关系，画出波形图。

任务评价

序号	评价内容	配分	扣分要求	得分
1	光电式编码器的结构认识	20	结构叙述错误，每处扣5分	
2	光电式编码器工作原理测试	60	步骤操作不规范，每次扣2分 数据不准确，每处扣5分	
3	A、B相波形图绘制	20	图形绘制不准确，每处扣5分	
4	团队合作			
	小组评价			
	教师评价			
时间：60min		个人成绩：		

项目学习总结表

姓名		班级	
实践项目		实践时间	
实践学习内容和体会			

续表

<table>
<tr><td rowspan="2">小组意见</td><td colspan="4"></td></tr>
<tr><td>组长</td><td></td><td>成绩评定等级</td><td></td></tr>
<tr><td rowspan="2">指导教师意见</td><td colspan="4"></td></tr>
<tr><td>指导教师</td><td></td><td>成绩评定等级</td><td></td></tr>
<tr><td colspan="5">备注：</td></tr>
</table>

思考与练习

1. 光栅测量装置由哪几部分组成？各有何作用？
2. 光栅传感器的工作原理是什么？
3. 什么是莫尔条纹？它的特点有哪些？
4. 辨向与细分的概念是什么？有什么作用？
5. 什么是磁栅？磁栅传感器由哪几部分组成？
6. 动态磁头和静态磁头的主要区别是什么？
7. 什么是编码器？
8. 角编码器的结构可分为哪几种？它们之间的区别是什么？
9. 增量式光电编码器主要由哪几部分组成？其工作的基本原理是什么？
10. 绝对式光电编码器主要由哪几部分组成？其工作的基本原理是什么？
11. 安装和使用编码器时应注意哪些问题？
12. 说明数字式位置传感器应用于普通机床的技术和经济价值。

PROJECT 10

项目 10

超声波传感器

【项目分析】

本项目主要包括常用超声波传感器的认识、常用超声波传感器的使用等内容。通过完成这些任务，可以达到如下目标。

(1) 了解超声波传感器；

(2) 熟悉超声波传感器的应用；

(3) 能正确使用常用的超声波传感器。

任务 10.1 认识超声波传感器

任务分析

本任务主要介绍常用的超声波传感器。通过学习本任务的内容，了解常用的超声波传感器的基本结构、工作原理及应用特点，初步具备识别各类超声波传感器的能力。

相关知识

超声波遥控是近距离遥控中的一种实用方法。人耳能够听到的声音频率为20Hz～20kHz。低于20Hz和高于20kHz的声音，人耳一般都听不到。人们把高于20kHz的声波称为超声波。超声波是一种机械振动波，可以在气体、液体和固体中传播，在空气中的传播速度为340m/s，与光波、电磁波相比非常缓慢。超声波具有方向性，即传播的能量比较集中，这一点与可听见的声波不同。另外，超声波在传播途中若遇到不同的媒介，大部分能量会被反射。图 10-1 所示为常用的超声波传感器。

图 10-1 超声波传感器

1. 系统框图

在超声波遥控中，以超声波为载体，发射和接收器件是超声波发生器和超声波接收器。图 10-2 所示是一个最简单的超声波遥控装置的示意框图，超音频振荡器输出电脉冲信号，经过驱动电路进行功率放大后，驱动超声波发生器生成超声波向前方传播。超声波接收器收到超声波，将之转换为微弱的电信号，再经过放大、检波，形成一个直流电平信号，由状态锁存(记忆)电路锁存并驱动执行机构实施对受控对象的操纵。在这个组成方案中，没有使用编解码电路，不能输出多路控制信号，而且抗干扰能力较差。对于其他声源发出的与该装置所使用的频率相近的声波信号，有可能引起受控对象误动作。

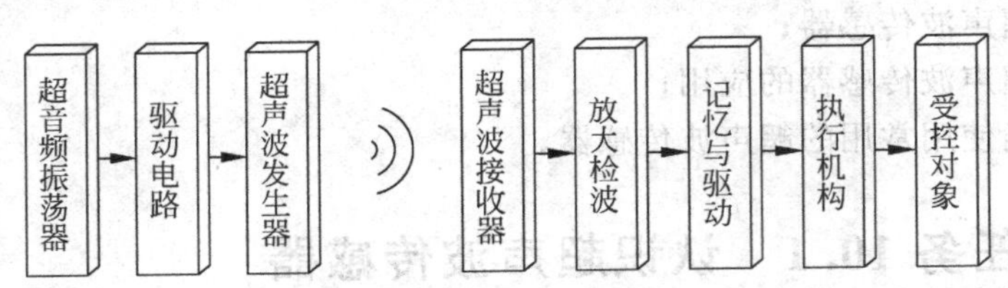

图 10-2 简单的超声波遥控构成框图

图 10-3 所示是一个使用了编解码技术的超声遥控装置的示意框图，它可以实现多路遥控。该装置在发射电路中对超音频信号进行编码调制，在接收电路中相应地增加了解码环节。

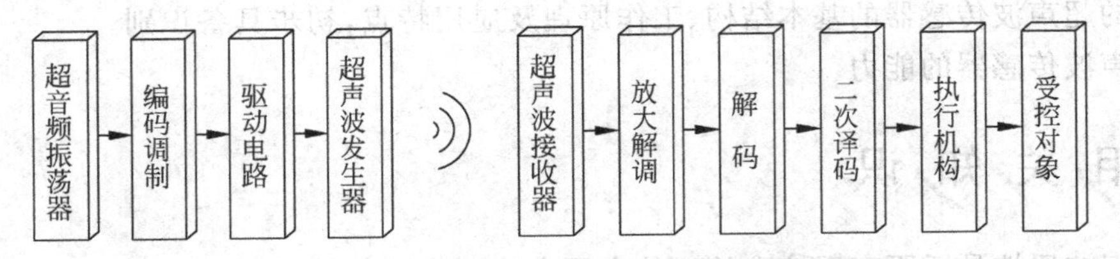

图 10-3 带编解码器的多路超声波遥控构成框图

2. 超声波的特点

1) 束射特性

由于超声波的波长短，故超声波射线可以和光线一样，能够反射、折射、聚焦，而且遵守几何光学上的定律。即超声波射线从一种物质表面反射时，入射角等于反射角；当射线透过一种物质进入另一种密度不同的物质时会产生折射，也就是要改变它的传播方向，两种物质的密度差别愈大，则折射愈大。

2）吸收特性

声波在各种物质中传播时，随着传播距离的增加，强度逐渐减弱，这是因为物质要吸收掉它的能量。对于同一物质，声波的频率越高，吸收越强。对于频率一定的声波，在气体中传播时吸收最厉害，在液体中传播时吸收比较弱，在固体中传播时吸收最小。

3）超声波的能量传递特性

超声波之所以在各个工业部门中有广泛的应用，主要还在于它比声波具有强大得多的功率。当声波到达某一物质中时，由于声波的作用，使物质中的分子跟着振动，振动的频率和声波频率一样，分子振动的频率决定了分子振动的速度。频率愈高，速度愈快。物质分子由于振动所获得的能量除了与分子的质量有关外，还由分子振动速度的平方决定，所以声波的频率愈高，也就是说物质分子能得到愈高的能量。而超声波的频率比声波高很多，所以它可以使物质分子获得很大的能量；换句话说，超声波本身可以供给物质足够大的功率。

4）超声波的声压特性

当声波通过某物体时，由于声波振动，使物质分子产生压缩和稀疏的作用，将使物质所受的压力产生变化。由于声波振动引起附加压力的现象叫做声压作用。

5）空化现象

由于超声波所具有的能量很大，就有可能使物质分子产生显著的声压作用，例如当水中通过一般强度的超声波时，产生的附加压力可以达到好几个大气压。当超声波振动使液体分子压缩时，好像分子受到来自四面八方的压力；当超声波振动使液体分子稀疏时，好像受到向外散开的拉力。对于液体，它们比较受得住附加压力的作用，所以在受到压缩力的时候，不大会产生反常的情形。但是在拉力的作用下，液体会支持不了，在拉力集中的地方，液体会断裂开来，这种断裂作用特别容易发生在液体中存在杂质或气泡的地方，因为这些地方液体的强度特别低，特别经受不起几倍于大气压力的拉力作用。由于发生断裂的时候，液体中会产生许多气泡状的小空腔，这种空泡存在的时间很短，瞬时就会闭合起来。空腔闭合的时候产生很大的瞬时压力，一般可以达到几千甚至几万大气压。液体在这种强大的瞬时压力作用下，温度骤然增高。断裂作用所引起的瞬时压力，可以使浮悬在液体中的固体表面受到急剧破坏，常称为空化现象。

3. 超声波种类

凡能将任何其他形式的能量转换成超音频振动形式能量的器件均可用来产生超声波，这类元件即超声波探头。超声波探头根据其工作原理不同有压电型、磁致伸缩型、电致伸缩型、振板型、弹性表面波型等数种，最常用的是压电型。

超声波探头是实现电能和声能相互转换的一种换能器件。按其结构不同，又分为直探头、斜探头、联合双探头和液浸探头等。

1）直探头

超声波垂直于辐射面而发出，用以检测基本平行于探测面的平面型或者立体型物质，其外形如图 10-4 所示，工业上广泛用于锻件、铸件、板材等超声波探伤。

2）斜探头

斜探头主要用于检测与探测面成一定角度的平面型及立体型物质，其外形如图 10-5 所示，工业上广泛用于焊缝、管材等超声波探伤。

图 10-4　直探头

图 10-5　斜探头

3）联合双探头

联合双探头的结构就是两个单探头的组合，一个用于发射，一个用于接收，如图 10-6 所示。

4）液浸探头

液浸探头常用于水浸法（被检测体和探头均浸于水中）的手工或者自动探伤。

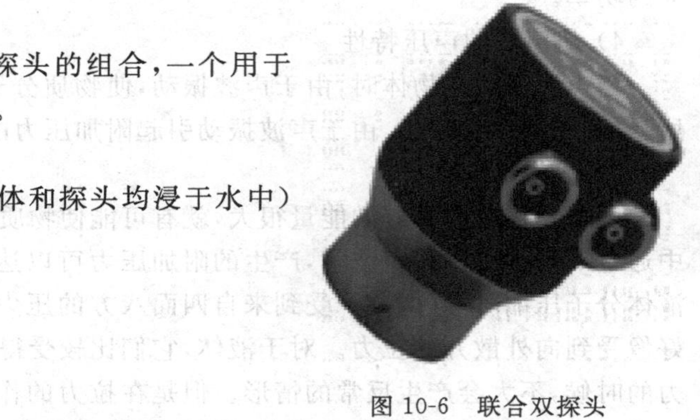

图 10-6　联合双探头

技能训练

1. 训练目的

掌握超声波传感器的质量判别。

2. 训练器材

音频振荡电路板、压电式超声波传感器（发射管、接收管）、万用表。

3. 原理简介

超声波传感器用万用表直接测试是没有什么反映的。那么，如何检测超声波传感器的好坏？这就需要利用音频振荡电路。如图 10-7 所示，当 C_1 为合适的值时，在反相器⑧脚与⑩脚间产生音频信号。把要检测的超声波传感器（发射和接收）接在⑧脚与⑩脚之间。如果传感器能发出音频声音，基本可以确定此超声波传感器是好的。

4. 训练内容与步骤

(1) 按图 10-7 接线。

(2) 选 C_1 为 3900μF，观察并记录反相器 CD4069 的⑧脚与⑩脚间的波形。

(3) 将超声波传感器（发射和接收）接在⑧脚与⑩脚之间，观察并记录波形。

(4) 选 C_1 为 0.01μF，观察并记录反相器 CD4069 的⑧脚与⑩脚间的波形。

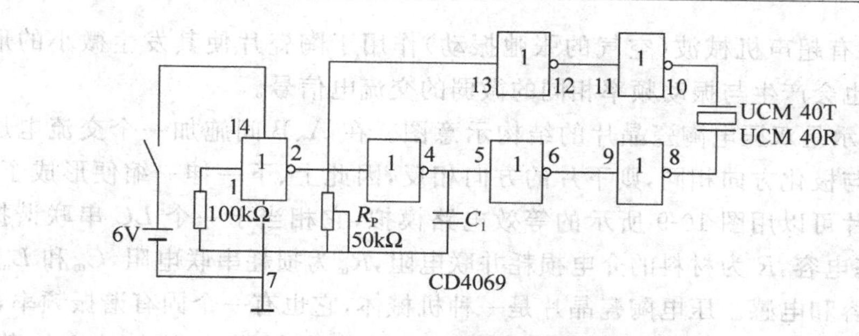

图 10-7 检测超声波传感器的电路

(5) 再将超声波传感器(发射和接收)接在⑧脚与⑩脚之间,观察并记录波形。

序号	评价内容	配分	扣分要求	得分
1	C_1 分别为 3900μF 与 0.01μF 时的波形测量	50	数据不准,每处扣 5 分	
2	超声波传感器质量判别	50	步骤要正确、规范,出错一处,扣 10 分	
3	团队合作 小组评价 教师评价			
	时间:30min		个人成绩:	

1. 基本原理

超声遥控中的超声波发生器和超声波接收器统称为超声波传感器,是超声遥控中的重要部件。超声波发射器可以将加在它上面的电信号转变为超声机械振动波,超声波接收器能将机械振动波转换为电信号。两者是一个互逆的转换过程,因此也称为换能器。

超声波传感器主要有电致伸缩和磁致伸缩两类。电致伸缩类采用双压电陶瓷晶片制成,具有上述可逆特性,这种超声传感器需用的压电材料较少,价格较低。

压电陶瓷片具有如下特性:当在其两边加上大小和方向不断变化的交流电压时,就会产生"压电效应",使压电陶瓷也产生机械变形。这种机械形变的大小及方向与外加电压的大小和方向成正比。也就是说,若在压电晶片两边施加频率为 f_0 的交流电压,会产生同频率的机械振动,这种机械振动推动空气的张弛,当 f_0 落在音频范围内时,便会发出声音。反之,如果有超声机械波(空气的张弛振动)作用于陶瓷片使其发生微小的形变(振动),压电晶片也会产生与振动频率相同的微弱的交流电信号。

图 10-8 所示是双压电陶瓷晶片的结构示意图。在 A、B 间施加一个交流电压,若上片的电场方向与极化方向相同,则下片的方向相反,因此上、下一伸一缩便形成了机械振动。双压电晶片可以用图 10-9 所示的等效电路模拟,它相当于一个 LC 串联谐振电路。其中,C_0 为静态电容,R 为材料的介电损耗并联电阻,R_m 为损耗串联电阻,C_m 和 L_m 分别为共振回路的电容和电感。压电陶瓷晶片是一种机械体,它也有一个固有谐振频率,通常记作 f_0。当把压电陶瓷晶片作为电—声转换器,即超声波发射器时,施加给它的激励交流电的频率必须与谐振频率 f_0 相同;当把压电晶片作为声—电转换器,即超声波接收器时,施加给它的声波(机械张弛力)频率必须与其固有振荡频率相同,这样才能得到最高的能量转换效率,即具有最高的灵敏度。

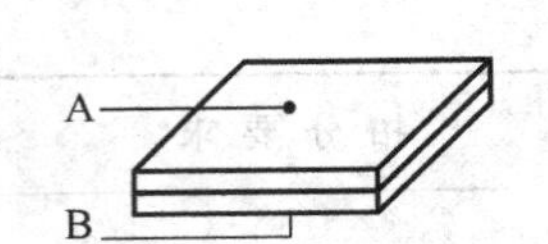

图 10-8 双压电陶瓷晶片的结构示意图

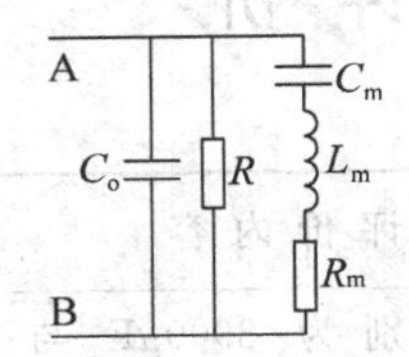

图 10-9 双压电晶片等效模拟电路

通常情况下,机械体的几何形状尺寸不同、质量大小不同,其固有谐振频率就会不同。对于同一种材料,改变其几何尺寸,就能改变其谐振频率 f_0。利用这一特性,能够很方便地制作出各种频率的超声波传感器。超声波遥控中使用的传感器频率一般为 40kHz。由实验可知,40kHz 超声波具有较好的方向性,因此能量辐射比较集中,有利于增加遥控距离。

2. 基本结构

超声波传感器的内部基本结构如图 10-10 所示,由金属网、外壳、锥形辐射喇叭、压电陶瓷晶片、底座、引脚等部分构成。其中,压电陶瓷晶片是传感器的核心;锥形辐射喇叭能使发射和接收的超声波能量集中,并使传感器具有一定的指向角。金属外壳主要是为防止外力对内部构件的损坏,并防止超声波向其他方向散射。金属网也起保护作用,但不影响超声波的发射和接收。超声波传感器的典型外形和表示符号如图 10-11 所示。

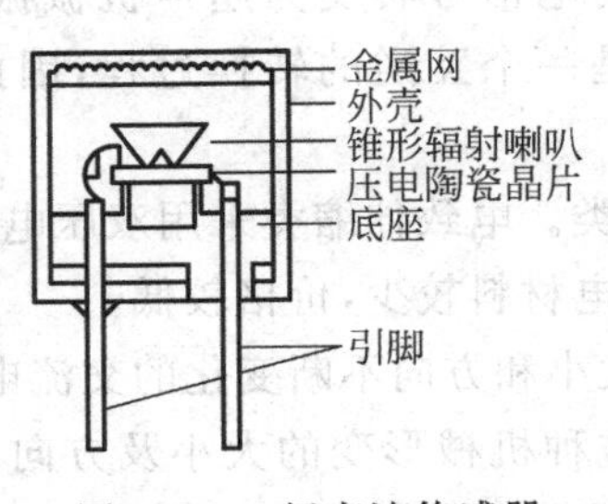

图 10-10 超声波传感器内部结构

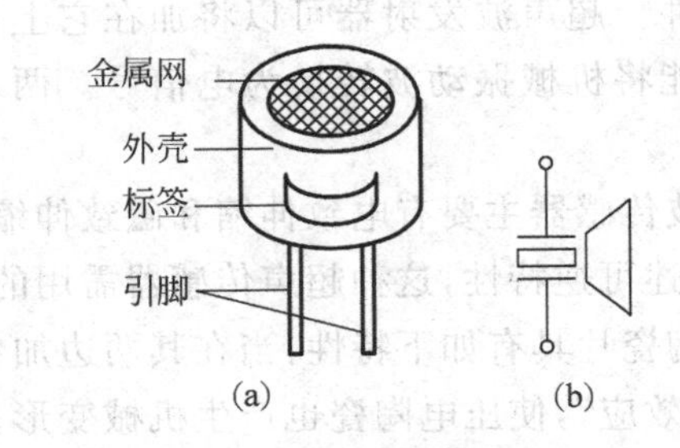

图 10-11 超声波传感器外形及符号

任务 10.2 超声波传感器的应用

任务分析

本任务主要介绍常用超声波传感器的应用。通过学习本任务内容，了解生活、工业中常用的超声波传感器，并能根据工程要求正确选择和使用。

相关知识

超声波用起来很安静，人们听不到它的声音，这一点在高强度工作场合尤为重要。从超声波的传播方向来看，超声波传感器的应用有两种基本类型。超声波发射器与接收器分别置于被测物两侧的称为透射型。透射型可用于遥控器、防盗报警器、接近开关等。超声波发射器与接收器置于同侧的称为反射型，反射型可用于接近开关、测距、测液位或料位、金属探伤以及测厚等。下面简要介绍超声波传感器的几种应用。

1. 在工业无损检测中的应用

超声波探伤是无损探伤技术中的一种主要检测手段。它主要用于检测板材、管材、锻件和焊缝等材料中的缺陷(如裂缝、气孔、夹渣等)，测定材料的厚度，检测材料的晶粒，配合断裂力学对材料使用寿命进行评价等。超声波探伤具有检测灵敏度高、速度快、成本低等优点，因而得到人们的普遍重视，并在生产实践中应用广泛。超声波探伤方法多种多样，最常用的是脉冲反射法。脉冲反射法根据工作原理不同可分为 A 型、B 型和 C 型三种。A 型主要应用于工业无损检测中，B 型和 C 型主要应用于医学方面，即俗称的 B 超和彩超。下面介绍超声波测厚仪。

脉冲反射法测厚从原理上讲，就是测量声脉冲在试件中往返传播一次的时间 t，如果试件材料声速 c 已知，求出试件厚度为

$$d = \frac{1}{2}ct$$

超声波测厚仪是根据超声波脉冲反射原理来测量厚度的，当探头发射的超声波脉冲通过被测物体到达材料分界面时，脉冲被反射回探头，通过精确测量超声波在材料中传播的时间来确定被测材料的厚度。凡能使超声波以一恒定速度在其内部传播的材料均可采用此原理测量。图 10-12 所示为几种常见超声波测厚仪。

超声波测厚仪可对各种板材和各种加工零件做精确测量，也可以对生产设备中的各种管道和压力容器进行监测，监测它们在使用过程中受腐蚀后的减薄程度。现在，超声波测厚仪广泛应用于石油、化工、冶金、造船、航空、航天等各个领域。

2. 在医学上的应用

超声医学是声学、医学和电子工程技术学相结合的一门新兴学科。研究超声对人体的作用和反作用规律，并加以利用，以达到医学上诊断和治疗目的的学科即是超声医学。

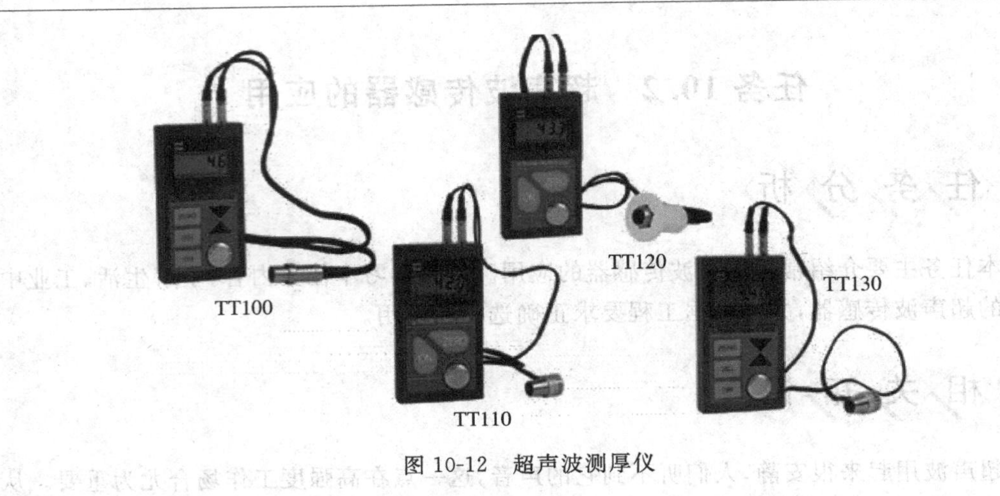

图 10-12　超声波测厚仪

它包括超声诊断学、超声治疗学和生物医学超声工程等。

超声波在外科、内科等领域，特别是治疗癌症方面有着广泛的应用，比如超声治癌方法很多，有利用超声手术切除，也有通过超声与药物结合治疗的。目前，以超声图像技术为核心的 B 超如图 10-13 所示，已经成为临床诊断不可缺少的手段之一。

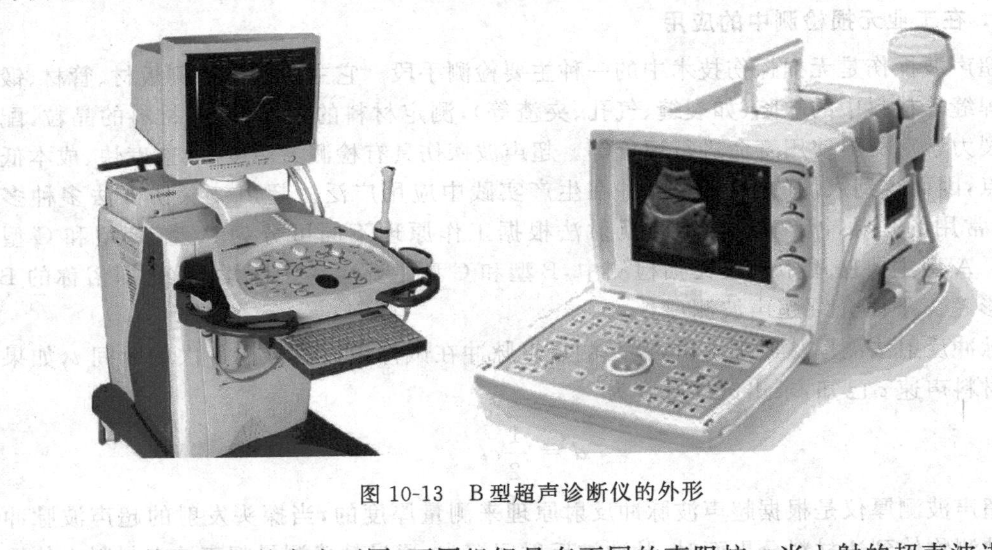

图 10-13　B 型超声诊断仪的外形

由于人体各组织的密度不同，不同组织具有不同的声阻抗。当入射的超声波进入相邻的两种组织或器官时，会出现声阻抗差，在两种不同组织界面处产生反射、折射、散射等物理特性。B 超采用各种扫查方法，接收这些反射、散射信号，显示各种组织及其病变的形态，从而对病变部位、性质和功能障碍程度作出诊断。

用于诊断时，超声波只作为信息的载体，通过它与人体组织之间的相互作用获取有关生理与病理的信息，一般使用低强度超声波。

用于治疗时，超声波作为一种能量形式，对人体组织产生结构或功能上的生物效应，以达到某种治疗目的，一般使用高强度超声波。

B 超检查也有其不足之处：它的分辨率不够高，一些过小的病变不易被发现；一些含气量高的脏器遮盖的部分也不易被十分清晰地显示。同时，检查者的操作细致程度和经验与诊断的准确性有很大关系。

3. 在水处理中的应用

超声化学作为一门边沿科学的兴起是近十几年的事情，超声波作用于水处理，则是近年来超声化学领域研究的新方向。

大功率超声波的空化效应为降解水中有害有机物提供了独特的物理化学环境，从而实现超声波污水处理。

超声波污水处理设备的外形如图10-14所示。污水的前处理设备——污水的固液分离是超声波处理的前提。污水或废水一般伴有悬浮污物或杂质，因此必须有收集装置。这种装置可以是污水池或污水槽，其中的大体积杂物和污物与污水分离。一些细小体积的悬浮物可通过添加聚丙烯酰胺絮凝剂或无机絮凝剂来去除。

图10-14 超声波污水处理设备的外形

阴、阳非离子型聚丙烯酰胺絮凝剂是一种水溶性的高分子聚合物或电解质。由于其分子链中含有一定数量的极性基因，它能通过吸附污水中悬浮的固体粒子，使粒子间架桥，或通过电荷中和使粒子凝聚成大的絮凝物，从而加速悬浮液中粒子的沉降，有非常明显的加快溶液澄清，促进过滤等效果。若同时使用无机絮凝剂(聚合硫酸铁浓缩剂、聚氯化铝、铁盐等)，可显示出更大的效果。絮凝剂的添加量一般为$0.011g/m^3$，在冷水中也能完全溶解，其主要作用是澄清净化、沉降促进、过滤促进、增稠(浓)，是废水、废液处理中的常用品。

经过固液分离后的污水再导入超声波，发生超声波空化现象，超声空化泡的崩溃所产生的高能量足以使化学键断裂。在水溶液中，空化泡崩溃产生氢氧基(OH)和氢基(H)，同有机物发生氧化反应。空化独特的物理化学环境开辟了新的化学反应途径，骤增化学反应速度，对有机物有很强的降解能力。经过持续超声，可以将有害有机物降解为无机离子、水、二氧化碳或有机酸等无毒或低毒的物质。

超声降解水中有机污染物的技术既可单独使用，也可利用超声空化效应，将超声降解技术同其他处理技术联用，进行有机污染物的降解、去除。联用技术有如下类型：超声与臭氧联用，将超声降解、杀菌与臭氧消毒共同作用于污染水的处理。

超声与磁化处理技术联用，磁化对污染水体既可以实现固液分离，又可以对COD、BOD等有机物降解，还可以对染色污水进行脱色处理。

超声还可以直接作为传统化学杀菌处理的辅助技术，在用传统化学方法进行大规模水处理时，增加超声辐射，可以大大降低化学药剂的用量。

4. 超声波在日常生活中的应用

1) 超声波洗衣机

据报道，日本曾设计了一种洗衣机，它和传统的洗衣机不同，既不需要旋转电动机，也

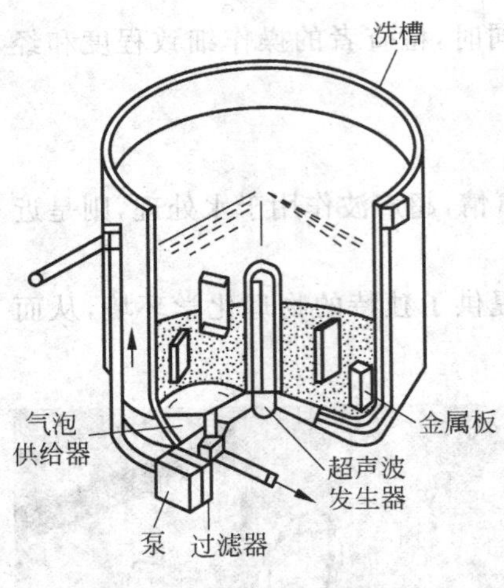

图 10-15 超声波洗衣机的结构

不需要洗涤剂，衣服上的污渍只需要用洗槽内的气泡和超声波即可去除干净。超声波洗衣机主要由洗槽、超声波发生器、气泡供给器及若干方向各异、高度为数厘米的金属板构成，其结构如图 10-15 所示。

将洗槽充满水，把衣服投入洗槽中，气泡供给器和超声波发生器开始工作，洗槽内即有超声波和大量气泡产生，超声波因气泡的折射作用而均匀地分散在衣服上，浸入的衣服受超声波作用后，表面的污渍随之分解，同时被气泡带出，衣服也变干净了。超声波洗衣机的最大特点是不用搅拌，不用洗衣粉，所以不损坏衣服。此外，由于衣服的密度小，超声波能畅通无阻地作用到衣服内部，即使衣服重叠在一起也不会受影响。

2) 超声波洗碗机

20 世纪 80 年代中期，国外研制了超声波洗碗机，其外形如图 10-16 所示，且有商品供应。

超声波洗碗机实际上类似于一台超声波清洗器。其作用机理也是利用超声波作用于水中，产生无数气泡的空化现象，瞬间产生上千大气压和 1000℃的高温，污物在超声的搅拌、分散、乳化作用下被清除。

这种洗碗机在底部有六个频率为 27kHz 的磁致伸缩换能器，超声发生器的输出功率为 400W。

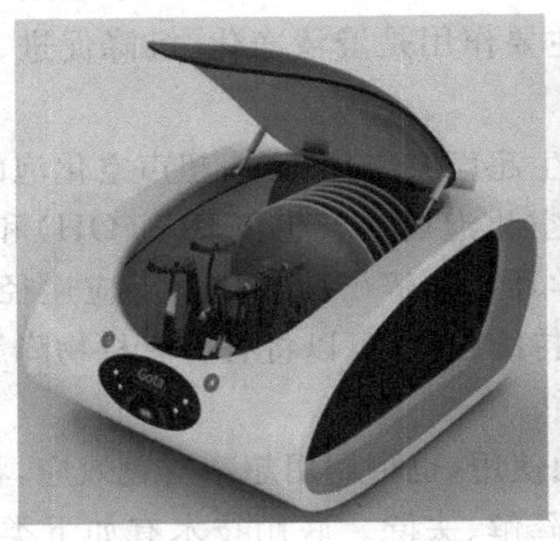

图 10-16 超声波洗碗机的外形

技能训练

1. 训练目的

(1) 了解超声波在介质中的传播特性。

(2) 了解超声波传感器测量距离的原理与结构。

(3) 掌握超声波传感器及其转换电路的工作原理。

2. 训练器材

超声波发射传感器、超声波接收传感器、超声波传感器转换电路板、反射挡板、直流稳压电源、数字电压表。

3. 原理简介

超声波传感器由发射传感器与接收传感器及相应的测量电路组成。超声波是在听觉阈值以外的声波，其频率范围在 20～60kHz，超声波在介质中可以产生三种形式的振荡波：横波、纵波和表面波。本实验以空气为介质，用纵波测量距离。发射探头发出 40kHz 的超声波，在空气中的传播速度为 344m/s。当超声波在空气中碰到不同界面时会产生反射波和折射波。其中，反射由接收传感器输入测量电路，测量电路计算超声波从发射到接收之间的时间差，从而得到传感器与反射面的距离。图 10-17 所示为超声波传感器测量原理图。

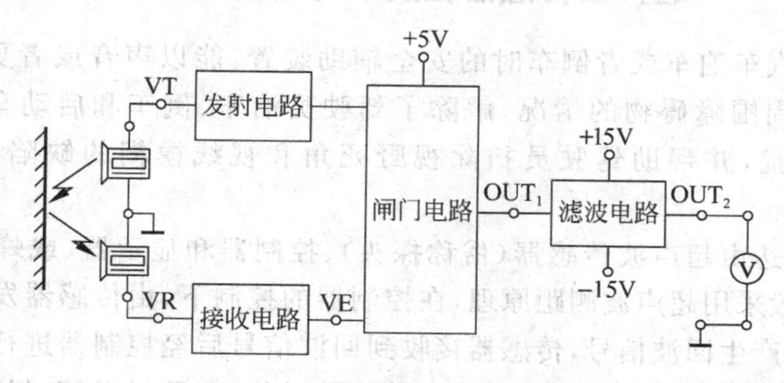

图 10-17 超声波传感器测量原理图

4. 训练内容与步骤

(1) 按照图 10-17 所示连线。

(2) 在距离超声波传感器 20～30cm(0～20cm 为超声波测量盲区)处放置反射挡板，然后接通电源，调节发射探头与接收传感器间的距离(10～15cm)和角度，使得在改变挡板位置时输出电压能够变化。

(3) 平行移动反射挡板，每次增加 5cm，读取输出电压并记入表 10-1。

表 10-1 测量记录表

X/cm										
U_o/V										

任务评价

序号	评价内容	配分	扣分要求	得分
1	超声波测距过程	40	步骤要正确、规范，出错一处，扣 5 分	
2	超声波测距数据分析	60	数据不准，每处扣 3 分	

续表

序号	评价内容	配分	扣分要求	得分
3	团队合作			
	小组评价			
	教师评价			
	时间:30min	个人成绩:		

超声波传感器在倒车雷达上的发展

倒车雷达是汽车泊车或者倒车时的安全辅助装置,能以声音或者更为直观的视频显示告知驾驶员周围障碍物的情况,解除了驾驶员泊车、倒车和启动车辆时前后左右探视所引起的困扰,并帮助驾驶员扫除视野死角和视线模糊的缺陷,提高驾驶的安全性。

通常,倒车雷达由超声波传感器(俗称探头)、控制器和显示器(或蜂鸣器)等部分构成。倒车雷达一般采用超声波测距原理,在控制器的控制下,由传感器发射超声波信号,当遇到障碍物时,产生回波信号,传感器接收到回波信号后经控制器进行数据处理,判断出障碍物的位置,由显示器显示距离并发出其他警示信号,及时示警,驾驶者在倒车时做到心中有数,使倒车变得更轻松。

经过数十年的发展,倒车雷达系统已经过了六代技术改良,不管从结构、外观上,还是从性能、价格上,这六代产品都各有特点,使用较多的是数码显示、荧屏显示和魔幻镜倒车雷达这三种。

第一代:倒车喇叭提醒。"倒车请注意!"想必不少人还记得这种声音,这就是倒车雷达的第一代产品,现在只有小部分商用车还在使用。只要司机挂上倒挡,它就会响起,提醒周围人注意。从某种意义上说,它对司机并没有直接的帮助,不是真正的倒车雷达。

第二代:轰鸣器提示。这是倒车雷达系统的真正开始。倒车时,如果车后1.8～1.5m处有障碍物,轰鸣器开始工作。轰鸣声越急,表示车辆离障碍物越近。但它没有语音提示,也没有距离显示,虽然司机知道有障碍物,但不能确定障碍物离车有多远,对驾驶员帮助不大。

图 10-18 第三代倒车雷达

第三代:数码波段显示,如图 10-18 所示。比第二代进步很多,可以显示车后障碍物离车体的距离。如果是物体,在1.8m开始显示;如果是人,在0.9m左右的距离开始显示。

这一代产品有两种显示方式，数码显示产品显示距离数字，波段显示产品由三种颜色来区别：绿色代表安全距离，表示障碍物离车体距离有0.8m以上；黄色代表警告距离，表示离障碍物的距离只有0.6～0.8m；红色代表危险距离，表示离障碍物只有不到0.6m的距离，必须停止倒车。它把数码和波段组合在一起，比较实用，但安装在车内不太美观。

第四代：液晶荧屏显示，如图10-19所示。这一代产品有一个质的飞跃，特别是荧屏动态显示系统。不用挂倒挡，只要发动汽车，显示器上就会出现汽车图案以及车辆周围障碍物的距离。它能够动态显示，色彩清晰漂亮，外表美观，可以直接粘贴在仪表盘上，安装很方便。不过液晶显示器外观虽精巧，但灵敏度较高，抗干扰能力不强，所以误报较多。

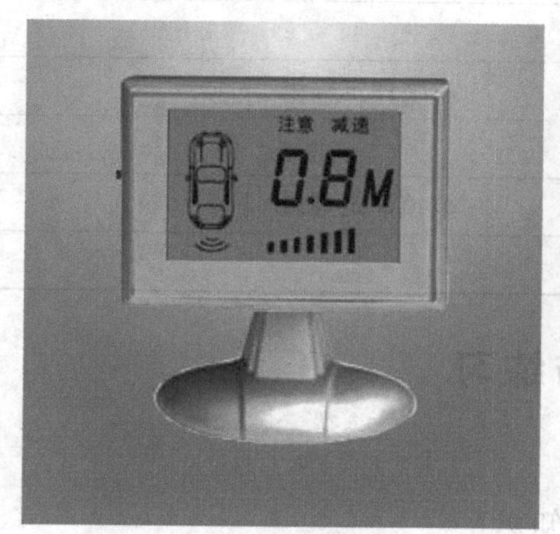

图10-19 第四代倒车雷达

第五代：魔幻镜倒车雷达，如图10-20所示。它结合了前几代产品的优点，采用最新仿生超声雷达技术，配以高速计算机控制，可以全天候准确地测知2m以内的障碍物，并以不同等级的声音提示和直观的显示提醒驾驶员。

魔幻镜倒车雷达把后视镜、倒车雷达、免提电话、温度显示和车内空气污染显示等多项功能整合在一起，并设计了语音功能，是目前市面上比较先进的倒车雷达系统。因为其外形就是一块倒车镜，所以不占用车内空间，可以直接安装在车内倒视镜的位置；而且其颜色、款式多样，可以按照个人需求和车内装饰选配。

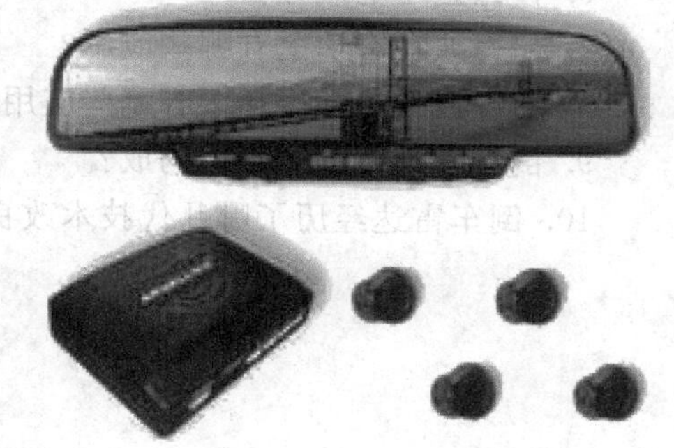

图10-20 第五代倒车雷达

第六代：新品功能更加强大。第六代产品在第五代的基础上新增了很多功能，是专门为高档轿车生产的。从外观上来看，这套系统比第五代产品更为精致、典雅；从功能上来看，它除了具备第五代产品的所有功能之外，还整合了高档轿车具备的影音系统，可以在显示器上观看 DVD 影像。

项目学习总结表

<table>
<tr><td>姓名</td><td colspan="2"></td><td>班级</td><td></td></tr>
<tr><td>实践项目</td><td colspan="2"></td><td>实践时间</td><td></td></tr>
<tr><td colspan="5">实践学习内容和体会</td></tr>
<tr><td rowspan="2">小组意见</td><td colspan="4"></td></tr>
<tr><td>组长</td><td></td><td>成绩评定等级</td><td></td></tr>
<tr><td rowspan="2">指导教师意见</td><td colspan="4"></td></tr>
<tr><td>指导教师</td><td></td><td>成绩评定等级</td><td></td></tr>
<tr><td colspan="5">备注：</td></tr>
</table>

思考与练习

1. 什么是超声波？
2. 请说明在日常生活中都了解哪些超声知识。
3. 请画出简单的超声波遥控构成框图，并简述其工作过程。
4. 超声波有哪些特点？
5. 超声波有哪些种类？
6. 什么是压电效应？
7. 超声波在医学上有哪些应用？
8. 超声波在日常生活中有哪些应用？
9. 倒车雷达由哪几部分构成？
10. 倒车雷达经历了哪几代技术改良？

传感器在机电产品中的应用

【项目分析】

在机电控制系统中，传感器处于系统之首，其作用相当于系统感受器官。人们常将传感器的功能与人类五大感觉器官相比拟，能快速、精确地获取信息并能经受严酷环境的考验，是机电控制系统达到高水平的保证。如缺少这些传感器对系统状态和对信息精确而可靠的自动检测，系统的信息处理、控制决策等功能就无法谈及和实现。

(1) 通过练习，了解各种常见传感器的安装接线；

(2) 了解各种传感器在机电产品中的应用；

(3) 掌握各种常见传感器的安装调试方法。

任务 11.1 光电传感器在自动化生产线上的应用

任务分析

本任务主要介绍光电传感器在自动化生产线上的应用，包括光电式带材跑偏检测器、包装充填物高度检测和光电色质检测。通过光电式传感器在自动感应式干手器上的应用，掌握常见的光电传感器安装、接线、调试。

相关知识

光电检测方法具有精度高、反应快、非接触等优点，而且可测参数多，传感器的结构简单，形式灵活多样，体积小。近年来，随着光电技术的发展，光电传感器已形成系列产品，其品种及产量日益增加，用户可根据需要选用各种规格的产品，在各种轻工自动机上广泛应用。

1. 光电式带材跑偏检测器

带材跑偏检测器用来检测带型材料在加工中偏离正确位置的大小及方向，从而为纠偏控制电路提供纠偏信号，主要用于印染、送纸、胶片、磁带生产过程中。

光电式带材跑偏检测器原理如图 11-1 所示。光源发出的光线经过透镜 1 汇聚为平行光束投向透镜 2，随后被汇聚到光敏电阻上。在平行光束到达透镜 2 的途中，有部分光线受到被测带材的遮挡，使传到光敏电阻的光通量减少。

图 11-2 所示为测量电路简图。R_1、R_2是同型号的光敏电阻。R_1作为测量元件装在带材下方；R_2用遮光罩罩住，起温度补偿作用。当带材处于正确位置（中间位）时，由R_1、R_2、R_3、R_4组成的电桥平衡，使放大器输出电压 u_o为 0。当带材左偏时，遮光面积减少，光敏电阻 R_1阻值减少，电桥失去平衡。差动放大器将这一不平衡电压放大，输出电压为负值，它反映了带材跑偏的方向及大小。反之，当带材右偏时，u_o为正值。输出信号 u_o一方面由显示器显示出来，另一方面被送到执行机构，为纠偏控制系统提供纠偏信号。

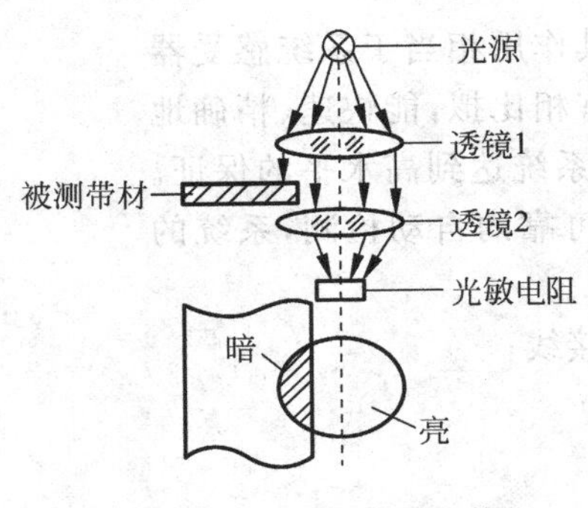

图 11-1 光电式带材跑偏检测器原理

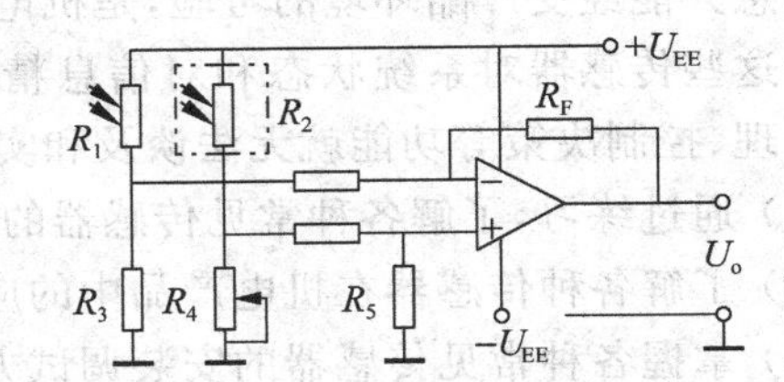

图 11-2 光电式带材跑偏检测器的测量电路

2. 包装充填物高度检测

用容积法计量包装的成品，除了对重量有一定误差范围要求外，一般还对充填高度有一定的要求，以保证商品的外观质量，不符合充填高度的成品将不许出厂。图 11-3 所示为借助光电检测技术控制充填高度的原理。当充填高度 h 偏差太大时，光电接头没有电信号，即由执行机构将包装物品推出进行处理。

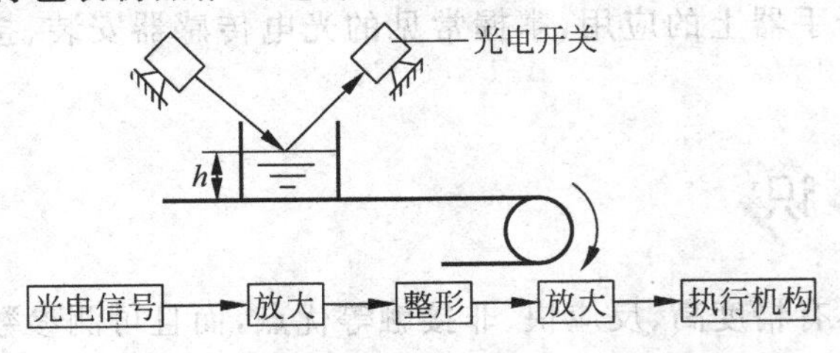

图 11-3 包装充填物高度检测原理

3. 光电色质检测

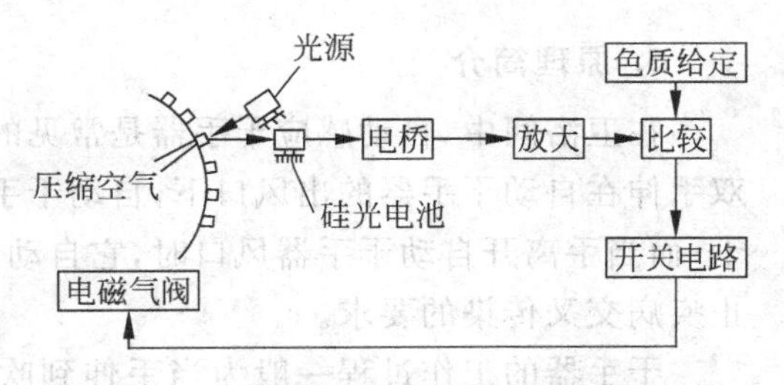

图 11-4　包装物料的光电色质检测原理

图 11-4 所示为包装物料的光电色质检测原理。若包装物品规定底色为白色,因质量不佳,有的出现泛黄,在产品包装前先由光电检测色质。物品泛黄时,就有比较电压差输出,接通电磁阀,由压缩空气将泛黄物品吹出。

1. 训练目的

了解光电传感器在自动感应干手器中的应用;掌握光电传感器的使用方法。

2. 训练器材

图 11-5 所示为欧姆龙 E3F3-T16 型光电传感器,图 11-6 所示为欧姆龙 E3Z-T61-D/L 系列光电传感器,图 11-7 所示为欧姆龙 Z4D-F04A 型光电传感器,图 11-8 所示为施克 WL45 型智能光电传感器,图 11-10 所示为欧姆龙公司的 E3Z-D61 型光电传感器。

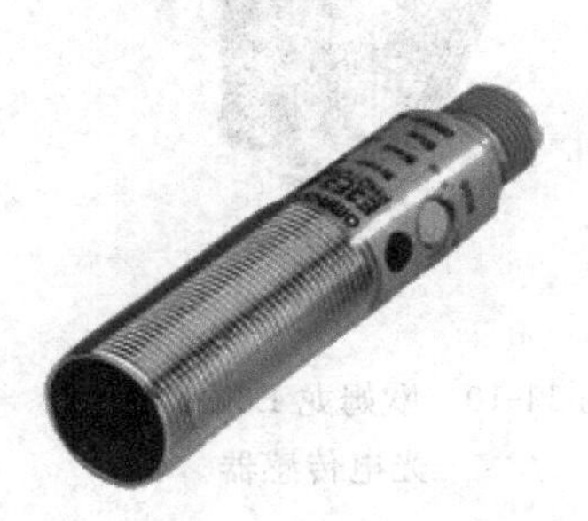

11-5　欧姆龙 E3F3-T16 型光电传感器

图 11-6　欧姆龙 E3Z-T61-D/L 系列光电传感器

图 11-7　欧姆龙 Z4D-F04A 型光电传感器

图 11-8　施克 WL45 型智能光电传感器

3. 原理简介

在卫浴间中，自动感应干手器是常见的用来烘干或吹干双手的洁具电器。洗手后，将双手伸在自动干手器的出风口下，自动干手器会自动送出舒适的暖风，迅速使双手去湿变干；而当手离开自动干手器风口时，它自动停风关机，以达到不要毛巾擦干手上水分和防止疾病交叉传染的要求。

干手器的工作过程一般为当手伸到吹风口时，干手器打开加热器及吹风器，开始加热、吹风。当传感器检测的信号消失时，释放触点，加热电路及吹风电路继电器断开，停止加热、吹风。用来检测吹风口是否有手伸到的装置，即为光电式传感器。

4. 训练内容及步骤

1）元器件的选用

在如图 11-9 所示的自动感应干手器中，可选用如图 11-10 所示的欧姆龙公司的 E3Z-D61 型光电传感器，其最大检测距离可达到 100mm，以满足干手器的应用要求。

图 11-9 自动感应干手器

图 11-10 欧姆龙 E3Z-D61 型光电传感器

2）光电传感器的使用

E3Z-D61 型光电传感器为三线制传感器。接线时，红色线接电源正极，黑色线接 PLC 的输入点，蓝色线接 PLC 输入的 COM 端；二线制传感器接线时，红色线接 PLC 的输入点，蓝色线接 PLC 输入的 COM 端，具体的连接如图 11-11 所示。

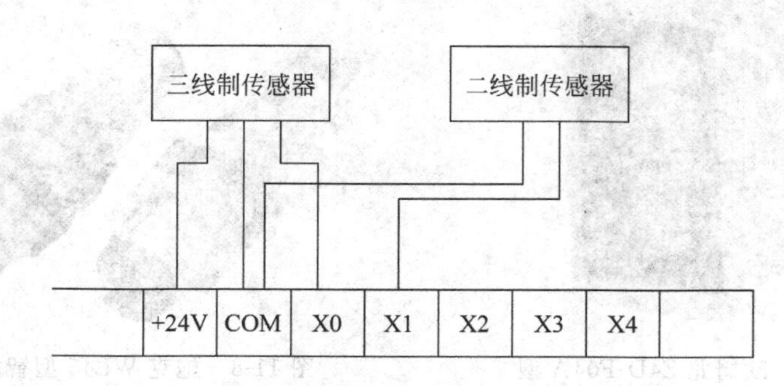

图 11-11 光电传感器与 PLC 之间的连接

任务评价

序号	评价内容	配分	扣分要求	得分
1	元器件的选择	20	选择错误，每处扣5分	
2	光电传感器的安装	80	步骤操作不规范，每次扣5分	
3	团队合作			
	小组评价			
	教师评价			
	时间：60min	个人成绩：		

任务11.2 传感器在全自动洗衣机中的应用

任务分析

本任务主要介绍在全自动洗衣机中的几种传感器，包括称重传感器、液位传感器和热电偶式温度传感器。通过热电偶式温度传感器在恒温箱中的温度检测应用，掌握其探头及温控仪的安装、接线和调试。

相关知识

近年来，家电市场上的智能全自动洗衣机越来越受到消费者的青睐。这种洗衣机不需要人工干预，采用各种传感器把水温、布质、重量、洗净度等洗衣过程的状态信息检测出来，并将这些信息送到控制系统中，控制系统再根据这些信息来调整洗涤时间、水流强度、漂洗方式、注水水位、洗涤温度、脱水时间等参数，达到最佳的洗涤效果。

1. 称重传感器

称重传感器是用来检测洗衣时衣物量多少的。称重传感器实际上是一种将质量信号转变为可测量的电信号输出的装置。常见的称重传感器形式有电阻应变式、电磁力式和电容式等。

2. 水位传感器

洗衣机利用电子式水位传感器实现自动、准确地控制水位。

1）利用压力实现

洗涤桶内的水位不同，对桶底的压力也就不同，将这种压力转变为检测元件橡胶隔膜的形变，使固定在隔膜上的磁心发生位移，使得电感线圈的电感量发生改变，从而使LC振荡电路的振荡频率也发生变化。对于不同的水位，LC电路都有对应的频率脉冲信号输出。将这个信号传输给控制系统，控制系统根据具体的情况决定是否停止注水，开始执行洗涤程序。

2）电容式液位传感器

电容式液位传感器如图 11-12 所示，其原理是：把一根涂有绝缘层的金属棒插入装有导电介质的金属容器，在金属棒和容器壁间形成电容，其物位变化量 ΔH 与电容变化量 ΔC_x 关系如下：

$$\Delta C_x = \frac{5 \times \varepsilon \times H}{9\ln(D_2/D_1)} - C_0$$

式中，C_0 为容器液体放空时，金属棒对容器壁的分布电容；ε 为容器液体介电常数；H 为液位高度；D_2 为绝缘套管的直径；D_1 为金属棒的直径。

当被测介质物位变化时，传感器电容量发生相应的变化，电容量的变化 ΔC_x 通过转换器转换成与物位成比例的直流标准信号。

此类传感器由其原理决定，实际中根据被测介质的导电属性来选择不同的测量探头。电容式原理的精度一般都能达到 0.5%左右，测量范围在 0.2～20m。由于电容原理的一些特殊性，相比磁尺来讲，在稳定性方面有一定的距离。

3. 水温传感器

在洗涤过程中，适当的洗衣温度有利于污垢的活化，以提高洗涤效果。水温传感器(见图 11-13)一般安装在洗涤桶的下部，以热敏电阻为检测元件。测定打开洗衣机开关时的温度为环境温度，注水结束时的温度为水温。将测量的信号输入给控制单元，决定是否加热。

图 11-12　电容式液位传感器

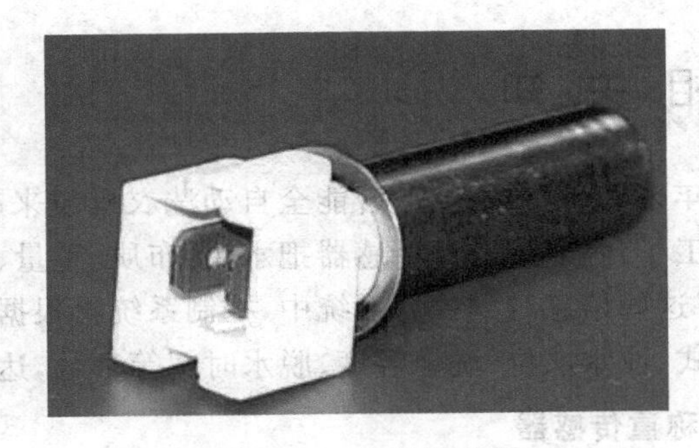

图 11-13　水温传感器

1. 训练目的

了解热电偶式温度传感器在温度检测中的应用；掌握热电偶式温度传感器的探头及温控仪的安装、调试方法和过程。

2. 训练器材

欧姆龙 E52-CA1GT 型热电偶探头、欧姆龙 E5CSZ 型温度控制器、三菱 FX2N-48MR 可编程序控制器。

3. 原理简介

恒温箱的温度检测原理如图 11-14 所示，在某培养生物细胞的恒温箱中，需要将箱内温度控制在某一恒定值。恒温箱中装有电热器和温度调节器，并使用热电偶传感器来测量箱内的温度。

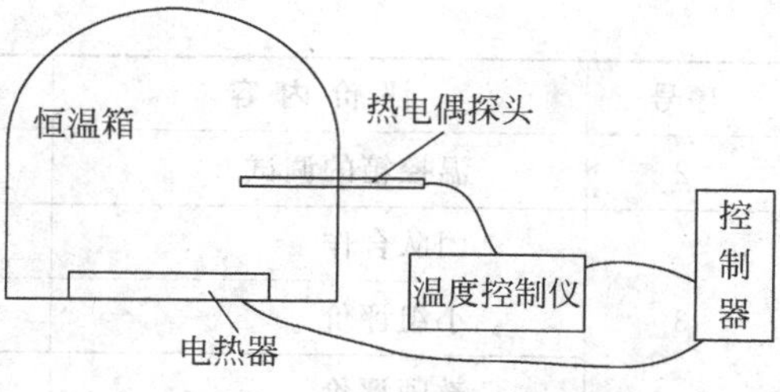

图 11-14 恒温箱的温度检测原理图

4. 训练内容与步骤

1）探头和温控仪的位置安装

如图 11-14 所示，热电偶探头安装在恒温箱的内部，用来采集数据。采集的数据经温度控制器处理后发送至控制器，而控制器将是否加热的指令发送给电热器。热电偶探头采用如图 11-15 所示的欧姆龙 E52-CA1GT 型探头。温度控制仪采用图 11-16 所示的欧姆龙 E5CSZ 型温度控制器。

图 11-15 欧姆龙 E52-CA1GT 型探头

图 11-16 欧姆龙 E5CSZ 型温度控制器

2）温控仪与热电偶的安装接线

如图 11-17 所示，温控仪上的④端子和⑤端子接热电偶探头的两端；⑨端子和⑩端子是温控仪的电源输入（AC 100～250V）。

如图 11-18 所示，①端子和②端子分别接可编程控制器的输入 COM 端及输入端子。

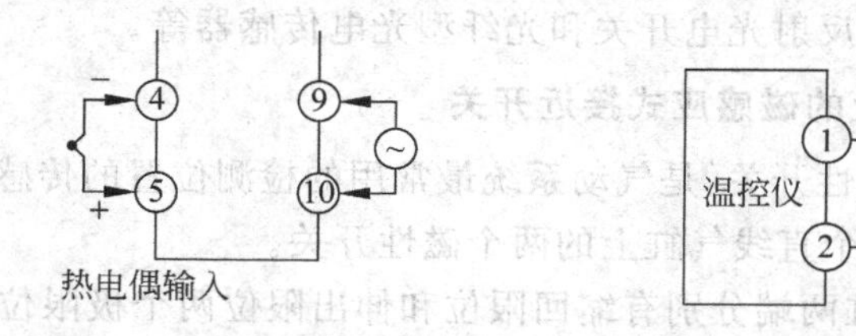

图 11-17 热电偶输入连接

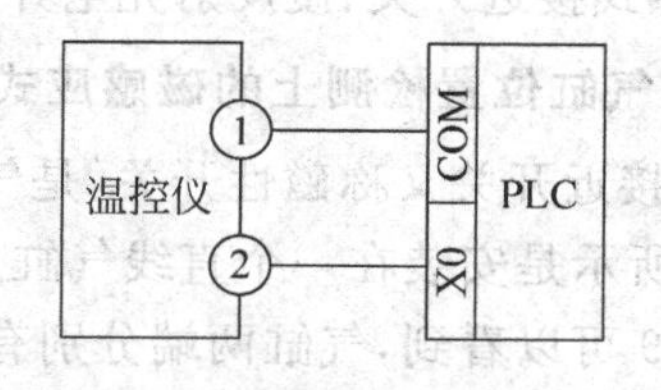

图 11-18 温控仪与 PLC 连接

任务评价

序号	评价内容	配分	扣分要求	得分
1	热电偶的安装	50	选择错误，每处扣 5 分 安装错误，每处扣 5 分	

续表

序号	评价内容	配分	扣分要求	得分
2	温控箱的调试	50	步骤操作不规范,每次扣5分	
3	团队合作			
	小组评价			
	教师评价			
时间:60min		个人成绩:		

任务 11.3　YL-235A 型光机电一体化实训设备上的传感器

任务分析

本任务主要介绍 YL-235A 型光机电一体化实训设备上使用的几种传感器,包括磁性开关、电感式接近开关、光电式接近开关及光纤式传感器。通过磁性开关在气缸位置检测中的应用,掌握磁性开关的接线方法、调试过程及检测原理。

相关知识

YL-235A 各工作单元所使用的传感器都是接近传感器,它利用传感器对所接近的物体具有的敏感特性来识别物体的接近,并输出相应的开关信号。因此,接近传感器通常也称为接近开关。

接近传感器有多种检测方式,包括利用电磁感应引起的检测对象的金属体中产生的涡电流的方式,捕捉检测体的接近引起的电气信号容量变化的方式,利用磁石和引导开关的方式,利用光电效应和光电转换器件作为检测元件等。YL-235A 所使用的是磁感应式接近开关、电感式接近开关、漫反射光电开关和光纤型光电传感器等。

1. 应用在气缸位置检测上的磁感应式接近开关

磁感应式接近开关又称磁性开关,是气动系统最常用的检测位置的传感器。

图 11-19 所示是安装在一个直线气缸上的两个磁性开关。

从图 11-19 可以看到,气缸两端分别有缩回限位和伸出限位两个极限位置,自动控制中往往需要这两个位置的信息,以便实现控制功能。获取信息的方法是在这两个极限位置分别装一个磁感应接近开关。

当磁性物质接近传感器时,传感器便会动作,并输出传感器信号。若在气缸的活塞(或活塞杆)上安装磁性物质,在气缸缸筒外面的两端位置各安装一个磁感应式接近开关,就可以用这两个传感器分别标识气缸运动的两个极限位置。当气缸的活塞杆运动到哪一端时,那一端的磁感应式接近开关就动作并发出电信号。在 PLC 的自动控制中,可以利用该信号判断推料及顶料缸的运动状态或所处的位置,以确定工件是否被推出,或气缸是

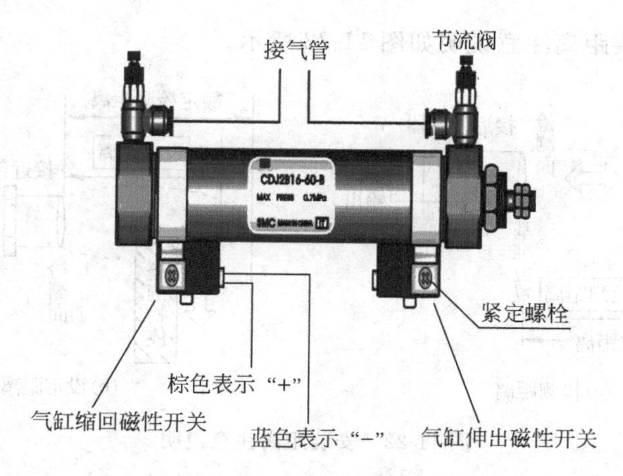

图 11-19 安装在直线气缸上的磁性开关

否返回。在磁性开关上设置有 LED 用于显示其信号状态，供调试时使用。磁性开关动作时，输出信号“1”，LED 亮；磁性开关不动作时，输出信号“0”，LED 不亮。磁性开关的安装位置可以调整，调整方法是松开它的紧定螺栓，让磁性开关顺着气缸滑动，到达指定位置后，再旋紧紧定螺栓。

磁性开关内部电路如图 11-20 所示，它有蓝色和棕色两根引出线。使用时，蓝色引出线应连接到 PLC 输入公共端，棕色引出线应连接到 PLC 输入端。磁性开关的内部电路如图中虚线框内所示，为了防止实训时错误接线损坏磁性开关，YL-235A 上所有磁性开关的棕色引出线都串联了电阻。

2. 检测金属物体的电感式接近开关

电感式接近开关是利用电涡流效应制造的传感器。电涡流效应是指当金属物体处于一个交变的磁场中时，在金属内部会产生交变的电涡流，该涡流会反作用于产生它的磁场这样一种物理效应。如果交变的磁场是由一个电感线圈产生的，则该电感线圈中的电流将发生变化，用于平衡涡流产生的磁场。

利用这一原理，以高频振荡器（LC 振荡器）中的电感线圈作为检测元件，当被测金属物体接近电感线圈时，产生了涡流效应，引起振荡器振幅或频率的变化，由传感器的信号调理电路（包括检波、放大、整形、输出等电路）将该变化转换成开关量输出，从而达到检测目的。电感式接近传感器工作原理框图如图 11-21 所示。

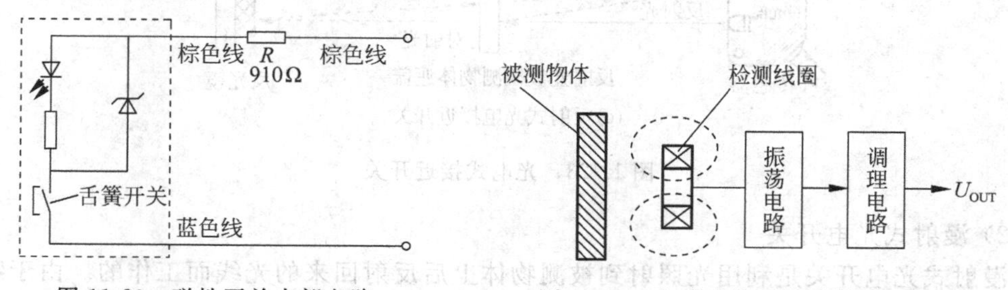

图 11-20 磁性开关内部电路

图 11-21 电感式接近传感器原理框图

在接近开关的选用和安装中，必须认真考虑检测距离、设定距离，保证生产线上的传感器可靠动作。安装距离注意说明如图 11-22 所示。

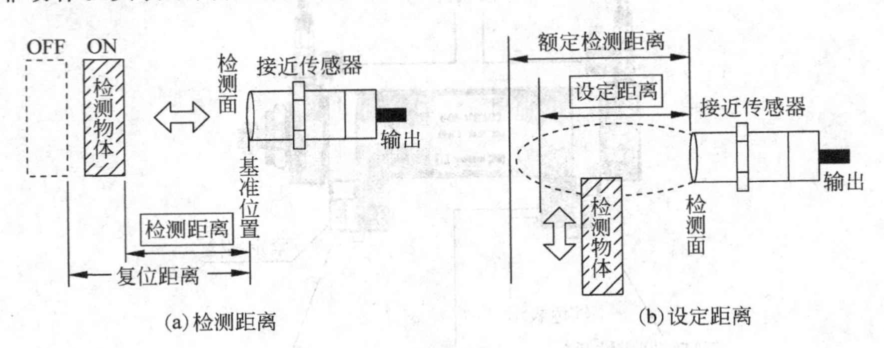

图 11-22 安装距离注意说明

3. 漫射式光电接近开关

1) 光电式接近开关

光电传感器是利用光的各种性质检测物体的有无和表面状态的变化等的传感器。其中,输出形式为开关量的传感器为光电式接近开关。

光电式接近开关主要由光发射器和光接收器构成。如果光发射器发射的光线因检测物体不同而被遮掩或反射,到达光接收器的量将发生变化。光接收器的敏感元件将检测出这种变化,并转换为电气信号进行输出。光电式接近开关大多使用可视光(主要为红色,也用绿色、蓝色来判断颜色)和红外光。

按照接收器接收光的方式的不同,光电式接近开关分为对射式、漫射式和反射式 3 种,如图 11-23 所示。

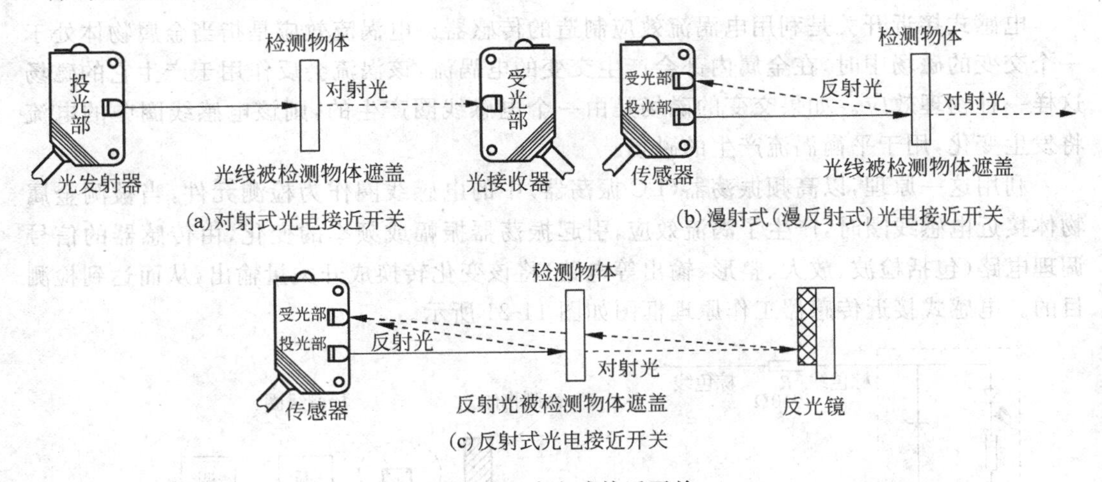

图 11-23 光电式接近开关

2) 漫射式光电开关

漫射式光电开关是利用光照射到被测物体上后反射回来的光线而工作的。由于物体反射的光线为漫射光,故称为漫射式光电接近开关。它的光发射器与光接收器处于同一侧位置,且为一体化结构。在工作时,光发射器始终发射检测光。若接近开关前方一定距离内没有物体，则没有光被反射到接收器，接近开关处于常态而不动作；反之，若接近开关的前方一定距离内出现物体，只要反射回来的光强度足够，则接收器接收到足够的漫射光就会使接近开关动作而改变输出的状态。

在 YL-235A 中，用来检测供料盘工件推出的漫射式光电接近开关选用欧姆龙公司的 E3Z-L61 型放大器内置型光电开关（细小光束型，NPN 型晶体管集电极开路输出），该光电开关的外形和顶端面上的调节旋钮和显示灯如图 11-24 所示。图 11-25 给出了该光电开关的内部电路原理框图。

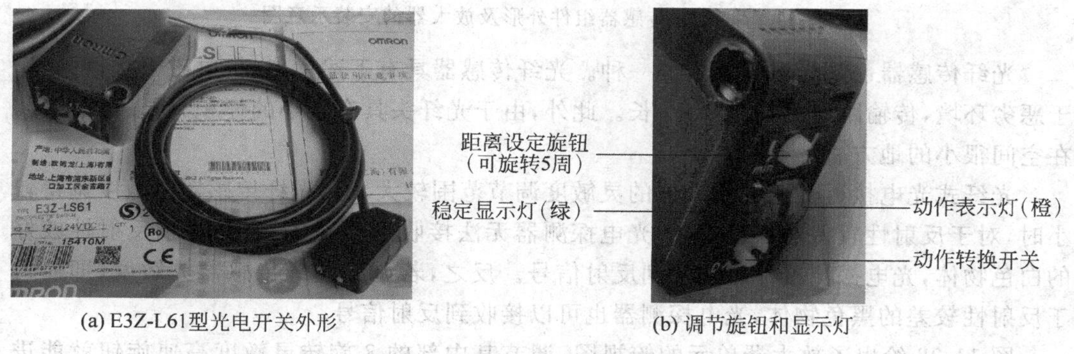

图 11-24 E3Z-L61 型光电开关的外形和调节旋钮、显示灯

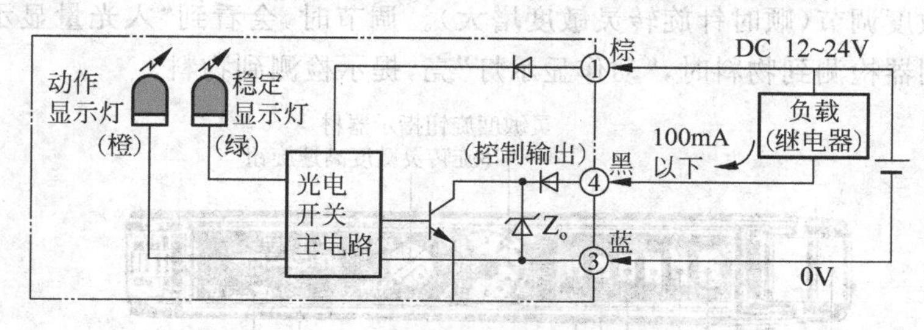

图 11-25 E3Z-L61 型光电开关电路原理图

从电路原理图可以看到，E3Z-L 光电开关电路具有极性保护，电路连接时如果极性接反，不会损坏器件，但光电开关不能正常工作。切勿把光电开关的信号输出线直接连接到＋24V 电源端，否则会造成器件的损坏。

用于检测皮带输送机进料口上有无物料的光电开关是一个圆柱形漫射式光电接近开关。工作时，向上发出光线，透过小孔检测是否有工件存在。该光电开关选用 OTS41 型，OTS41 没有电源极性保护，使用时要小心。

4. 光纤式传感器

光纤式传感器也是一种光电传感器，它由光纤检测头、光纤放大器两部分组成。放大器和光纤检测头是分离的两个部分。光纤检测头的尾端部分分成两条光纤，使用时分别插入放大器的两个光纤孔。光纤传感器组件如图 11-26 所示。图 11-27 所示是光纤传感器组件外形及放大器的安装示意图。

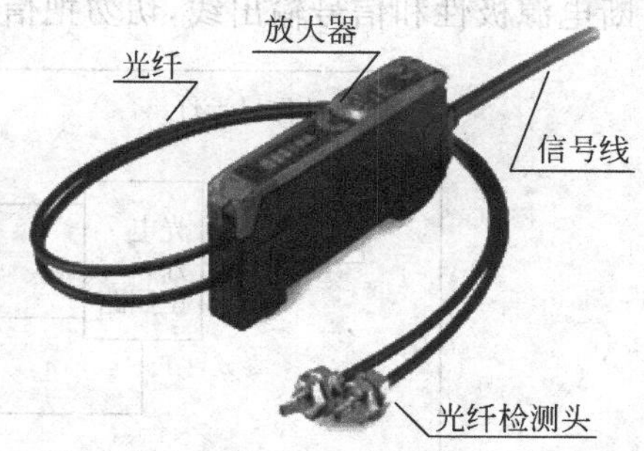

图 11-26 光纤传感器组件

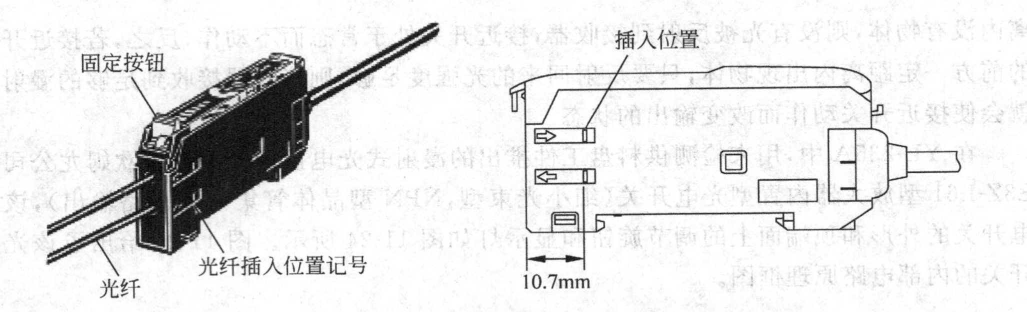

图 11-27 光纤传感器组件外形及放大器的安装示意图

光纤传感器也是光电传感器的一种。光纤传感器具有下述优点：抗电磁干扰，可工作于恶劣环境，传输距离远，使用寿命长。此外，由于光纤头具有较小的体积，所以可以安装在空间很小的地方。

光纤式光电接近开关的放大器的灵敏度调节范围较大。当光纤传感器灵敏度调得较小时，对于反射性较差的黑色物体，光电探测器无法接收到反射信号；而对于反射性较好的白色物体，光电探测器可以接收到反射信号。反之，若调高光纤传感器灵敏度，即使对于反射性较差的黑色物体，光电探测器也可以接收到反射信号。

图 11-28 给出了放大器单元的俯视图，调节其中部的 8 旋转灵敏度高速旋钮就能进行放大器灵敏度调节(顺时针旋转灵敏度增大)。调节时，会看到“入光量显示灯”发光的变化。当探测器检测到物料时，“动作显示灯”亮，提示检测到物料。

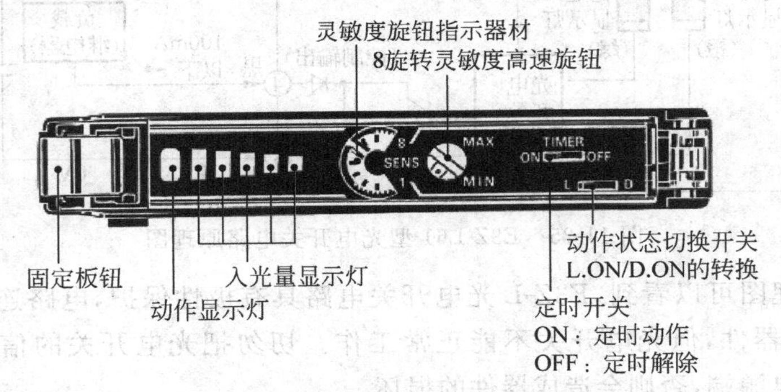

图 11-28 光纤传感器放大器单元的俯视图

E3Z-NA11 型光纤传感器电路框图如图 11-29 所示。接线时请注意根据导线颜色判断电源极性和信号输出线，切勿把信号输出线直接连接到电源＋24V 端。

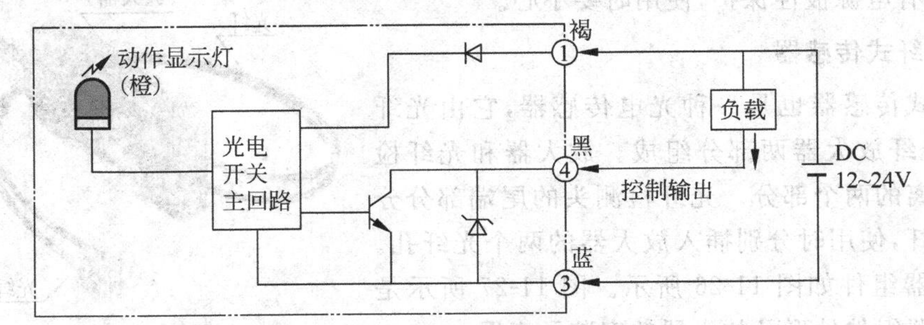

图 11-29 E3Z-NA11 型光纤传感器电路框图

5. 接近开关的图形符号

部分接近开关的图形符号如图 11-30 所示。图中(a)、(b)、(c)三种情况均使用 NPN 型三极管集电极开路输出。如果是使用 PNP 型的，正、负极性应反过来。

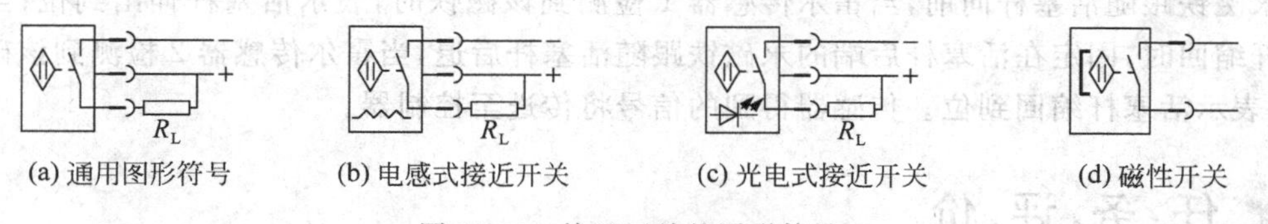

(a) 通用图形符号　(b) 电感式接近开关　(c) 光电式接近开关　(d) 磁性开关

图 11-30　接近开关的图形符号

1. 训练目的

了解磁性开关在气缸位置检测中的应用；掌握气缸位置检测系统的调试方法和过程。

2. 训练器材

三菱 FX2N-48MR 可编程序控制器、导线、电工工具、二线制磁性开关、三线制磁性开关。

如图 11-31 所示，某自动化设备上的一只气缸要检测其伸出和缩回的位置。气缸伸出时，当其伸出至某一位置时，霍尔传感器检测到这个位置，发出信号给控制器；气缸缩回时，当其缩回至某一位置时，霍尔传感器检测到这个位置，也发出信号给控制器。由此检测到气缸运动的位置。

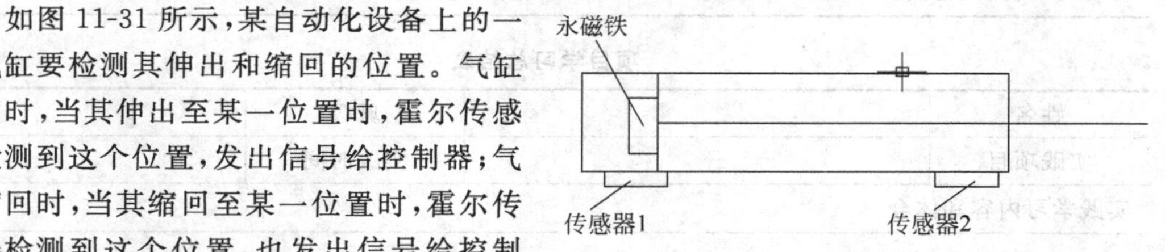

图 11-31　磁性开关在气缸位置检测中的应用

3. 训练过程与步骤

1）电路连接

设控制器为可编程控制器，传感器接线图如图 11-32 所示。传感器为三线制时，红色线(或棕色)接电源正极黑色线(或黄色)接输入点，蓝色线接 PLC 输入 COM 端；传感器

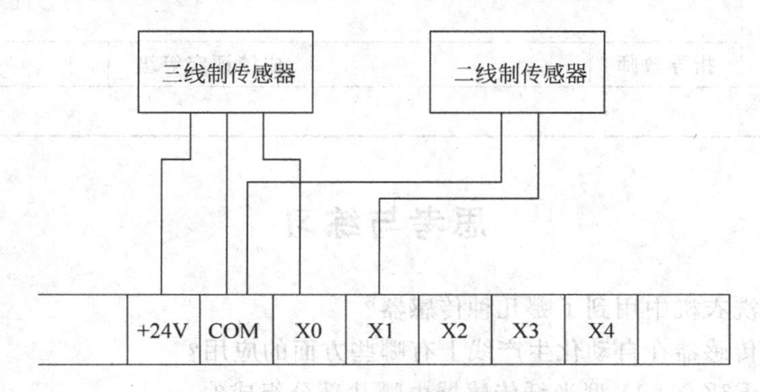

图 11-32　二线制及三线制磁性开关的接线

为二线制时，红色线(或棕色)接输入点，蓝色线接 PLC 输入 COM 端。

2) 调试过程

如图 11-31 所示，活塞杆的后端固定有永磁铁。当活塞杆伸出时，固定在活塞杆后端的永磁铁跟随活塞杆向前，当霍尔传感器 1 检测到该磁铁时，表示活塞杆伸出到位；当活塞杆缩回时，固定在活塞杆后端的永磁铁跟随活塞杆后退，当霍尔传感器 2 检测到该磁铁时，表示活塞杆缩回到位。传感器得到的信号将传送至控制器。

任务评价

序号	评价内容	配分	扣分要求	得分
1	磁性开关接线安装	50	安装接线错误，每处扣 5 分	
2	气缸位置检测装置的调试	50	步骤不符合规范，每处扣 5 分	
3	团队合作			
	小组评价			
	教师评价			
时间：60min		个人成绩：		

项目学习总结表

姓名		班级	
实践项目		实践时间	
实践学习内容和体会			
小组意见			
	组长	成绩评定等级	
指导教师意见			
	指导教师	成绩评定等级	
备注：			

思考与练习

1. 全自动洗衣机中用到了哪几种传感器？
2. 光电式传感器在自动化生产线上有哪些方面的应用？
3. 欧姆龙 E3Z-NA11 型光纤传感器由哪几部分组成？

参 考 文 献

[1] 吴旗. 自动检测与转换技术[M]. 北京:高等教育出版社,2003.
[2] 苗玲玉. 传感器应用基础[M]. 北京:机械工业出版社,2008.
[3] 梁森,黄杭美. 自动检测与转换技术[M]. 北京:机械工业出版社,2007.
[4] 鲍风雨. 典型自动化设备及生产线应用与维护[M]. 北京:机械工业出版社,2004.
[5] 吴绍琳,孙祖达. 检测与转换技术[M]. 西安:西安交通大学出版社,1990.
[6] 孙仁涛. 磁敏传感器国内外概况及其应用[P]. 沈阳:沈阳仪表科学研究院,2006.
[7] 郁有文,常健,程继红. 传感器原理及工程应用[M]. 西安:西安电子科技大学出版社,2000.
[8] 唐露新. 传感与检测技术[M]. 北京:科学出版社,2006.
[9] 王煜东. 传感器及应用[M]. 北京:机械工业出版社,2005.
[10] 沈聿农. 传感器及应用技术[M]. 北京:化学工业出版社,2002.
[11] 王俊峰,等. 机电一体化检测与控制技术[M]. 北京:人民邮电出版社,2006.
[12] 常建生,石要武,常瑞. 检测与转换技术[M]. 北京:机械工业出版社,2001.
[13] 李东江. 现代汽车用传感器及其故障检测技术[M]. 北京:机械工业出版社,1999.
[14] 曲波. 工业常用传感器选型指南[M]. 北京:清华大学出版社,2002.
[15] 张如一. 应变电测与传感器[M]. 北京:清华大学出版社,1999.
[16] 王绍纯. 自动检测技术[M]. 北京:冶金工业出版社,2001.
[17] 贺桂芳. 汽车与工程机械用传感器[M]. 北京:人民交通出版社,2003.
[18] 周艳萍. 电子侦控技术[M]. 上海:上海科学技术文献出版社,1998.
[19] 李谋. 位置检测与数显技术[M]. 北京:机械工业出版社,1993.
[20] 谢文和. 传感器及其应用[M]. 北京:高等教育出版社,2003.
[21] 金发庆. 传感器技术与应用[M]. 北京:机械工业出版社,2004.
[22] 李娟. 传感器与检测技术[M]. 北京:冶金工业出版社,2009.